工程项目
风险与安全管理

甘明鑫　著

中国水利水电出版社
www.waterpub.com.cn
·北京·

内 容 提 要

本书首先从安全管理的理论和必要构成部分入手，对项目管理的必要组成部分进行了全面阐述，之后对项目管理中的常见安全技术进行了分析。综合而论，本书的特色在于注重工程项目风险与安全管理实战，大量地借助鲜活的项目风险管理案例，突出了项目风险管理的方法、技术和工具的实用性和先进性。

本书旨在为建筑施工企业不同管理层级的专业管理人员提供对项目风险管理实践的指导。

图书在版编目(CIP)数据

工程项目风险与安全管理/甘明鑫著. —北京：中国水利水电出版社，2017.10

ISBN 978-7-5170-6033-8

Ⅰ. ①工… Ⅱ. ①甘… Ⅲ. ①建筑工程—工程项目管理—风险管理—研究 ②建筑工程—工程项目管理—安全管理—研究 Ⅳ. ①TU71

中国版本图书馆 CIP 数据核字(2017)第 274502 号

书 名	工程项目风险与安全管理 GONGCHENG XIANGMU FENGXIAN YU ANQUAN GUANLI
作 者	甘明鑫 著
出版发行	中国水利水电出版社 (北京市海淀区玉渊潭南路 1 号 D 座 100038) 网址：www.waterpub.com.cn E-mail：sales@waterpub.com.cn 电话：(010)68367658(营销中心)
经 售	北京科水图书销售中心(零售) 电话：(010)88383994、63202643、68545874 全国各地新华书店和相关出版物销售网点
排 版	北京亚吉飞数码科技有限公司
印 刷	北京建宏印刷有限公司
规 格	184mm×260mm 16 开本 17 印张 413 千字
版 次	2018 年 1 月第 1 版 2018 年 1 月第 1 次印刷
印 数	0001—2000 册
定 价	83.00 元

前　　言

有组织的活动大致可以归结为两种类型：一类是连续不断、周而复始，靠相对稳定的组织进行的活动，称之为“运作”，工厂化的生产一般如此，与之对应的管理就是职能管理。另一类是一次性、独特性和具有明确目标的，靠临时团队进行的活动，称之为“项目”，如建设万里长城、研发原子弹、开发新产品、一次体育盛会等。对周而复始活动的管理，人们依靠学习曲线可以做得很精细，而项目的一次性和独特性对管理提出了重大挑战。

工程项目的立项、可行性研究、工程设计与实施计划等都是基于正常的、理想的技术、管理和组织以及对未来政治、经济、社会等各方面情况预测的基础之上而进行的。而在项目的实际运行过程中，所有这些因素都可能产生变化，这些变化可能使原定的目标受到干扰甚至不能实现，这些对实现不确定的内部和外部的干扰因素，称之为风险。建筑施工企业要持续健康稳定地发展，就必须成功地管理项目风险。

本书在总体上可以划分为两个部分，一部分是项目风险理论与应对，另一部分则是项目安全管理理论。在项目风险理论与应对部分，本书主要从项目风险的辨识、分析和应对这一思路着手，结合工程项目管理过程中常见的风险类型，介绍一些常见的风险管理与评估的方法。在工程安全管理部分，本书首先从安全管理的理论和必要构成部分入手，对项目管理的必要组成部分进行了全面阐述，之后对项目管理中的常见安全技术进行了分析。

综合而论，本书的特色在于注重工程项目风险与安全管理实战，大量地借助鲜活的项目风险管理案例，突出了项目风险管理的方法、技术和工具的实用性和先进性，旨在为建筑施工企业不同管理层级的专业管理人员提供对项目风险管理实践的指导。

编　者

2017 年 9 月

目　　录

第1章　工程项目风险管理的基本理论

1.1　风险与项目风险

1.1.1　风险的相关定义

“风险”一词的由来，最为普遍的一种说法是，在远古时期，以打鱼捕捞为生的渔民们，每次出海前都要祈祷，祈求神灵保佑自己能够平安归来，其中主要的祈祷内容就是让神灵保佑自己在出海时能够风平浪静、满载而归。他们在长期的捕捞实践中，深深地体会到“风”给他们带来的无法预测、无法确定的危险。他们认识到，在出海捕捞打鱼的生活中，“风”即意味着“险”，因此有了“风险”一词。

另一种说法是经过多位学者的论证得出，风险(Risk)一词是舶来品，有人认为来自阿拉伯语，有人认为来源于西班牙语或拉丁语，但比较权威的说法是来源于意大利语的“RISQUE”一词。在早期的运用中，也是被理解为客观的危险，体现为自然现象或者航海遇到礁石、风暴等事件。大约到了19世纪，在英文的使用中，风险一词常常用法文拼写，主要是用于与保险有关的事情上。

现代意义上的“风险”一词，已经大大超越了“遇到危险”的狭义含义，而是“遇到破坏或损失的机会或危险”。可以说，经过两百多年的演变，风险一词逐渐被定义清楚，并随着人类活动的复杂性和深刻性而逐步深化，被赋予了从哲学、经济学、社会学、统计学甚至文化艺术领域的更广泛、更深层次的含义，且与人类的决策和行为后果联系得越来越紧密，风险一词也成为人们生活中出现频率很高的词汇。

虽然人们对风险的定义有不同的见解，但是人们在研究风险时通常都有以下两点认识：第一，把风险定义为不确定的事件。这种学说是从风险管理与保险关系的角度出发，以概率的观点对风险进行定义，其代表人物是美国学者威利特，他将风险定义为“客观的不确定性”。哈迪则把风险定义为“费用、损失或与损失有关的不确定性”。第二，把风险定义为预期与实际的差距。这种学说的典型代表人物就是威廉姆斯和汉斯。他们认为：“风险是在一定条件下、一定时期内可能产生结果的变动。”变动越大，风险就越大。这种变动就是预期结果与实际结果的差异或偏离。

有人则把这两种定义结合起来，既强调不确定性，又强调不确定性带来的损害。这种综合性的定义对每一个观点要求都不是十分偏颇，比较能够被人们所接受，所以也是我国的风险管理学界主流的风险定义。该风险的定义分为两个层次:首先强调风险的不确定性,其次强调风险对人们所带来的损害。对于这两个方面,可分别用不同的指标来衡量。对于第一层次的风险含义,可以用概率来衡量风险的不确定性;对于第二层次的风险含义,则可以用风险度来衡量风险的各种结果差异给风险承担主体带来的损失。

1.1.2 风险的构成要素

1. 风险因素

风险因素是指促使损失频率和损失幅度增加的要素,是导致事故发生的潜在原因,是造成损失的直接或间接的原因。例如,建筑一栋大楼所用的建筑材料的质量和建筑结构合理性都是造成房屋倒塌风险的潜在因素。再比如,资本市场中的经纪人超越委托人的授权投资范围进行证券投资,这种越权代理是导致投资亏损的潜在因素。总之,不同领域的风险因素的表现形态各异。根据风险因素的性质,可将风险因素分为三种:第一种,物理风险因素,系有形因素,并能直接影响某事物的物理性质,如建筑物、建材的质量缺陷和施工技术缺陷风险因素将直接影响风险标的的结构和性能;又如汽车的生产厂家,传动系统、制动系统的不安全风险因素等直接影响汽车的安全使用。第二种,道德风险因素,系无形因素,与人的修养和品质有关,如人的欺诈行为等。第三种,心理风险因素,也是一种无形因素,它与人的心理状态有关,如侥幸心理,又如投保后不注意对损失的防范等。

2. 风险事故

风险事故是造成损失的直接的或外在的原因,是损失的媒介物,即风险只有通过风险事故的发生才能导致损失。

就某一事件来说,如果它是造成损失的直接原因,那么它就是风险事故;而在其他条件下,如果它是造成损失的间接原因,它便成为风险因素。比如:下冰雹路滑发生车祸,造成人员伤亡,是风险因素;冰雹直接击伤行人,是风险事故。

3. 损失

在风险管理中,损失是指非故意的、非预期的、非计划的经济价值的减少。通常我们将损失分为两种形态,即直接损失和间接损失。

4. 风险因素、风险事故和损失之间的关系

解释风险因素、风险事故和损失三者关系的理论有两种:一是亨利希(H. W. Heinrich)的骨牌理论;二是哈同(W. Haddon)的能量释放理论。虽然他们都认为风险因素引发风险事故,而风险事故又导致损失,但这两种理论的区别在于侧重点不同。前者强调风险因素、风险事故和风险损失,这三张骨牌之所以强调,主要是人的错误所致;后者则强调,之所以造成损失是因为事物承受了超过其能容纳的能量所致,物理因素起主要作用。综上所述,可以把风险因素、风险事故和损失三者的关系组成一条因果关系链条,即风险因素的产生或增加,造成了风险事

故的发生,风险事故的发生则又成为导致损失的直接原因。认识这种关系的内在规律是研究风险管理和保险的基础。风险作用链条如图1-1所示,表明了风险的动态过程。在对风险进行认识的同时,认识风险的作用链条对预防风险、降低风险损失有着十分重要的意义。

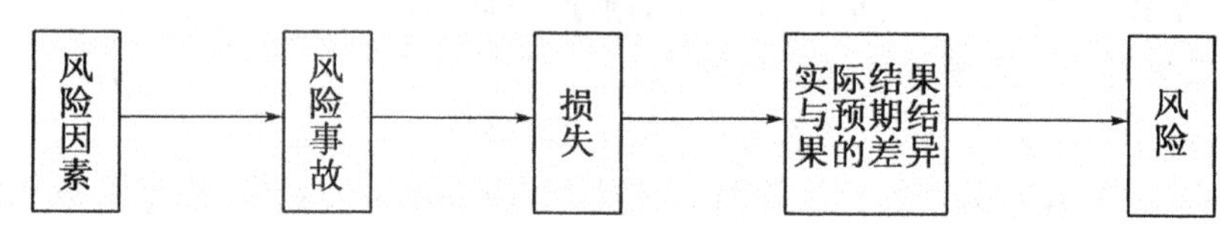

图1-1 风险作用链条图

1.1.3 风险的分类

1. 按损失产生的原因分类

按损失产生的原因,可将风险分为自然风险和人为风险。

自然风险指的是由于自然界不可抗力而引起的自然灾害所致的物质损失和人员伤亡,如台风、洪水、地震等。

人为风险是由人们的行为及各种政治行为风险、经济风险、政治风险和技术风险、经济活动引起的风险。人为风险又可以分为行为风险、经济风险、政治风险和技术风险。

行为风险是由于个人或团体的行为不当、过失及故意行为而造成的风险,如盗窃、渎职、故意破坏等行为造成的损失和不良后果。

经济风险是由于市场预测失误、经营管理不善、价格波动、汇率变化、需求变化、通货膨胀等因素导致的经济损失。

政治风险是由于政局、政策的变化使投资环境恶化,而使投资者蒙受的损失。

技术风险是由于科学技术发展的副作用带来的种种损失,如创新所造成的环境污染。

2. 按风险的性质分类

按风险的性质,可将风险分为纯粹风险和投机风险。

纯粹风险是指风险结果只有损失而无获利机会,也称特定风险,如火灾、洪水、被盗。

投机风险是指既有损失可能又有获利机会的风险,可能是与资产或商业行为有关的风险,也有可能是与资本或金融有关的风险。例如,股票市场的变化既可使持股者获得盈利,也可能给持股者带来损失。

3. 按损失的环境分类

按损失的环境分类,可将风险分为静态风险和动态风险。

静态风险是由于不可抗力或人的错误行为引起的风险,如台风、盗窃。

动态风险是由于市场、需求、组织结构、技术、生产方式发生变化导致的风险,如产品库存积压、经营不善、市场疲软等。

4.按风险的对象分类

按风险的对象分类，可将风险分为财产风险、人身风险和责任风险。

财产风险是指财产风险损失承担者遭受的财产损坏、毁灭与贬值的风险，如厂房、设备、住宅、家具因自然灾害或意外事故而遭受的损失。

人身风险是指由于人的疾病、伤残、死亡给家庭、单位带来的损失。

责任风险是指个人或团体的行为违背了法律、合同或道义的规定，给他人造成的经济损失或人身伤害的风险。按法律规定，因个人过失造成他人伤亡和经济损失，过失人必须负法律上的损害赔偿责任。

5.按人的承受能力分类

按人的承受能力分类，可将风险分为可接受风险和不可接受风险。

可接受风险是指预期的风险事故的最大损失程度在单位或个人经济能力和心理承受能力的最大限度之内。

不可接受风险是指预期的风险事故的最大损失程度已经超过了单位或个人承受能力的最大限度。

6.按风险形成的原因分类

按形成的原因分类，风险可分为主观风险和客观风险。

主观风险是由人们的心理意识确定的风险。

客观风险是客观存在的、可观察到的、可测量的风险。

7.按风险波及的范围分类

按波及的范围分类，风险可分为局部风险和全局风险。

局部风险是指在某一局部范围内存在的风险。

全局风险是一种涉及全局、牵扯面很大的风险。

8.按风险控制程度分类

按控制程度分类，风险分为可控风险和不可控风险。

可控风险是人们能比较清楚地确定形成风险的原因和条件，能采取相应措施控制发生的风险。

不可控风险是由于不可抗力而形成的风险，人们不能确定这种风险形成的原因和条件，表现为束手无策或无力控制。

9.按预期的风险损失的程度分类

按预期的损失程度分类，风险可分为轻度风险、中度风险和高度风险。

轻度风险是一种风险损失较低的风险，即便发生，危害也不大。

中度风险是介于轻度风险和高度风险之间的风险，一旦发生，危害较大。

高度风险是一种危害极大的风险,也称重大风险或严重风险。

1.1.4 风险的特点

1. 风险存在的客观性

风险是客观存在的,是不以人的意志为转移的。风险的客观性是保险产生和发展的自然基础。人们只能在一定的范围内改变风险形成和发展的条件,降低风险事故发生的概率,减少损失程度,而不能彻底消除风险。

2. 风险的损失性

风险发生后必然会给人们造成某种损失,然而对于损失的发生人们却无法预料和确定。人们只能在认识和了解风险的基础上,严防风险的发生或减少风险所造成的损失。损失是风险的必然结果。

3. 风险损失发生的不确定性

风险是客观的、普遍的,但就某一具体风险损失而言其发生是不确定的,是一种随机现象。例如,火灾的发生是客观存在的风险事故,但是就某一次具体火灾的发生而言是不确定的,也是不可预知的,需要人们加强防范和提高防火意识。

4. 风险存在的普遍性

风险在人们生产生活中无处不在、无时不有,并威胁着人类的生命和财产安全,如地震灾害、洪水、火灾、意外事故的发生等。随着人类社会的不断进步和发展,人类将面临更多新的风险,风险事故造成的损失也可能越来越大。

5. 风险的社会性

没有人和人类社会,就谈不上风险。风险与人类社会的利益密切相关,时刻关系着人类的生存与发展,具有社会性。随着风险的发生,人们在日常经济和生活中将遭受经济上的损失或身体上的伤害,企业将面临生产经营和财务上的损失。

6. 风险发生的可测性

单一风险的发生虽然具有不确定性,但对总体风险而言,风险事故的发生是可测的,即运用概率论和大数法则,对总体风险事故的发生是可以进行统计分析的,以研究风险的规律性。风险事故的可测性为保险费率的厘定提供了科学依据。

7. 风险的可变性

世间万物都处于运动、变化之中,风险也是如此。风险的变化,有量的增减,有质的改变,还有旧风险的消失和新风险的产生。风险因素的变化主要是由科技进步、经济体制与结构的转变、政治与社会结构的改变等方面的变化引起的。

8. 风险的传递性

风险的传递性是指风险可通过信息、社会、组织及个人扩散和传播，形成社会经验，引起各方关注，以致影响人们的风险决策。风险事件与社会过程的相互作用表明，只有从人类怎样看待世界的角度去研究风险才有意义。更进一步说，从风险传递的信息系统中来探讨公众反应，才能更好地进行风险的定性分析。风险传递的信息系统描述见图 1-2。

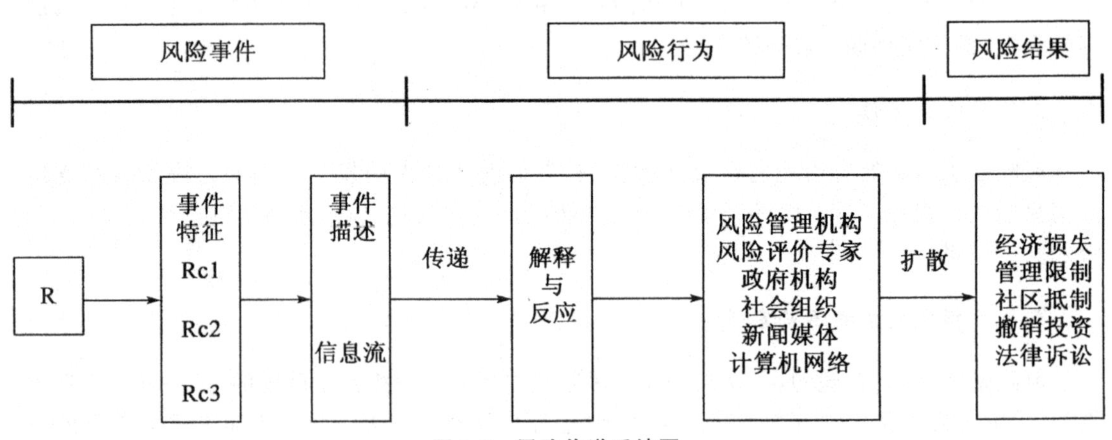

图 1-2　风险传递系统图

风险的传递具有社会扩大效应，就如同一块石子投入水中，会在水中泛起涟漪并向外传播，先包围受直接影响的受害者，然后向社会扩散，这就是所谓的涟漪效应。风险社会扩大理论解释了一些较小的风险从风险源发出，通过风险的传递和扩大而产生很大的社会经济影响的原理，以及社会关注风险事件的基本框架。风险的扩大因素是信息流，其原因如下：

①信息的容量是风险的扩大源。信息的高容量可引起接受者的恐慌，增加接受者的恶性回忆和联想，增加了风险的约束效力。

②信息被争论的程度会增加或减少公众对风险的确认程度。比如专家之间不停地辩论，增加了公众对风险是否真正被理解的怀疑，从而降低了对政府的信任。

③信息的戏剧化更加重了风险的扩大源。假如有这样一则报道："如果一旦酿成事故，可使数以百计的人死亡。"其信息能量会让人感觉到潜在风险的灾难性。

1.1.5　风险态度

风险态度指的是与人们对风险认知有关的、面对风险而采取的决策行为。更通俗地讲，不同的决策者对同一风险事件会做出不同的决策，这种现象就称作风险态度。

风险态度决定了风险管理者在风险分析和决策中的行为表现。风险态度与风险评价不同。风险评价的研究基础是经济学，而对于工程项目中的风险态度的研究基础则源自于心理学、经济学、地理学和社会学；风险评价关心的是风险发生和后果的模型，而风险态度关心的是公众对某一风险的行为反应模型。对人的风险态度进行研究，其结果可以很明确地解释为什么在相同的情况下，获得相同信息的两个人会做出完全不同的决定，这个结果还可用来解释风险分析中的不同角度的问题。

任何人的投资都希望给自己带来收益，都不愿意承担任何风险。在工程项目建设过程中，业主有将经济风险转嫁给承包人的动机，承包人又有将经济风险转嫁给分包人的动机。这种行为影响了参与建设各方相互之间的信任与合作，因此公正的做法就是对工程建设中的风险进行专业化的定量分析。通常风险态度分为三种：一是风险偏好型，即为了获得风险收益愿意承担超出平均水平以上的风险；二是风险回避型，即不愿意承担风险，在面临风险方案选择时，尽量采取回避风险的方案；三是风险中立型，介于风险偏好和风险回避型之间，对待风险的态度比较稳健。

1. 风险态度的形成机制

风险主体对待同一风险环境会采取不同的态度。那么是什么因素驱使其形成风险态度呢？实际上，诱惑效应和约束效应可驱使人们在面对风险时产生不同的态度。

(1)诱惑效应

由于风险具有潜在损失与收益的双重性和不确定性，因而风险的潜在收益诱惑管理者萌发获利动机采取一定的行动，这就表现出风险对风险主体的诱惑作用。在这里，引入诱惑效应这个变量来度量风险所具有的收益性的诱惑作用。为了表达风险与诱惑效应的数量关系，把诱惑效应界定为随着风险的增大，风险主体选择风险行为的倾向性程度。举例来说，随着风险增大，有的风险主体非常不愿意冒险去获取不确定的风险收益，有的风险主体则比较愿意冒险以便获得预期的收益。这就说明了相同的风险变动对不同的风险主体的诱惑程度是不同的，表现为不同的风险态度。图1-3表明了风险对持有各种风险态度的风险主体的诱惑效应。图中的风险是指风险的潜在损失程度和危险信号的强度。该图显示两条规律：一是随着风险的增加，风险对所有的风险主体的诱惑效应都不断降低；二是随着风险的增加，持有不同的风险态度的风险主体的诱惑效应的递减速度是不同的。从图中可以看出，同在N风险环境下，诱惑效应A＜B＜C，也就是说风险规避者(对风险持保守态度的人)的风险诱惑效应最小，风险中性者居中，而对风险偏好者的诱惑效应最大。

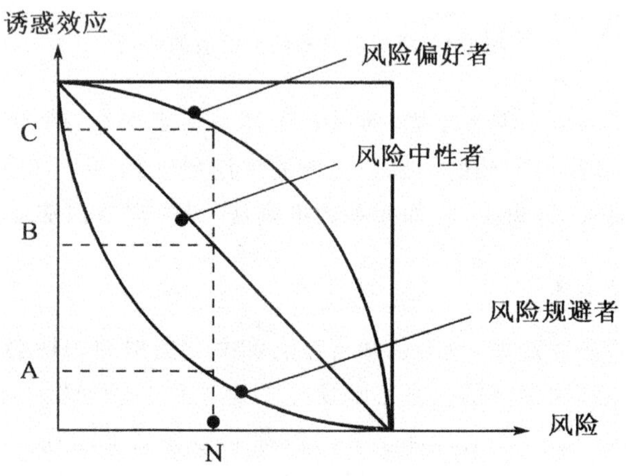

图1-3 风险态度与诱惑效应关系

(2)约束效应

约束效应是指当人们受到风险事件可能的损失或危险信号的刺激后，为了回避或抵抗损失和危险所做出的选择和进而采取的回避行为。一般说来，风险因素所产生的威慑、抑制和阻碍作用就是风险的约束效应。一般构成约束效应的阻碍性因素不是单一的，而是多元的、多层次的，并具有集合性与系统性的特点。该阻碍性的因素可能来自于主体的外部，即外部约束，如对于项目管理者来说，自然灾害的发生、国际政治经济形势的变化、国内社会经济政策的变化、市场竞争程度的加剧等；而有些则可能来自于主体的内部，即内部约束，如管理失误、决策失误、内部矛盾冲突、职工情绪波动等。这里以约束效应变量来度量风险对风险主体的约束程度。约束效应的强度取决于风险属性，风险的不确定性越大，预期风险损失越大，风险主体就会尽量缩小风险行为的规模。约束效应同时又受到风险主体对风险信号的认知程度和对风险损失预期的准确性的影响。约束效应与风险的数量关系如图 1-4 所示。随着风险增加，风险对不同的风险态度持有者的约束效应也随之增加，有所区别的是，风险对不同的风险态度持有者的约束效应的变化速率是不同的。比如同在 M 风险环境下，约束效应 A＞B＞C，也就是说风险规避者(对风险持保守态度的人)的风险约束效应最大，风险中性者居中，而对风险偏好者的约束效力最小。

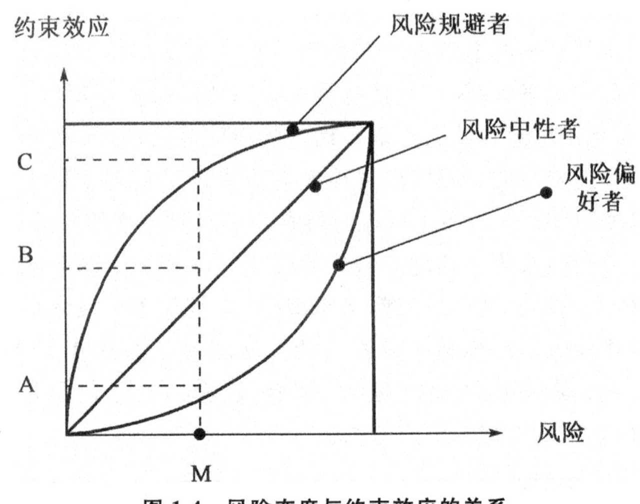

图 1-4　风险态度与约束效应的关系

正因为决策者所持的风险态度不同，所以对于某一特定决策，就会选择不同的决策方法，产生不同的决策行为，以获得期望的结果。传统的理论研究提供了许多风险决策的技术和方法，如决策树法、期望值法、等概率法、加权系数准则法、最大损益值法等。

2. 风险认知与风险态度

社会学与人类学的研究发现，风险认知有社会和文化的根源。社会学家认为，人们对风险的反应常常被朋友、家庭、同事等的社会影响所左右。这种心理研究起源于概率评估、效用评估和决策过程。风险认知研究的心理测量方法被称为心理测量范式。所谓心理测量范式，是指运用心理学量表法和多元分析技术得出风险态度和认知的数量表征。

心理测量法要求被测者对各种风险当前的和未来的风险水平以及每一种风险希望控制的水平做出数量判断，然后考察这些判断与风险的其他特性的关系。实际上，有关心理测量范式的研究最初是Starr(斯塔尔)在1969年提出来的。他企图开发一种方法来衡量技术风险与利益，以回答"怎样才安全"的基本问题，由此来揭示风险与利益均衡的模式。检查几种普遍行业和活动的资料后，Starr发现：人们能够接受某种活动的风险大致相当于该活动所能带来利益的三分之一；人们对自愿活动的风险的可接受性大约是非自愿活动的一千倍；风险的可接受性与受该风险影响的人数成反比。而Fischhoff(菲施霍夫)等人于1978年吸收了Starr的研究成果，并加以发展，用"表达的偏好"代替了"显示的偏好"，即这心理测量研究的另一个结果是人们认知的风险水平与期望的风险水平不同，表明人们不满意市场或其他控制机制对风险与利益之间平衡的方式。开创了用心理测量范式研究风险认知的新局面，形成了心理测量范式理论，带动了之后对风险认知的研究高潮。"表达的偏好"的研究支持了Starr的结论，即具有"风险偏好"的风险态度的人们，只要认定该活动具有高利益，就愿意忍受更高的风险。通过研究还可以发现，个人的风险态度的选择不仅受到风险认知和风险测量结果的影响，而且风险选择受到个人认识风险能力和承受风险能力的影响。

1.1.6　风险管理的一般过程

风险管理(Risk Management)是经济单位通过对风险的识别和衡量，采用合理的经济和技术手段对风险加以处理，以最小的成本获得最大的安全保障的一种管理活动，是对风险进行认识、估计、评价乃至采取防范和处理措施等的一系列过程。

风险管理作为一种管理活动，是由一系列行为构成的。它描述的是一种风险管理机制，其过程共可分为五个步骤：风险辨识、风险估计、风险评价、风险决策和风险监控。

①风险辨识是整个风险管理工作的基础。不经过识别并用语言表述，风险是无法衡量、无法进行科学管理的。风险辨识是指风险管理人员通过对大量来源可靠的信息资料进行系统了解和分析，认清经济单位存在的各种风险因素，进而确定经济单位所面临的风险及其性质，并把握住发展趋势。

②风险估计是在风险识别的基础上，通过对所收集的大量资料的分析，利用概率统计理论，估计和预测风险发生的可能性和相应损失的大小。

③风险评价是在风险识别和风险估计的基础上，对风险发生的概率、损失程度和其他因素进行综合考虑，得到描述风险的综合指标——风险度，以便对工程的单个风险因素进行重要性排序和评价工程项目的总体风险。

④风险决策又称为风险应对，它是根据风险评估的结果以一个最低成本最大限度地降低系统风险的动态过程。一般的风险决策方法包括风险规避、风险转移、风险分散等。

⑤风险监控包括风险监测和风险控制。风险监测就是在风险管理过程中对风险进行跟踪，监视已识别的风险和残余风险，识别进程中新的风险，并在实施风险应对计划后评估风险应对措施对减轻风险的效果。风险控制则是在风险监视的基础上，实施风险管理规划和风险应对计划，并在情况发生变化的情况下，重新修正风险管理规划或风险应对措施。风险管理的一般过程如图1-5所示。

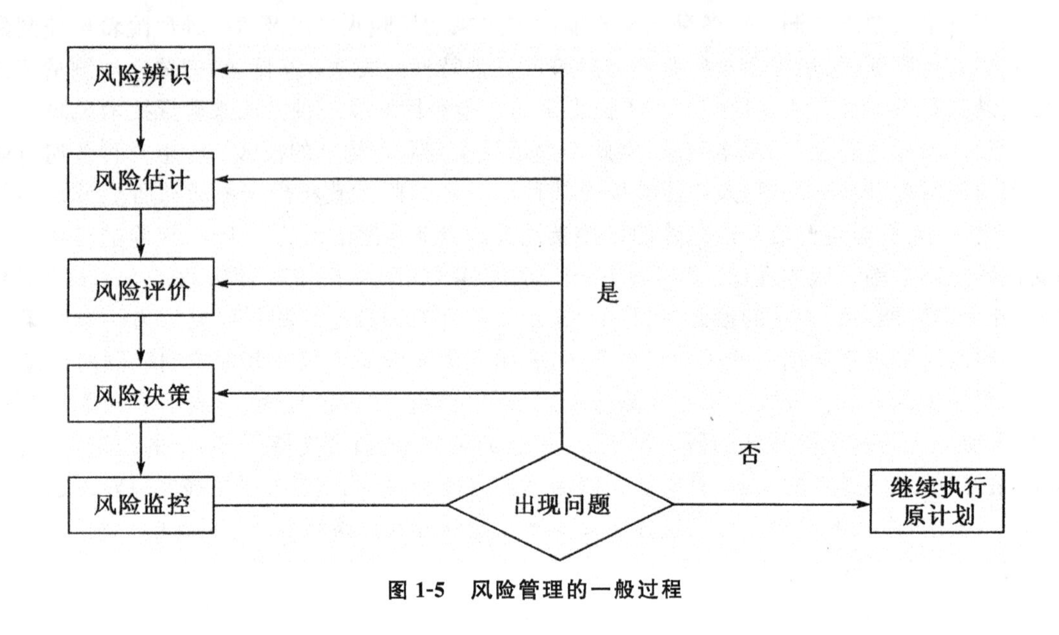

图 1-5　风险管理的一般过程

1.1.7　项目风险的基本概念

1. 项目风险的相关定义

项目风险是一种特定的风险。对于项目风险的含义，比较有代表性的有两种：一种是指标的物在工程各个阶段过程中遇到各种自然灾害和意外事故而导致标的物受损的风险；另一种是指所有影响工程项目目标实现的不确定因素的集合。结合工程项目特点，在本书中对项目风险的定义为：在整个建筑工程项目全寿命过程中，自然灾害和各种意外事故的发生而造成的人身伤亡、财产损失和其他经济损失的不确定性。

由项目风险的定义可知，项目风险与其他风险一样，关键在于风险因素的不确定性，而这些不确定性又往往是信息匮乏造成的。例如，在开工之后承包商才发现，由于建筑物所处地区的地质情况不良致使打桩困难，而出现这一风险事故的原因是地质勘察资料信息不全。又如，业主已经确定了承包商，才发现承包商有价格欺诈行为，造成投资损失，其原因是业主与承包商之间的信息不对称，业主相对承包商掌握的价格资料不充分。因此可以说，工程项目的风险开始可能是潜伏的，一旦风险能量积蓄到一定程度，就会爆发出来，造成风险损失。

2. 项目风险的特点

项目风险较其他风险相比不确定性更大，一旦出现问题，会造成很大的经济损失甚至人员的伤亡，因此能够准确地预测项目风险是工程建设中相当重要的部分。在对项目风险辨识的过程中，要注意以下特点：

投资规模大只是建设工程项目的特征之一，还有实施周期长、不确定性因素多、经济风险和技术风险大、对生态环境的潜在影响严重、在国民经济和社会发展中占有重要战略地位等特征。

随着科技的飞速发展和人们生活节奏的不断加快，社会环境瞬息万变，各工程项目所涉及的不确定因素日益增多，面临的风险也越来越多，风险所致损失规模也越来越大，这些都促使科研人员和实际管理人员从理论上和实践上重视对工程项目的风险管理。

项目风险与工程项目全寿命过程是紧密相关的，同一般产品生产过程比较，工程项目的施工工艺和施工流程是非常复杂的，相关因素也很多，因而，期间潜伏的项目风险就具有不同于一般风险的特殊属性，具体表现在如下方面：

①项目风险管理需要专业知识。只有具备了建筑安装工程的知识，才能凭借工程专业经验，识别、评估风险，尽早发现、解决工程建设中出现的问题，实施有效的项目风险管理。

②项目风险发生频率高。由于建筑安装工程周期长，不确定因素多，尤其在大型工程中，人为或自然原因造成的项目风险交集，进而导致风险损失频发。据有关资料统计，国内建筑安装工程项目风险发生频率仅次于挖掘业，位居第二。

③项目风险承担者的综合性。建筑安装工程项目参与的责任方较多，诸如业主、承包商、分包商、设计方、材料设备供应商等。风险事故的发生常常是由多方责任造成的。因而一项工程通常有多个风险承担者，与其他行业相比，这就更具突出性。

④项目风险损失的关联性。由于工程项目涉及面较广、同步施工和接口协调比较复杂，各分部分项工程之间关联度很高，各种风险相互关联呈现出相关分布的灾害链，使得建筑安装工程产生特有的风险组合。因此，与其他行业相比，这也具有突出性。

3.项目风险的种类

工程项目投资巨大、工期长、参与者众多，整个建设过程都存在着各种各样的风险，如业主可能面临着工程师失职、设计错误、承包商施工组织不力等人为风险，以及恶劣气候、地震、水灾等自然风险。

(1)从产生风险的原因性质分类

①自然风险是指由于自然因素带来的风险，在工程项目施工过程中出现的洪水、暴雨、地震、飓风等，造成财产毁损或人员伤亡。例如，水利工程施工过程中因发生洪水或地震而造成的工程损害，材料和器材损失。

②政治风险是指由于政局变化、政权更迭、罢工、战争等引起社会动荡而造成财产损失和损害以及人员伤亡的风险。例如，伊拉克入侵科威特引起海湾战争，使我国在当地的几家建筑公司蒙受了很大损失。日本关西国际机场建设过程中所在海域渔场被占用之后，沿岸渔民失去了生计，要求赔偿损失。该项目的管理班子——关西国际机场股份有限公司同周围受损失的一万多名渔民进行了旷日持久的谈判，延误了工期。

③经济风险指人们在从事经济活动中，国家和社会一些大的经济因素的变化带来的风险以及由于经营管理不善、市场预测失误、价格波动、供求关系发生变化、通货膨胀、汇率变动等所导致的经济损失的风险。

④技术风险指伴随科学技术的发展而来的风险。如核燃料出现之后产生了核辐射风险；由于海洋石油开采技术的发展而产生的钻井平台在风暴袭击下翻沉的风险；伴随宇宙火箭技术而来的卫星发射风险。日本关西国际机场在填海筑造人工岛时，遇到许多特殊的技术问题，

最严重的是人工岛沉降，这个问题大大影响了整个项目的工期和造价。

⑤信用风险指合同一方的业务能力、管理能力、财务能力等有缺陷或者没有圆满履行合同而给另一方带来的风险。

⑥社会风险包括宗教信仰的影响和冲击、社会治安的稳定性、社会的禁忌、劳动者的文化素质、社会风气等。

⑦组织风险指由于项目有关各方关系不协调以及其他不确定性而引起的风险。现代的许多合资、合营或合作项目组织形式非常复杂，有的单位既是项目的发起者，也是投资者，还是承包人。由于项目有关各方参与项目的动机和目标不一致，在项目进行过程中常常出现一些不愉快的事情，影响合作者之间的关系、项目进展和项目目标的实现。组织风险还包括项目发起组织内部的不同部门由于对项目的理解、态度和行动不一致而产生的风险。

⑧行为风险指由于个人或组织的过失、疏忽、侥幸、恶意等不当行为造成财产毁损、人员伤亡的风险。需要注意的是，除了自然风险和技术风险是相对独立的之外，政治风险、社会风险、经济风险和组织风险之间存在一定的联系。有时表现为相互影响，有时表现为因果关系，难以完全分开。

(2)按照工程参与者分类

1)业主风险

在整个工程建设过程中，业主和承包商都要承担一定的风险，其中业主所承担的风险如下：

①投资风险。投资风险是任何企业和个人都可能遇到的一种风险，在工程项目的建设中，它是指由于工期、原材料价格、征地移民、投资分摊比例和相关工程投资的不确定性因素而引起的投资总额膨胀的风险。

②经济风险。经济风险是指在经济领域中各种导致企业的经营遭受厄运的风险。有些经济风险是社会性的，对各个行业都有影响，比如经济危机和金融危机、通货膨胀或通货紧缩、汇率波动等；有些经济风险的影响范围限于建筑行业内的企业，如国家基本建设投资总量的变化、房地产市场的销售行情、建材和人工费的涨落；还有一些经济风险是随着工程承包活动而产生的，它仅仅影响到具体施工企业，比如业主的履约能力和支付能力等。在建筑工程中，业主所承担的经济风险主要还是信贷、财税政策和资金来源变化以及投产后市场需求产出数量和价格的不确定性等，因投资膨胀及投资偿还状况的变化而引起的财务、经济评价的风险。

③社会政治风险。社会政治风险是指工程建设与有关法律、政策的不一致和政策变化，以及由于移民安置等引起的对社会安定的影响；由重大事故造成的社会风险。

④自然风险。自然风险包括天气状况以及如滑坡和地震等自然现象所带来的风险。自然环境可能会对工程建设过程产生显著影响。虽然自然环境是不可控制的，但是通常可以通过识别其带来的风险进一步采取措施以减轻风险的影响。比如，对计划进行调整，将特别容易受此类风险影响的工作安排在相对适合的天气情况下进行。

⑤管理风险。管理风险通常是由于管理失误造成的。例如，由于缺乏经验和尝试，没有签订对承包商有约束力的合同等。

⑥组织风险。项目业主若是联营体，则可能由于各合伙人对项目目标、应尽义务、享有权利等的理解、预期和态度不同而造成进展缓慢。即使在项目执行组织内部，项目管理班子也会

因同各职能部门之间配合不力而难以对项目实施有效的管理。

事实上，在工程项目的实施过程中，各种干扰因素有很多，业主承担的风险很大，在《土木工程施工合同条件》中规定，业主应承担的风险的内容具体包括：战争、敌对行动（不论宣战与否）、入侵、外国敌人的行动、叛乱、革命、暴动、军事政变篡夺政权、内战；除工程承包企业或其分包单位雇用人员中的或工程施工中出现的骚乱、混乱外的一切骚乱、暴乱或混乱；永久工程的任何部分为业主使用或占用；由监理工程师的工程设计变更引起的原因造成的损失或损坏；由于任何核燃料或核燃料燃烧的核废物或有放射性的有毒炸药的燃烧引起的粒子辐射或放射性污染；以音速或超音速飞行的飞机或其他飞行物引起的压力波；一个有经验的工程承包企业通常无法预测和防范的任何自然力的作用等。

2）承包商风险

承包商应承担的风险是指工程项目实施中的除规定为业主的风险以外的所有风险。其中，具体在不同阶段，承包商所承担的风险也是不同的。

①投标决策阶段。在这个阶段，主要内容包括是否进入市场，是否对某项目进行投标；当决定进入市场或决定对该项目进行投标时又必须决定投什么性质的标；最后还要决定采取什么样的策略才能中标。在这一系列的工作决策中潜伏着各种各样的风险。

A. 信息失误风险。就是指在获得信息时存在失误，比如获得的是过时的信息等。

B. 中介与代理给承包商的风险。中介风险有可能是由于中介业务人员为谋取私利，以种种不实之词诱惑交易双方成交，给交易双方带来很大风险。代理人的风险有可能是水平太低，使承包商的利益受到损害；也有可能是代理人为私利与业主串通；还有可能是同时给多家代理，故意制造激烈竞争气氛，使承包商利益受损。

C. 保标与买标风险。

D. 报价失误风险。低价夺标寄希望于高价索赔；低价夺标进入市场，如果判断失误，承包商投入全部精力和资金，并未获利，而业主方无后续工程建设能力，无后续市场，从而使承包商造成亏损；依仗技术优势报高价；依仗关系优势而盲目乐观，从而报高价；选择合作伙伴失误；自作聪明，弄巧成拙。

②签约履约阶段。在签约履约阶段是风险比较集中的阶段，它包括以下几种情况：

A. 工程管理风险。做好工程管理是承包商项目获得成功的一个很关键的环节。在建筑工程项目中，参与实施的分包单位多，相互协调工作难度大，在企业内部各职能部门与项目经理部的关系是否和谐、项目管理的其他相关各主体间的配合是否协调、政府有关部门的介入等问题上，如果管理跟不上，不能应用现代管理手段，不提高自己的全面素质，结果将导致整个项目的失败，由此可能造成巨大的损失。

B. 物资管理风险。工程物资包括施工用的原材料、构配件、机具、设备。在管理中尤其以材料管理给工程带来的风险最大。

C. 成本管理风险。施工项目成本管理是承包项目获得理想的经济效益的重要保证。成本管理包括成本预测、成本计划、成本控制和成本核算，哪一个环节的疏忽都可能给整个成本管理带来较大风险。

D. 业主履约能力风险。业主不能按时支付工程款，也是承包商比较头疼的一种风险。

E. 分包风险。分包单位水平低，造成质量不合格，又无力承担返修责任，而总包单位要对业主方负责，不得不为分包单位承担返修责任。这种情况往往是因为选择分包不当而又疏于监督管理造成的，因而只要承包商稍加注意、强化监管，就可以避免。

③竣工验收与交付阶段。在这个阶段的风险有时常会被一些经验不足的承包商所忽略，其实这一阶段也有很多风险，它主要体现在竣工验收的条件、竣工验收资料的管理、债权债务的处理等方面。

其中，竣工验收是施工企业在项目实施全过程中的重要一环，前面任何阶段遗留的问题都将会反映到这一阶段。因此，施工方应全面回顾项目实施的全过程，以保证项目验收时能顺利通过。

另外，工程建设项目大多规模大、工期长、结构复杂，超出原始合同条件规定的事项层出不穷，这决定了工程实施过程中构成合同原始状态的基础条件不可避免地发生变化和偏移。因此，承包商要积极关注不断发生的工程状态，提出合理索赔，避免由于自身的失误而造成索赔失败。

④其他风险。

A. 技术方面：设计风险。设计内容不全，缺陷设计，错误和遗漏，规范不恰当，未考虑地质条件，未考虑施工可能性等。还有工艺设计未达到先进性指标，工艺流程不合理，未考虑操作安全性等。

B. 合同方面：合同风险。包括合同条款风险和合同管理风险。合同条款应本着平等、自愿、公平、诚实信用，遵守法律和社会公德。每一条款都应仔细斟酌，以防出现不平等条款、定义和用词含混不清、意思表达不明的情况。还应注意合同条款的遗漏，合同类型选择不当。合同管理是承包商获利的关键手段，不善于管理合同的承包商是绝对不可能获得理想的经济效益的。合同管理即主要利用合同条款保护自己的合法利益，扩大受益，这就要求承包商具有相应的知识和一定的技巧，要善于开展索赔，合理的索赔有利于甲乙双方共同承担风险和建立合理的风险分担机制。

1.1.8 项目风险态度

进行工程项目风险管理时，确定工程项目管理者的风险态度可以帮助上层风险管理者了解下层的主观风险倾向。一般情况下，按照决策者对风险的反应程度和行为模式的差异，风险态度划分为风险偏好、风险中立和风险回避。但是这种划分过于粗糙，不利于实际操作。

罗吉·弗兰根和乔治·诺曼认为，从目前工程项目风险管理者对风险态度的研究来看，项目风险态度应细化为如下四种方式：

①雨伞方式。考虑风险责任期内的所有风险因素，通常的风险反应是投入较多的资源，实施严格的风险控制，并且在工程造价预算中加一笔高额的风险预备费用，这种风险态度相对来说比较保守。

②鸵鸟方式。对待风险采取逃避的方式，事先不制定和采取积极的防控措施，只是到风险发生时，再被动地应对。因为没有对风险采取干预措施，只能任其自由发展，有时损失可能是灾难性的，所以这种风险态度比较消极。

③直觉方式。对风险的分析只是凭直觉，不相信利用风险分析方法得出的结论。

④蛮干方式。采取适当措施克服可控制风险，可以防止和减少风险损失，但是把精力花在对付不可控制的风险上，以为自己能控制一切，就会浪费很多资源。这是风险态度持有者的风险反应模式——蛮干行为的典型表现。

这种对风险态度衡量方式的意义在于能够区别出同一风险状态下的不同的决策者对待风险的反应模式的差异。但是仍存在一个弊端，就是很难给出恰当合理的评价标准，然后按照该评价指标判断某一特定的决策者的风险反应模式类型。尤其是在项目风险管理中，这种衡量方式缺少可操作性的弊端更加突出。因此本书总结了以往的风险态度衡量方法，结合项目风险环境特点，提出如下三种风险态度衡量方法。

1.“标准赌博”衡量法

这是一个抛硬币打赌的“标准赌博”模型：如果一个人选择以抛硬币赌博，抛出硬币出现正面，则可赢得40元（定义为A），若硬币出现反面则得不到任何钱（定义为B）。如果这个人放弃这场赌博，可稳定地获得一笔钱。出现正反面的比例各为50%，即50对50的赌博。这场赌博的期望收益是20元（设赌博的期望收益为X）。当前媒体上出现的很多竞赛类节目就类似这种抛硬币赌博。当参赛者闯关时，他们通常面临两种选择：一种是放弃闯关，但只能获得相对较低的奖励；另一种是继续闯关，则有两种结果：一是闯关成功，获得更高的大奖，另外一种结果是闯关失败，什么也得不到，前面闯关的奖励也丧失了。在“标准赌博”模型中，可以看出决策者面对未来的不确定性收益时所持有的不同态度，即风险态度。根据风险收益期望值与稳定收益之间的数量关系可以划分出不同的风险态度。稳定收益Z是决策者愿意接受的放弃赌博所获得的好处。若决策者愿意接受的稳定收益Z低于赌博期望收益X，说明决策者不愿意冒险获得更高的风险收益，其风险态度属于风险规避型；若Z高于X，则属于风险偏好者；若Z等于X，则其风险态度趋于中立。“标准赌博”模型如图1-6所示。

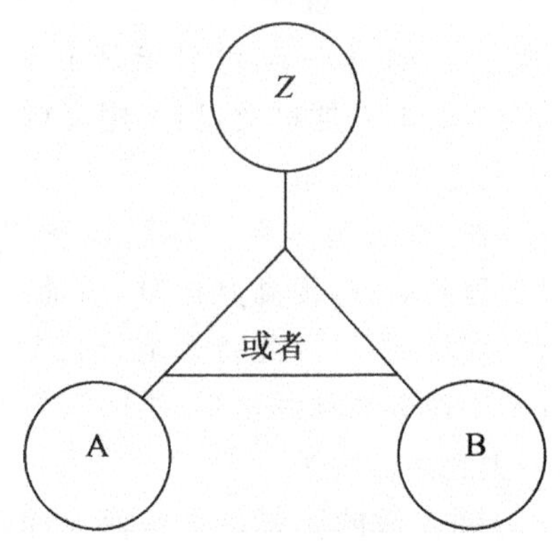

注：一个事件有两种可能结果为A或B，发生的概率分别为P和1−P。

图1-6　“标准赌博”模型

将“标准赌博”模型衡量决策者对待风险的态度的思想应用到项目风险管理之中，可以进一步观测和衡量出风险管理者对待风险的倾向。在项目风险态度衡量过程中，需要解决几个关键问题：一是需要预测某一项目风险可能出现的各种结果及相应的概率；二是测试出风险决策者愿意接受的固定收益水平;三是决策者根据风险期望收益与固定收益水平的比较所做出的决策。在项目风险管理中,可以通过风险分析预测某一项目风险可能出现的各种结果及相应的概率,然后算出风险收益期望值。固定的收益水平应是风险管理者依据项目的综合因素和个人愿意接受的收益等因素确定的。最后根据风险管理者的决策来判断其风险态度。

2.效用测量表法

"标准赌博"模型在衡量风险态度时,衡量法存在一定的局限,因为项目风险管理者进行风险决策时,并不是完全依赖运筹学家提供的期望值或期望效用值最大化来决策的。管理者的风险决策过程属于行为决策研究的范畴。

运用效用测量表测量风险态度需要经历四个主要步骤:第一步,设计测试情景,设计的测试情景应与决策者实际可能面临的决策环境相似。第二步,选择测试对象,在选择测试对象时,应有代表性地选择被测试的风险决策者群,按照多种标准进行划分,选择多种有代表性的测试群,保证测试结果有代表性。第三步,进行测试,测试时可利用调查表。第四步,研究和总结测试结果,根据回收的调查表,统计出各种情景下的各种态度的人数,并进行统计分析。

运用效用测量表测定项目风险态度的优势是很明显的。一方面通过测试可以获得不同的风险管理者群体的风险态度类型及其相互差异以及风险态度的变化等;另一方面,在运用效用测量表测量风险态度的情况下,通过设定施工现场情景,可以使被调查者清楚地判断风险情况,保持理性的风险态度,使得测量结果更加有效。

下面举例说明如何运用效用测量表测定项目风险态度。以某市的城市快速轨道交通系统工程为背景,说明项目风险态度的测量过程。该项目风险态度测量的目的是使本工程的业主了解承包商对待这项工程的风险态度。运用效用测量表法进行测试的第一步是提供测试的四种决策情景。

情景1,赶工决策。如果不赶工,可能出现两种结果:一种是可能拖延工期,需要赔偿业主一笔很高的赔偿金;另一种是不赶工也如期完工,没有拖延工期,这样就没有任何损失。如果赶工,需要支付一笔比赔偿金低得多的工人加班费,但不用支付高额的赔偿金。这种风险决策类型属于大失或不失与确定的小失之间的决策。

情景2,在原有的施工设备基础上,决定是否增加新设备的决策。购买新设备有两种结果:一种是可以改善承包商承建工程的质量,提高其信誉,可能将因此从业主那里争取到其他工程项目;另一种结果是未能争取到新项目,因此将造成支付额外的设备贷款利息、设备贬值等损失。如果不购买新设备,将维持现有的利润水平,不能获得额外的投资收益。这种风险决策类型属于大得或大失与不得不失之间的决策。

情景3,施工现场管理人员,雇佣人数的决策。承包商雇佣较少的现场管理人员,可能出现两种结果:一种是雇佣人员的管理效率很高,能够完成预定的任务,工程事故损失能够控制在较低的水平,节约了一笔工资支出;另一种结果是因为缺少管理而导致工程事故,发生较大的损失。如果雇佣较多的高素质的现场管理人员从事施工现场的协调和督导,可以降低因施工现场缺乏管理而造成的损失,但是要支付一笔较高的工资。该风险决策类型属于低费用高损失或低费用低损失和高费用低损失之间的决策。

情景4,分包决策。主承包商将部分工程分包给分承包商可能有两种结果:一种结果是选择恰当的分包商，并且分包价格非常合理，获得较高的分包利润；另一种结果是由于分包商选择不当或者分包价格不合理，导致分包费用和分包项目风险都很高。主承包商不进行分包，将承担工程的所有风险，但省去分包费用支出。这种风险决策类型最复杂，两种选择都存在着收益或损失的不确定性。

从上述决策情景可以发现，效用测量表中的每一情景决策实际上就是“标准赌博”模型的决策模式。

在用于效用测量表的决策情景设计出来后，就可选取测试对象发放效用测量表进行测试。这项测试涉及26位承包商。由于测试过程中对被测试的承包商进行指导和跟踪，测量表的回收率和有效率是100%。统计分析的结果如表1-1所示。

表1-1 承包商的风险态度测试的统计结果

情景＼结果	冒险	中立	回避
情景1	5	1	20
情景2	6	2	18
情景3	15	8	3
情景4	3	7	16

从表1-1的统计结果可以看出，不同的决策情景下承包商们的风险态度的差异。同时还可以利用 χ^2 检验(数理统计中的一种检验方法)算出不同决策情景中的风险态度的差异程度。情景1属于大失或不失与确定的小失之间的决策，情景2属于大得或大失与不得不失之间的决策，恰好是“失”或“得”两种相反的风险决策。χ^2 的结果表明，这两种情景下的风险态度具有极为显著的差异，说明两种相反的决策情景下的风险态度也是相反的，这完全验证了风险决策的预期理论。

3. 技术衡量法

技术衡量法是运用风险认识调查表判断被调查者对风险的认识程度和采取的对策。技术衡量法与效用测量表法的测试手段比较相似，都是通过向被调查者发放调查表的形式，调查和测量被测试者的风险态度。但是两者存在一定的区别，效用测量表法中向测试者发放的是效用测量表，其内容与本方法中的风险认识调查表不同。另外，两种方法反映的测试者的风险态度的角度也是不同的。技术衡量法的风险认识调查表中设计出各种风险项目，然后由被调查者来估计风险事项发生事故的频率，根据他们的预测来判断其风险态度。

这里以一则案例来说明运用技术衡量法判断施工人员和施工现场设施看管人员对待设施的风险态度。这个测试的思想是通过让被测试者估计所列出的建材、设备和设施在以往的特定时段内发生事故的次数与实际发生次数比较，来判断他们对风险的认识程度。测试者估计事故次数的依据有两个：一是看管的设施所处的风险环境；二是以往发生事故次数的经验数据，但两者都是在被测试者的主观判断基础上的。因此，风险认识表的结果能够充分反映被测试者的风险态度。在拟定风险认识调查表时，首先要站在项目全局的高度，判断和选择相对重要的建材、施工设备和设施，让测试者估计它们的事故发生次数。测试人员已经收集了所有被调查的设备设施在上一个施工年度的事故次数的数据列表，如表 1-2 所示。

表 1-2　事故次数统计表

机器、建材	事故次数(次)	机器、建材	事故次数(次)
挖抛机	5	运输车	10
混凝土搅拌机	15	压板机	13
龙门架	0	焊接机	5
泵车	6	砖石、水泥	27

在事故次数统计表的基础上，设计出风险认识调查表(表 1-3)。作为示范，表中给出了混凝土搅拌机在上一年的事故次数，其余次数为被测试者自己填写的估计次数。将风险认识调查表发放到被调查者的手中，指导其填写。测试者将被测试者估计的事故发生次数与实际次数进行比较。若估计次数高于实际次数，说明被测试者对待风险比较保守，属于风险回避类型。若估计次数低于实际次数，说明被测试者对待风险过于乐观，没能充分认识到风险的严重性，属于风险偏好的类型。若估计次数等于实际次数，则说明被测试者对待风险属中立态度。此外，从风险认识调查表还可以看出被测试者态度的变化。同一个被测试者对不同的风险标的的风险态度可能是不同的。若对某一标的的事故次数估计较高，即为回避型的风险态度；而对另一个标的的事故次数估计较低，即为偏好型的风险态度。从图 1-7 可以看出风险事故估计次数与实际次数的偏差程度。用斜率为 1 的直线表示实际事故次数与估计值完全一致，估计点落在直线以下的说明低估风险了，估计点落在直线以上的说明高估风险了，而估计点恰好落在直线上的说明恰当地评估了风险。

表 1-3　风险认识调查表

机器、建材	事故次数(次)	机器、建材	事故次数(次)
挖掘机	9	运输车	15
混凝土搅拌机	15	压板机	10
龙门架	0	焊接机	8
泵车	4	砖石、水泥	20

从上述分析可以看出，风险认识调查表比较适合用于估测风险态度，但是估计每一标的的事故次数很烦琐，也很困难，而且有时可能会出现误差。因为被测试者不了解标的的风险情况或不认真，导致次数估计不准，这样的调查结果不能真实地反映被测试者的风险态度。为了简化风险态度的评估过程，也可只对各种意外事故发生的可能性进行排序，而不必估计具体的次数。可以以土建工程施工中常见的风险为例，给出更简单的风险排序调查，如表 1-4 所示。

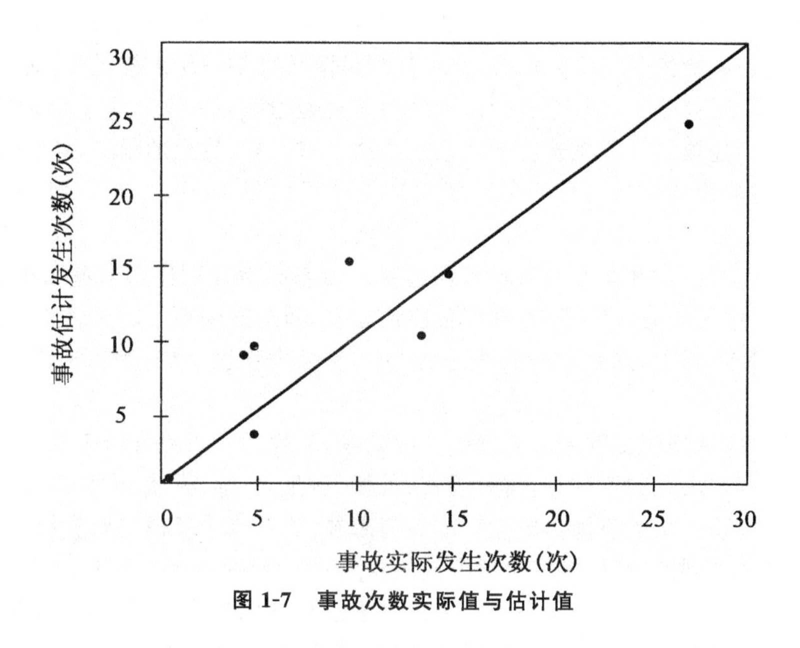

图1-7 事故次数实际值与估计值

表1-4 风险排序调查样表

意外事故	排序	意外事故	排序
高空坠落	2	接口不协调	3
建材盗失	1	建筑物倒塌	5
电路短路	4		

1.2 项目风险管理

目前，对于项目风险管理的含义尚没有统一的界定。作者从项目风险属性出发，结合一般风险管理的定义，将项目风险管理定义为，依据项目风险环境和设定的目标，对工程风险分析和处置进行决策的过程。项目风险管理分为两大环节、四个步骤。第一个环节是项目风险分析，主要采用实证分析的思路对项目风险形态进行尽量准确的描述，从定性和定量两个角度认识项目风险，在此基础上进行风险评价；第二个环节是采用规范分析的思路，依据项目风险分析的结果并结合工程项目的人员、资金和物资等资源条件，制定和实施风险处置方案。从项目风险管理的全过程角度来看项目风险管理，主要分为项目风险辨识、项目风险估计、项目风险评价和项目风险处理四个步骤，而项目风险辨识是首要的和基础的环节。

1.2.1 全生命周期动态项目风险管理思想

工程项目风险是影响项目总体目标实现的重要因素，于是就引出了工程项目风险管理的问题。许多国外学者曾经对项目风险管理的过程进行了定义，有些学者认为风险管理是在风险分析基础上进行风险控制与风险响应，并且认为风险管理是一个系统过程，而风险分析只是风险管理过程中的一部分。有些学者则认为风险管理是管理的一种，项目风险管理的目的就是提供一套针对工程项目进行风险管理的系统方法：一是单一过程的项目风险管理方法，包括项目风险因素（风险源）辨识、对项目风险因素影响结果的量化、针对项目风险提出的响应对策；二是动态过程的风险管理方法，即是在项目的实施过程中不断地重复上述步骤，利用风险管理过程中的反馈机制实现动态的风险管理过程。动态风险管理伴随着项目的整个寿命期，从项目的发起、可行性研究阶段开始，到项目建设完成，乃至整个项目的运营阶段，贯穿于整个项目管理生命周期过程中，并在风险管理过程中形成风险管理文档，为以后的项目提供历史数据。

综合上述思想，从现代工程项目管理的角度来看，工程项目风险管理应该以一定的技术手段对项目实施过程中出现的使项目目标（投资、进度、质址、安全等）有可能出现的偏差的风险进行动态的系统管理。从动态项目风险管理周期来看，项目风险管理主要经历两个阶段：第一个阶段是风险管理计划的制订；第二个阶段是风险管理计划的实施与调整。这两个阶段是前后衔接、互相影响的，最终构成了动态项目风险管理过程的闭环循环系统（图 1-8）。项目风险管理从计划的制订开始，经历风险管理计划的实施、控制与调整等过程。在风险管理计划实施过程中，根据实施过程反馈的信息，进行风险控制或调整风险管理计划，然后再实施、再反馈、再调整该动态管理系统，直至实现预定的项目风险管理目标后，终止循环。

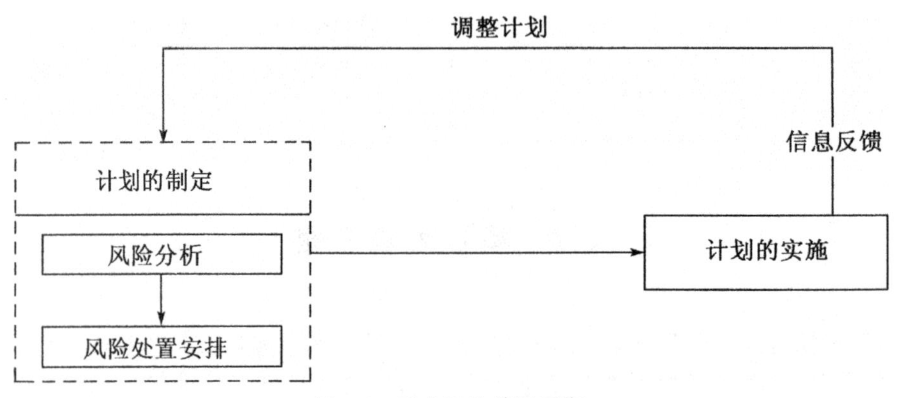

图 1-8　动态风险管理周期

项目风险管理具有继承性和个性化的特点。工程项目之间的风险环境和风险规律具有总体相似性或部分相似性，因而项目风险管理很多的宝贵经验在后来的项目风险管理中得以应用。但是由于工程项目又具有一定的独特性，将其他项目的风险管理的经验应用到当前项目又存在一定的局限性，还必须结合当前项目的风险特点进行具体的风险分析。目前，风险分析技术仍然是以主观概率法为主。主观概率法的风险估计使风险分析结果呈现一定的主观性，有人对该方法的科学性提出质疑。但是项目风险的主观估计也并非是主观臆造出来的，而是通过项目风险管理者与相关专家的经验，并结合项目本身特点和其所处的环境特点得出的。这种风险分析的方法实质是以主观形式反映客观的规律，结论的客观性主要取决于风险分析者的判断能力和风险源的风险状态的暴露程度。这说明,并不是基于主观概率估计的风险分析方法就不能得出客观的结论。只要将风险分析方法不断改造,就可以得出客观的、令人信服的风险分析结果。从当前的工程风险管理的发展来看,风险分析方法主要朝着定量化的方向改进。项目风险的概率分析不可能完全定量化,因为定量化的风险概率分析需要以大量的历史统计数据为基础,而项目风险及工程项目的个体特征很强,所以项目风险分析方法主要介于定性分析和定量分析之间。通过参考类似项目的风险统计规律,并结合标的项目的风险特点,以风险量或模糊变量的形式表示风险估计结果。迄今为止,这种基于主观估计与客观估计相结合的风险分析技术与风险管理方法,是项目风险分析与风险管理领域普遍采用的方法,已经被学术界所接受,并在各个领域和不同国家得到广泛关注和应用。

1.2.2　项目风险管理的目标

风险始终对整个项目过程造成威胁。因此,风险管理是项目主体的一项必不可少的重要工作。企业要想兴旺发达,维持长久的生命力,就必须扎扎实实地抓好风险管理工作,必须确立具体的目标。

风险管理最主要的目标是控制与处置风险,以防止和减少损失,保障社会生产及各项活动的顺利进行。风险管理的目标通常被分为两部分:一部分是损失前的目标,另一部分则是损失后的目标。损失前的管理目标是避免或减少损失的发生;损失后的管理目标是尽快恢复到损失前的状态,两者构成了风险管理的完整目标。

1. 损失前的目标

①节约成本。风险管理者用最经济的手段为可能发生的风险做好准备,运用最佳的技术手段降低管理成本。具体来讲,风险管理者应在损失发生前,比较各种风险管理工具以及有关的安全计划,对保险和防损技术费用进行全面的财务分析,从而以最合理的处置方式,把控制损失的费用降到最低限度,通过尽可能低的管理成本,形成最强的安全保障,取得控制风险的最佳效果。这一目标的实现依赖于风险管理人员对效益与费用支出的科学分析和对成本及费用支出的严格核算。本目标也是风险管理的经济目标。

②减少忧虑心理。风险给人们还带来了精神上和心理上的紧张不安情绪,这种心理上的忧虑和恐惧会严重影响劳动生产率,造成工作效率低下。损失前的另一重要管理目标之一就是要减少人们的这种焦虑情绪,提供一种心理上的安全感和有利生产生活的宽松环境。

③履行有关义务。企业生存于社会之中,必然要承担社会责任和义务,实施风险管理也不例外。风险管理必须满足政府的法规和各项公共准则,必须全面实施防灾、防损计划,尽可能地消除风险损失的隐患,履行有关义务,承担必要责任。

2. 损失后的目标

①维持生存。这是在发生损失后最重要、最基本的一项管理目标。良好的风险管理,有助于企业、家庭、个人乃至整个社会在发生损失后渡过难关,继续生存下去。只有首先保持住经

济单位的存在，才可能逐步恢复和发展。

②保证生产服务的持续，尽快恢复正常的生产生活秩序。损失发生后，实施风险管理的第二个目标就是保证生产经营等活动迅速恢复正常运转，尽快使人们的生活达到损失前的水平。显然风险事件是有危害性的，它给人们的生产和生活带来了不同程度的损失，而实施风险管理则能够为经济单位、家庭、个人提供经济补偿，并为恢复生产和生活秩序提供条件，使企业、家庭、个人在损失后迅速恢复生产和正常生活。对于企业风险管理来讲，保证生产服务持续这一目标有时带有强制性或义务性。如连续不断地为公共设施提供服务就是一种义务。保证企业为顾客或消费者提供服务是非常重要的，否则，这些人的投资或消费会转移到它们的竞争对手的产品或服务之上。所以，为达到整个生产服务持续这一目标，企业必须在遭受损失后的最短时间内，尽快在全部或至少在部分范围内提供服务或恢复生产。

③实现稳定的收入。在成本费用不增加的情况下，通过持续的生产经营活动或通过提供资金以补偿由于生产经营的中断而造成的收入损失，这两种方式均能达到实现稳定收入这一目标。收入的稳定与生产经营的持续两者是不同的，它们是风险管理的不同目标。哪个目标更容易达到，取决于事件本身和当时的环境情况。生产服务的持续可以通过牺牲收入来获得，而有时可以通过其他方式获得生产以外的稳定收入。

④实现生产的持续增长。上面两个目标，即生产服务的持续和实现稳定收入组成了损失后生产的增长这一目标。实施风险管理，不但要使企业在遭到损失后能够求得生存，恢复原有生产水平，而且应该使企业在遭受损失后，采取有效措施，处置好各种损失，并尽快实现持续增长计划，使企业取得连续性发展。这一目标要求企业在运用调研、发展、促进生产的资金上，有较强的流动性。

⑤履行社会责任。一般来说，风险事件不仅影响一个家庭、一个企业或一个公众机构，它还会对其他成员产生不同程度的影响。但是道德责任观念和社会意识要求这类风险事件对其他人员产生的影响达到最小，这也符合公共关系的要求。因此，企业应该通过风险管理，防止由于风险而导致生产经营的中断或遭受人身伤亡和财产损失，尽可能减轻企业受损对其他人和整个社会的不利影响。做到这一点，企业才尽到了其应尽的社会责任，从而可以获得良好的公众反应。

总而言之，工程项目风险管理是一种主动控制，它最重要的目标是通过有效的风险管理使项目的三个目标——投资/成本、质量、工期得到控制。

1.2.3 项目风险管理的责任

风险管理必须具体落实到人，必须规定具体负责人的责任范围。承担工程管理的单位负责风险管理的人员的一般责任范围如下：

①确定和评估风险，识别潜在损失因素及估算损失大小。

②制定风险财务对策（确定自负额水平和保险限额、投保还是自留风险，确定投保范围）。

③采取预防措施。

④制定保护措施，提出保护方案。

⑤落实安全措施。

⑥管理索赔,负责一切可索赔事项的准备、谈判并签证有关索赔的协议和文件。

⑦负责保险谈判、分配保费、统计损失。

⑧完成有关风险管理的预算。

除上述责任外,项目风险管理负责人还应与诸如项目经理、财务、物资、施工、设计及人事等部门保持密切联系,因为这些部门的业务均与可能遭受的风险有密切关系。此外,借助社会服务如保险公司、代理公司或经纪人对风险进行管理也是必不可少的。

1.2.4 项目风险管理的原则

在工程项目风险管理的过程中,必须遵守下列原则,才能更加科学地对风险进行管理,把风险降到最低。

1. 全面性原则

对工程项目所面临的风险应该进行全面考虑,尽量将所有可能出现的风险以及风险可能造成的所有影响纳入项目风险管理之中,不仅考虑工程本身的情况,还需要研究周边的环境如宏观经济、行业状况及其产生的影响等。特别是要在项目全生命周期思想的指导下,不仅考虑工程建设期风险,还要考虑工程决策期、建设产品运营维护期的风险。

2. 科学性原则

科学性体现在两个方面:一方面是风险资料的来源的科学性,风险管理所依据的数据不是凭空想象的,是依据相关统计数据和调查报告分析得来的;另一方面是管理手段的科学性,进行风险管理所采用的方法和模型都是利用概率和统计学的基本知识发展演变而来的,不是无源之水、空中楼阁。

3. 动态性原则

动态性原则即在进行风险管理时,既要考虑工程目前的情况,又要考虑周边及更大范围环境发展变化的趋势,以及一旦发生这些变化对风险对象的影响及程度。

4. 成本效益原则

在风险管理过程中,决定最终方案时必须进行成本效益分析。如果某种风险管理方案非常完美,但实施该方案所需的成本高于风险造成的损失,也不能采用该方案进行风险管理。

1.2.5 项目风险管理的程序

从前述动态项目风险管理过程来看,整个风险管理过程是个循环系统,其中的基本过程分为项目风险管理计划的制订、项目风险管理计划的实施、项目风险管理计划的调整与控制三大阶段。动态项目风险管理流程可以用图1-9表示。

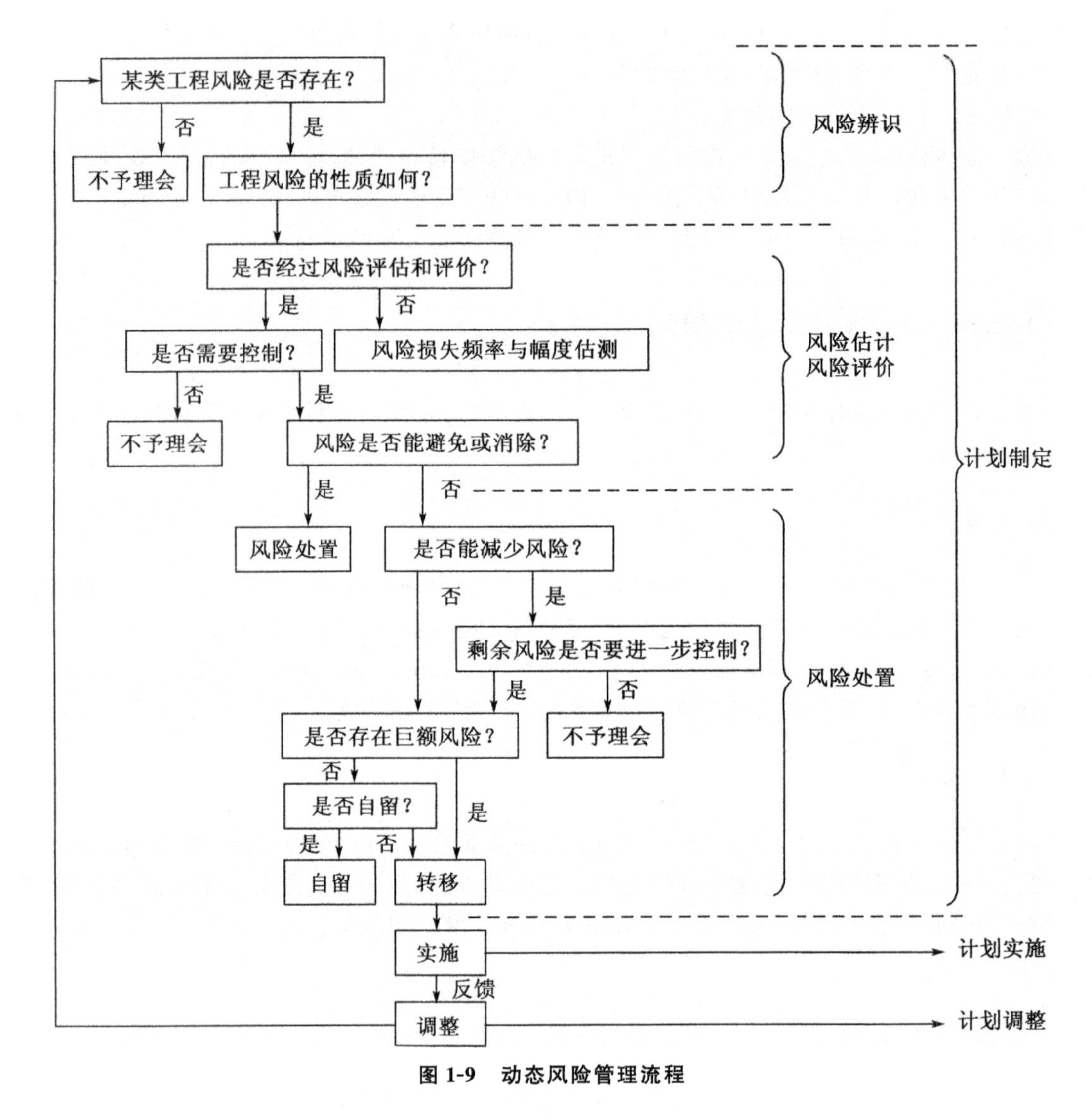

图 1-9 动态风险管理流程

1. 制定项目风险管理计划

在明确了项目风险管理目标之后,接下来要做的就是制定项目风险管理计划。项目风险管理计划是项目风险管理组织进行风险管理的重要工具,是全部风险管理过程的基础环节。项目风险管理计划的主要内容包括设置项目风险管理组织、项目风险辨识、项目风险估计与评价、项目风险处置方案安排。

(1)项目风险管理组织的设置

周全的项目风险管理计划的制定及高效率的贯彻实施都离不开良好的风险管理组织。项目风险管理组织的设置是项目风险管理计划得以有效地制订和贯彻执行的组织保证。项目风险管理组织的规模和形式应根据具体的工程项目风险的特点和管理任务确定,同时要考虑成本效益原则。

一般的项目风险管理组织形态分为直线型、职能型和矩阵型三种。

直线型组织是指由一个下级统一对下属下达命令，每个下属只接受一个上属的指挥，组织的责任和权限完全是直线式的。直线型的项目风险管理组织是由少数的专人负责风险管理，容易发挥少数富有项目风险管理经验的人士的作用，信息容易上传和下达。但是该组织也存在管理范围受到局限、不利于全员参与风险管理等弊端。直线型的项目风险管理组织比较适合于大型工程项目之外的项目风险管理。比如，在公路施工项目中，道路分段施工，每个工段派驻一名现场总指挥，负责施工现场的资源调度和风险管理，除此之外，还应有负责总体协调和应急处理的人员。又如，在房屋建筑结构施工项目中，将工程细分为若干分部分项工程，每一部分选派一名现场管理人员，同时还要有负责与业主和施工现场或其他各方联络的人员。

职能型项目风险管理组织就是在直线型组织的基础上，在每一层次的负责人员旁边设置专业参谋人员。这种机构的特点是容易发挥参谋人员的专业特长，有益于专业风险管理，但是明显的弊端是容易出现多头领导。

矩阵型项目风险管理组织采取纵向和横向的交叉式的管理模式，对于某一项子工程的施工人员和技术人员来说，既要接受垂直领导，也要接受横向指挥和协调。矩阵型项目风险管理组织适用于大型工程项目的风险管理。以天津滨海轻轨工程的风险组织为例，整个工程按照专业划分为土建工程、轨道工程和机电工程三大部分。三大部分由业主委托的专业管理公司分别实施现场风险管理和控制，构成了组织矩阵的横向。而每项子工程由独立的承包商承建和负责施工风险管理，这构成了矩阵组织的纵向。其矩阵式风险管理组织模式如图1-10所示。

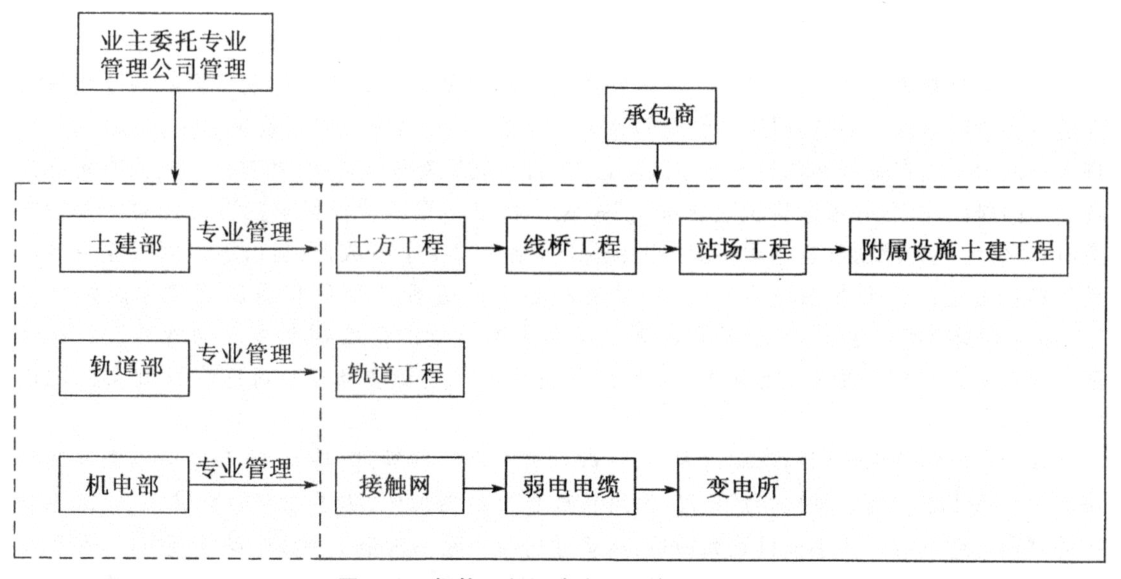

图1-10　轻轨工程矩阵式风险管理组织模式

(2)项目风险辨识

项目风险辨识就是明确风险辨识对象，选取适当的风险辨识方法，按照一定原则辨识出目标工程中可能存在的风险，并且对风险的属性进行判断。对于项目风险的辨识，主要应辨识项目策划决策、工程设计与计划、工程实施环节和竣工后试运行阶段的风险。

(3)项目风险估计与评价

在辨识出标的工程存在的主要风险后,接下来需要进行项目风险估计与评价,也就是衡量风险可能的损失及其对标的工程总体目标的影响。在衡量项目风险时,可以采用模糊评估方法,根据项目风险属性将其定级,以不同的风险级别区分风险的大小及其对风险管理目标的影响程度。但是仅仅将项目风险分级是不够的,还需要进行具体估计和评价。一方面是衡量每次事故造成的最大可能损失和最大可信损失。最大可能损失是指在没有采取风险管理措施的情况下,风险事件可能造成的最大损失程度;最大可信损失则是指在现有的风险管理条件下,最可能的损失程度。最大可能损失通常要大于最大可信损失。另一方面是估计每次风险事件发生可能造成的损失程度和损失频率。项目风险事件可能造成的损失程度是指可用货币衡量的风险事件造成的经济损失的金额,其他的损失如精神损失、社会效益下降等损失不计算在内。在估计项目风险事件对工程项目造成的损失程度时,需要采取适当的项目风险估计方法。损失频率是指在一定时间内,风险事件发生的次数。衡量损失频率也就是估计某一风险单位可能遭受各种风险因素影响而导致风险事故发生的概率。

(4)项目风险处置方案安排

在明确了标的工程所有可能存在的风险,并估计和评价了风险损失对项目目标的影响程度之后,应该采取一定的风险处置对策。处置项目风险的方法有三大类,即风险回避、风险自留和风险转移。根据具体的项目风险环境的不同,每类项目风险处置方法中的具体处置措施是不同的,项目风险安排方案也是不同的。

2.项目风险管理计划的实施

项目风险管理计划制定之后,接下来要做的工作就是贯彻和落实计划。再好的计划只有经过落实才能显现效力,实现风险管理的目标。比如,在一高速公路建设项目中,项目风险管理人员已识别出在工程穿越居民居住区附近时,打桩施工对地面巨大、频繁的冲击力有可能损坏附近的居民住宅,并考虑将风险转移,还拟定了将该项目风险投保第三者责任险的处置方案,但是因为某种原因没有办理相应的工程保险,结果发生了事故,只能由承包商或业主自己承担赔偿责任。这个案例说明,一个完善的项目风险管理计划只有通过落实才能发挥作用,如果不能很好地落实,等于没有计划。项目风险计划的落实需要有风险管理组织作保证。风险管理的组织形式、规模以及组织中的每个岗位的职责和权限都应在计划实施之前拟定好。

在项目风险管理计划的落实过程中,管理人员应做好指导、监督、检查和信息反馈或决策等工作。对于工程项目风险管理来说,风险管理是全员参加的、施工周期内全过程的、动态监控的复杂管理系统。从小项目到大项目,从普通房屋土建结构施工到核电站等高危险、高难度工程的施工,某一个细微的施工环节出现问题都可能导致风险事故的发生。如土建施工中没有预留线槽,就可能给安装造成困难,解决的办法是重新凿出线槽或是走明线。土建施工工人、现场管理人员以及监理人员等对该风险事件的发生都有一定的责任。因此,项目风险管理必须动员全员参与风险的防范和处置,才能更有效地降低风险。项目风险管理计划实施过程中的指导和组织协调是非常重要的。风险管理组织人员向施工人员、技术人员、现场管理人员等介绍风险管理计划的思想和内容,并帮助他们明确自己在风险管理中的职责和具体的风险管理办法等。在计划实施过程中，风险管理人员应根据项目的进展程度和施工中的风险分布情况，对风险计划的落实情况进行动态的监督和检查。如果在计划实施过程中发现了风险计划的不当之处，比如计划制定时假设的环境发生了变化，或者计划的风险分析结论存在问题，计划中提出的风险处置方案不符合工程施工的实际情况等，需要及时调整项目风险管理计划。

3. 项目风险管理计划的调整

动态项目风险管理的思想要求风险管理者根据风险环境的变化不断地调整风险管理策略。若出现项目风险管理计划不适应实际项目风险管理要求的情况，应调整计划。在调整计划时一般采取局部修补的方式，这样需要注意调整的部分与其他未调整部分的协调关系。比如，在铺设轨道工程的施工中，X标段的原施工设计是采用无砟轨道施工方式，但在实际施工中，发现施工现场的地址环境以及无砟轨道施工的高精度要求使得无砟轨道施工很难进行，于是进行变更，改用有砟轨道施工方式。在施工工艺进行了很大调整的情况下，风险源即风险因素向风险事件的转化条件发生了很大变化，原定的项目风险管理计划也应做相应的调整。

项目风险管理计划的调整主要涉及如下两个环节：一是风险管理组织的调整，增减或调整施工现场的项目风险管理人员。风险管理组织是贯彻风险管理计划、实现风险管理目标的重要组织基础。一般情况下，风险管理组织根据预测的风险情况设计组织人数。当风险环境发生变化时，应做相应的调整。应根据风险属性和风险管理任务的要求，加派或减少风险管理者人数，或者重新调配适合新的风险管理任务要求的风险管理者。二是补充或修正风险分析，调整项目风险处置对策。在已发生变化的风险环境下，查找新的风险源，并且判断风险属性。若辨识出新的风险，则要衡量和评价风险损失、风险发生的频率以及每次事故损失程度等。评价风险损失及影响之后，提出风险处置方案。

1.3　工程项目的安全管理

1.3.1　工程项目安全管理基本概念

工程安全管理是指安全管理部门或管理人员对安全生产工作进行的策划、组织、指挥、协调、控制和改进的一系列活动，目的是保证建筑施工中的人身安全、财产安全，促进建筑施工的顺利进行，保持社会的稳定。

在建筑工程施工过程中，施工安全管理部门或管理人员应通过对生产要素过程控制，使生产要素的不安全行为和不安全状态得以减少或消除，达到减少一般事故，杜绝伤亡事故的目的，从而保证安全管理目标的实现。施工项目作为建筑业安全生产工作的载体，必须履行安全生产职责，确保安全生产。建筑企业是安全生产工作的主体，必须贯彻落实安全生产的法律法规，加强安全生产管理，实现安全生产目标。

1.3.2 工程项目安全管理的内容

1.安全目标管理

(1)概念

安全目标管理是施工项目重要的安全管理举措之一。它通过确定安全目标，明确责任，落实措施，实行严格的考核与奖惩，激励企业员工积极参与全员、全方位、全过程的安全生产管理，严格按照安全生产的奋斗目标和安全生产责任制的要求，落实安全措施，消除人的不安全行为和物的不安全状态，实现施工生产安全。施工项目推行安全生产目标管理不仅能进一步优化企业安全生产责任制，强化安全生产管理，体现“安全生产，人人有责”的原则，使安全生产工作实现全员管理，有利于提高企业全体员工的安全素质。

(2)安全生产目标管理的内容

安全生产目标管理的基本内容包括目标体系的确立、目标的实施及目标成果的检查与考核。

①确定切实可行的目标值。采用科学的目标预测法，根据需要和可能，采取系统分析的方法，确定合适的目标值，并研究围绕达到目标应采取的措施和手段。

②根据安全目标的要求，制定实施办法。做到有具体的保证措施，并力求量化，以便于实施和考核，包括组织技术措施，明确完成程序和时间、承担具体责任的负责人，并签订承诺书。

③规定具体的考核标准和奖惩办法。考核标准不仅应规定目标值，而且要把目标值分解为若干具体要求来考核。

④项目制定安全生产目标管理计划时，要经项目分管领导审查同意，由主管部门与实行安全生产目标管理的单位签订责任书，将安全生产目标管理纳入各单位的生产经营或资产经营目标管理计划，主要领导人应对安全生产目标管理计划的制订与实施负第一责任。

⑤安全生产目标管理还要与安全生产责任制挂钩，层层分解，逐级负责，充分调动各级组织和全体员工的积极性，保证安全生产管理目标的实现。

2.安全合约管理

(1)安全合约管理的形式

①与甲方(建设方)签订的工程建设合同。工程项目总承包单位在与建设单位签订工程建设合同中，包含有安全、文明的创优目标。

②施工总承包单位在与分承包单位签订分包合同时，必须有安全生产的具体指标和要求。

③施工项目分承包方较多时，总分包单位在签订分包合同的同时要签订安全生产合同或协议书。

(2)安全合约管理的内容

1)管理目标

①现场杜绝重伤、死亡事故的发生；负轻伤频率控制在6‰以内。

②现场安全隐患整改率必须保证在规定时限内达到100%，杜绝现场重大隐患的出现。

③现场发生火灾事故，火险隐患整改率必须保证在规定时限内达到100%。

④保证施工现场创建为当地省(市)级文明安全工地。

2)用工制度

①分包方须严格遵守当地政府关于现场施工管理的相关法律、法规及条例。任何因为分包方违反上述条例造成的案件、事故、事件等的经济责任及法律责任均由分包方承担,因此造成总包方的经济损失由分包方承担。

②分包方的所有工人必须同时具备上岗许可证、人员就业证以及暂住证(或必须遵守当地政府关于企业施工管理的相关法律、法规及条例)。任何因为分包方违反上述条例造成的案件、事故、事件等,其经济责任及法律责任均由分包方承担,因此造成总包方的经济损失由分包方承担。

③分包方应遵守总包方上级制定的有关协力队伍的管理规定以及总包方的其他的关于分包管理的所有制度及规定。

④分包方须具有独立的承担民事责任能力的法人,或能够出具其上级主管单位(法人单位)的委托书,并且只能承担与自己资质相符的工程。

3)安全生产要求

①分包方应按有关规定,采取严格的安全防护措施,否则由于自身安全措施不力而造成事故的责任或因此而发生的费用由分包方承担。非分包方责任造成的伤亡事故,由责任方承担责任和有关费用。

②分包方应熟悉并能自觉遵守、执行《建筑施工安全检查标准》以及相关的各项规范;自觉遵守、执行地方政府有关文明安全施工的各项规定,并且积极参加各种有关促进安全生产的各项活动,切实保障施工作业人员的安全与健康。

③分包方必须尊重并且服从总包方现行的有关安全生产各项规章制度和管理方式,并按经济合同有关条款加强自身管理,履行己方责任。

4)分包方安全管理制度

①安全技术方案报批制度。分包方必须执行总包方总体工程施工组织设计和安全技术方案。分包方自行编制的单项作业安全防护措施,须报总包方审批后方可执行,若改变原方案必须重新报批。

②分包方必须执行安全技术交底制度、周一安全例会制度与班前安全讲话制度,并做好跟踪检查管理工作。

③分包方必须执行各级安全教育培训以及持证上岗制度。

④分包方必须执行总包方的安全检查制度。

⑤分包方必须严格执行检查整改消项制度。分包方对总包单位下发的安全隐患整改通知单,必须在限期内整改完毕,逾期未改或整改标准不符合要求的,总包有权予以处罚。

⑥分包方必须执行安全防护措施、设备验收制度和施工作业转换后的交接检验制度。

⑦分包方须执行安全防护验收和施工变化后交接检验制度。

⑧分包方必须执行总包方重要劳动防护用品的定点采购制度(外地施工时,还要满足当地政府行业主管部门规定)。

⑨分包方必须执行个人劳动防护用品定期、定量供应制度。

⑩分包方必须预防和治理职业伤害与中毒事故。

⑪分包方必须严格执行企业职工因工伤亡报告制度。

⑫分包方必须执行安全工作奖罚制度。分包方要教育和约束自己的职工严格遵守施工现场安全管理规定，对遵章守纪者给予表扬和奖励，对违章作业、违章指挥、违反劳动纪律和规章制度者给予处罚。

⑬分包方必须执行安全防范制度。

5)现场文明施工及其人员的管理

①分包方必须遵守现场安全文明施工的各项管理规定，在设施投入、现场布置、人员管理等方面要符合总包方文明安全的要求，按总包方的规定执行，在施工过程中，对其全体员工的服饰、安全帽等进行统一管理。

②分包方应采取一切合理的措施，防止其劳务人员发生任何违法或妨碍治安的行为，保持安定局面并且保护工程周围人员和财产不受上述行为的危害，否则由此造成的一切损失和费用均由分包方自己负责。

③分包方应按照总包方要求建立健全工地有关文明施工、消防保卫、环保卫生、料具管理和环境保护等方面的各项管理规章制度，同时必须按照要求，采取有效的防扰民、防噪声、防空气污染、防道路遗撒和垃圾清运等措施。

④分包方必须严格执行保安制度、门卫管理制度，工人和管理人员要举止文明、行为规范、遵章守纪、对人有礼貌，切忌上班喝酒、寻衅闹事。

⑤分包方在施工现场应按照国家、地方政府及行业管理部门有关规定，配置相应数量的专职安全管理人员。专门负责施工现场安全生产的监督、检查以及因工伤亡事故的处理工作，分包方应赋予安全管理人员相应的权利，坚决贯彻“安全第一、预防为主”的方针。

⑥分包方应严格执行国家的法律、法规，对于具有职业危害的作业，提前对工人进行告之，在作业场所采取适当的预防措施，以保证其劳务人员的安全、卫生、健康，在整个合同期间，自始至终在工人所在的施工现场和住所，配有医务人员、紧急抢救人员和设备，并且采取适当的措施预防传染病，并提供应有的福利以及卫生条件。

6)争议的处理

当合约双方发生争议时，可以通过协商解决或申请施工合同管理机构有关部门调解，不愿通过调解或调解不成的可以向工地所在地或公司所在地人民法院起诉或向仲裁机关提出仲裁解决。

(3)实施合约化管理的重要性

①在不同承包模式的前提下，制定相互监督执行的合约管理可以使双方严格执行劳动保护和安全生产的法令、法规，强化安全生产管理，逐步落实安全生产责任制，依法从严治理施工现场，确保项目施工人员的安全与健康，促使施工生产的顺利进行。

②在规范化的合约管理下，总、分包将按照约定的管理目标、用工制度、安全生产要求、现场文明施工及其人员行为的管理、争议的处理、合约生效与终止等方面的具体条件约束下认真履行双方的责任和义务，为项目安全管理的具体实施提供可靠的合约保障。

3.安全技术管理

(1)安全技术措施与方案

1)编制原则

安全技术措施和方案的编制，必须考虑现场的实际情况、施工特点及周围作业环境，措施要有针对性。凡施工过程中可能发生的危险因素及建筑物周围外部环境不利因素等，都必须从技术上采取具体且有效的措施予以预防。同时，安全技术措施和方案必须有设计、有计算、有详图、有文字说明。

2)编制依据

工程项目施工组织设计或施工方案中必须有针对性的安全技术措施，特殊和危险性大的工程必须单独编制安全施工方案或安全技术措施。安全技术措施或安全施工方案的编制依据有：

①国家和政府有关安全生产的法律、法规和有关规定。

②建筑安装工程安全技术操作规程，技术规范、标准、规章制度。

③企业的安全管理规章制度。

3)编制要求

①及时性。

A. 安全性措施在施工前必须编制好，并且经过审核批准后正式下达施工单位以指导施工。

B. 在施工过程中，设计发生变更时，安全技术措施必须及时变更或做补充，否则不能施工。

C. 施工条件发生变化时，必须变更安全技术措施内容，并及时经原编制、审批人员办理变更手续，不得擅自变更。

②针对性。

A. 要根据施工工程的结构特点，凡在施工生产中可能出现的危险因素，必须从技术上采取措施，消除危险，保证施工安全。

B. 要针对不同的施工方法和施工工艺制定相应的安全技术措施：

a. 不同的施工方法要有不同的安全技术措施，技术措施要有设计、有详图、有文字要求、有计算。

b. 根据不同分部分项工程的施工工艺可能给施工带来的不安全因素，从技术上采取措施保证其安全实施。土方工程、地基与基础工程、砌筑工程、钢窗工程、吊装工程及脚手架工程等必须编制单项工程的安全技术措施。

c. 编制施工组织设计或施工方案在使用新技术、新工艺、新设备、新材料的同时，必须研究应用相应的安全技术措施。

C. 针对使用的各种机械设备、用电设备可能给施工人员带来的危险因素，从安全保险装置、限位装置等方面采取安全技术措施。

D. 针对施工中有毒、有害、易燃、易爆等作业可能给施工人员造成的危害，制定相应的防范措施。

E. 针对施工现场及周围环境中可能给施工人员及周围居民带来危险的因素，以及材料、设备运输的困难和不安全因素，制定相应的安全技术措施。

a. 夏季气候炎热、高温时间持续较长，要制定防暑降温措施和方案。

b. 雨期施工要制定防触电、防雷击、防坍塌措施和方案。

c. 冬期施工要制定防风、防火、防滑、防煤气中毒、防亚硝酸钠中毒措施和方案。

③具体性。

A. 安全技术措施必须明确具体，能指导施工，绝不能搞口号式、一般化。

B. 安全技术措施中必须有施工总平面图，在图中必须对危险的油库、易燃材料库、变电设备以及材料、构件的堆放位置，塔式起重机、井字架或龙门架、搅拌台的位置等按照施工需要和安全堆积的要求明确定位，并提出具体要求。

C. 安全技术措施及方案必须由工程项目责任工程师或工程项目技术负责人指定的技术人员进行编制。

D. 安全技术措施及方案的编制人员必须掌握工程项目概况、施工方法、场地环境等第一手资料，并熟悉有关安全生产法规和标准，具有一定的专业水平和施工经验。

4)编制内容

①一般工程。

第一，深坑、桩基施工与土方开挖方案。

第二，±0.00 以下结构施工方案。

第三，工程临时用电技术方案。

第四，结构施工临边、洞口及交叉作业、施工防护安全技术措施。

第五，塔吊、施工外用电梯、垂直提升架等安装与拆除安全技术方案(含基础方案)。

第六，大模板施工安全技术方案(含支撑系统)。

第七，高大、大型脚手架、整体式爬升(或提升)脚手架及卸料平台安全技术方案。

第八，特殊脚手架——吊篮架、悬挑架、挂架等安全技术方案。

第九，钢结构吊装安全技术方案。

第十，防水施工安全技术方案。

第十一，设备安装安全技术方案。

第十二，新工艺、新技术、新材料施工安全技术措施。

第十三，防火、防毒、防爆、防雷安全技术措施。

第十四，临街防护、临近外架供电线路、地下供电、供气、通风、管线，毗邻建筑物防护等安全技术措施。

第十五，主体结构、装修工程安全技术方案。

第十六，群塔作业安全技术措施。

第十七，中小型机械安全技术措施。

第十八，安全网的架设范围及管理要求。

第十九，冬雨期施工安全技术措施。

第二十，场内运输道路及人行通道的布置。

②单位工程安全技术措施。对于结构复杂、危险性大、特性较多的特殊工程，应单独编制安全技术方案。如爆破、大型吊装、沉箱、沉井、烟囱、水塔、各种特殊架设作业、高层脚手架、井架和拆除工程等，必须单独编制安全技术方案，并要有设计依据、有计算、有详图、有文字要求。

③季节性施工安全技术措施。

A. 高温作业安全措施：夏季气候炎热，高温时间持续较长，制定防暑降温安全措施。

B. 雨期施工安全方案：雨期施工，制定防止触电、防雷、防坍塌、防台风安全技术措施。

C. 冬期施工安全方案：冬期施工，制定防风、防火、防滑、防煤气中毒、防亚硝酸钠中毒的安全措施。

5)安全技术方案(措施)审批管理

①一般工程安全技术方案(措施)由项目经理部工程技术部门负责人审核,项目经理部总(主任)工程师审批,报公司项目管理部、安全监督部备案。

②重要工程(含较大专业施工)方案由项目(或专业公司)总(主任)工程师审核,公司项目管理部、安全监督部复核,由公司技术发展部或公司总工程师委托技术人员审批并在公司项目管理部、安全监督部备案。

③大型、特大工程安全技术方案(措施)由项目经理部总(主任)工程师组织编制报技术发展部、项目管理部、安全监督部审核,由公司总(副总)工程师审批并在上述三个部门备案。

④深坑(超过5m)、桩基础施工方案、整体爬升(或提升)脚手架方案经公司总工程师审批后还须报当地建委施工管理处备案。

⑤业主指定分包单位所编制的安全技术措施方案在完成报批手续后报项目经理部技术部门(或总工、主任工程师处)备案。

6)安全技术方案(措施)变更

①施工过程中如发生设计变更,原定的安全技术措施也必须随着变更,否则不准施工。

②施工过程中确实需要修改拟定的安全技术措施时,必须经原编制人同意,并办理修改审批手续。

(2)安全技术交底

安全技术交底是指导工人安全施工的技术措施,是项目安全技术方案的具体落实。安全技术交底一般由技术管理人员根据分部分项工程的具体要求、特点和危险因素编写,是操作者的指令性文件,因而,要具体、明确、针对性强,不得用施工现场的安全纪律、安全检查等制度代替,在进行工程技术交底的同时进行安全技术交底。

安全技术交底与工程技术交底一样,实行分级交底制度:

①大型或特大型工程由公司总工程师组织有关部门向项目经理部和分包商(含公司内部专业公司)进行交底。交底内容:工程概况、特征、施工难度、施工组织、采用的新工艺、新材料、新技术、施工程序与方法、关键部位应采取的安全技术方案或措施等。

②一般工程由项目经理部总(主任)工程师会同现场经理向项目有关施工人员(项目工程管理部、工程协调部、物资部、合约部、安全总监及区域责任工程师、专业责任工程师等)和分包商(含公司内部专业公司)行政和技术负责人进行交底,交底内容同前款。

③分包商(含公司内部专业公司)技术负责人要对其管辖的施工人员进行详尽的交底。

④项目专业责任工程师要对所管辖的分包商的工长进行分部工程施工安全措施交底,对分包工长向操作班组所进行的安全技术交底进行监督与检查。

⑤专业责任工程师要对劳务分承包方的班组进行分部分项工程安全技术交底并监督指导其安全操作。

⑥各级安全技术交底都应按规定程序实施书面交底签字制度,并存档以备查用。

(3)安全验收制度

1)验收范围

①脚手杆、扣件、脚手板、安全帽、安全带、漏电保护器、临时供电电缆、临时供电配电箱以及其他个人防护用品。

②普通脚手架、满堂红架子、井字架、龙门架等和支搭的各类安全网。

③高大脚手架，以及吊篮、插口、挑挂架等特殊架子。

④临时用电工程。

⑤各种起重机械、施工用电梯和其他机械设备。

2）验收要求

①脚手杆、扣件、脚手板、安全网、安全帽、安全带、漏电保护器以及其他个人防护用品，必须有合格的试验单及出厂合格证明。当发现有疑问时，请有关部门进行鉴定，认可后才能使用。

②井字架、龙门架的验收，由工程项目经理组织，工长、安全部、机械管理等部门的有关人员参加，经验收合格后方能使用。

③普通脚手架、满堂红架子、堆料架或支搭的安全网的验收，由工长或工程项目技术负责人组织，安全部参加，经验收合格后方可使用。

④高大脚手架以及特殊架子的验收，由批准方案的技术负责人组织，方案制定人、安全部及其他有关人员参加，经验收合格后方可使用。

⑤起重机械、施工用电梯的验收，由公司（厂、院）机械管理部门组织，有关部门参加，经验收合格后方可使用。

⑥临时用电工程的验收，由公司（厂、院）安全管理部门组织，电气工程师、方案制定人、工长参加，经验收合格后方可使用。

⑦所有验收都必须办理书面签字手续，否则验收无效。

1.3.3 建筑施工安全管理的作用

①建筑施工安全生产是我国在工程生产建设中一贯坚持的指导思想，是我国的一项重要政策，是社会主义精神文明建设的主要内容。施工项目的安全生产也正体现了这样一种精神。

生存和健康是人的基本需求，保护劳动者在生产中的安全和健康，是国家劳动保护工作中的一项重要政策。施工项目安全生产的根本目的在于保护劳动者的人身安全、职业健康，保护国家财产不受损失，这与国家利益和人民利益是一致的。项目的安全生产和劳动保护工作还与社会安定和国家一系列其他重要政策的实施息息相关。

②建筑工程安全生产不仅是建筑企业保持可持续发展的基本保证，也是建筑企业在市场竞争中的基本条件之一。

施工项目安全生产是项目施工生产顺利进行的基本保证，是实现项目各项管理目标的基础。建筑工程施工过程中，各生产要素的不安全行为和状态对施工进度和工程质量有很大影响，生产要素的不安全后果直接影响项目工程成本。减少或消除事故隐患，实现安全生产，将直接影响企业的经济效益，同时，企业的安全和文明在社会和市场竞争中的积极效应，将对企业的生存和发展产生重要影响。

第2章　工程项目风险辨识与分析

2.1　工程项目风险辨识

2.1.1　风险识别的含义

工程项目风险识别是发现、承认和描述工程项目风险的过程，包括对风险源、风险事件、风险原因及其潜在后果的识别。

工程项目风险识别是风险管理最基础的环节，也是风险管理工作中最重要的阶段。由于项目的全寿命周期中均存在风险，项目风险识别是一项贯穿于项目实施全过程的项目风险管理工作，是基于全局性的、动态性的工作。

通过风险识别，至少应该建立以下信息：

①风险源，即风险来源，导致风险具有内在可能性的元素或元素的结合。

②风险事件，给项目带来积极或消极影响的事件。

③风险原因，产生风险的直接原因。

④潜在后果，影响项目目标的一个事件的结果。该结果可能是确定的或不确定的，且对目标可能有正向的或负向的影响，可定性或定量表示。

2.1.2　风险识别的特点

工程项目风险识别具有如下一些特点：

①全员性。项目风险的识别是项目组全体成员参与并共同完成的任务，不只是项目经理或项目组个别人的工作。每个项目组成员的工作都会有风险，每个项目组成员都有各自的项目经历和项目风险管理经验。

②系统性。项目风险无处不在，无时不有，决定了风险识别的系统性，即项目寿命期过程中的风险都属于风险识别的范围。

③动态性。风险识别并不是一次性的，在项目计划、实施甚至收尾阶段都要进行风险识别。根据项目内部条件、外部环境以及项目范围的变化情况适时、定期进行项目风险识别是非常必要和重要的。

④信息性。风险识别需要做许多基础性工作，其中重要的一项工作是收集相关的项目信

息。信息的全面性、及时性、准确性和动态性决定了项目风险识别工作的质量及结果的可靠性和精确性。

⑤综合性。风险识别是一项综合性较强的工作，除了在人员参与上、信息收集上和范围上具有综合性特点外，风险识别的工具和技术也具有综合性，即风险识别过程中要综合应用各种风险识别的技术和工具。

2.1.3 风险识别的基本原则

工程项目风险识别的全面性和真实性直接影响到风险管理的后续工作，因此工程风险管理者应遵循一定的原则，做好工程项目风险识别工作。

1.完整性原则

工程项目风险识别的完整性原则是指在工程风险计划制定阶段应全面、完整地识别出工程项目所潜伏的风险。不能因为风险管理者的主观原因而遗漏某些工程风险，尤其是一些重要的工程风险。为了保证风险识别的完整性，可以采用多种风险识别方法，从多个角度进行分析和识别。工程风险识别的方法很多，各种方法之间具有相互补充的作用，可以根据工程项目的具体情况选取其中的几种配合使用。多角度的工程风险识别也可以避免遗漏风险。工程风险识别可以选取的角度包括时间角度和空间角度等。

工程风险识别的时间角度是指按照工程施工各个阶段的风险环境、施工特点等因素进行工程风险的识别。从时间角度来看，工程风险识别主要分为三个阶段：第一阶段是工程施工准备中的风险识别；第二阶段是工程施工中的风险识别；第三阶段是工程竣工试运行阶段的风险识别。

工程风险识别的空间角度是指从不同的标段、不同的分部工程或者分项工程识别工程风险。

总之，多种方法和多个角度变换和交叉的结果有助于全面而无遗漏地识别工程风险。

2.系统性原则

工程风险识别的系统性原则就是要求在工程风险计划的制订阶段，应从工程全局的角度系统地识别工程风险。工程风险识别的系统性主要表现为按照工程的内在施工工艺顺序和内在结构关系识别风险。为了实现系统地识别工程风险，风险管理人员应深入了解工程设计和施工工艺，清楚工程施工流程和施工进度，按照工程项目施工系统的自然发展过程进行工程风险识别。

3.重要性原则

重要性原则是指工程风险识别应有所侧重。侧重点应放在两个方面：一是风险属性，着力把一些重要的工程风险即期望风险损失较大的风险识别出来，对于影响较小的风险可以忽略，不必花费太多的时间和人力、物力进行风险分析，这样有利于节约成本，保证工程风险识别的效率；二是风险载体，那些对整体工程项目都有重要影响的结构，必然是工程风险识别的重点。

在风险识别过程中，系统性原则与重要性原则是紧密联系在一起的一对重要的风险识别原则。在系统性原则指导下，还应按照重要性原则有所侧重地识别风险。只有系统性原则与重要性原则相互结合，才能保证风险识别的效果和效率。

系统性原则保证了工程风险识别的效果，而重要性原则保证了工程风险识别的效率。从工程项目的总体目标来说，工程风险识别的效率或效果都是必不可少的，不能偏弃任何一方。

2.1.4　风险识别依据

项目风险识别的主要依据包括风险管理计划、项目管理计划、项目文件与历史资料、风险种类、制约因素与假设条件。

1. 风险管理计划

风险管理计划是项目管理计划的组成部分，描述将如何安排与实施风险管理活动。从项目风险管理计划中可以确定：

①风险识别的范围。

②信息获取的渠道方式。

③风险管理计划中每个活动的领导者和支持者，以及风险管理团队成员的分工和责任分配。

④项目风险管理将要使用的方法、工具及数据来源。

⑤资金预算。

⑥在项目生命期中实施风险管理过程的时间和频率。

⑦风险识别结果的形式、信息通报和处理程序。

因此，项目风险管理计划是项目进行风险识别的首要依据。

2. 项目管理计划

项目管理计划包括项目目标、任务、范围，成本、进度、质量、人力资源管理计划，资源供应与采购计划，项目承包商、业主方和其他利益相关方对项目的期望值等。

3. 项目文件和历史资料

本项目文件成果及其他类似项目实际发生风险的历史资料为识别现有项目的风险提供了非常重要的依据和参考。

4. 风险种类

项目风险的种类为项目风险识别提供了一个总的框架。项目风险主要包括技术风险、质量风险、经济风险、管理风险、组织风险和环境风险等。

5. 项目环境因素

项目必然处于一定的环境中，受到内外多种因素的制约，这些制约因素中隐藏着风险。

2.1.5 风险识别的步骤

工程项目风险识别过程一般可以分为以下五个步骤：

①确定目标。不同的工程项目，由于项目的性质、类型的差异，项目偏重的目标可能各不相同，项目风险管理的目标自然不完全相同。

②确定最重要的参与者。项目风险识别需要项目组集体共同参与，因此项目经理不仅要了解项目的工程信息，还要了解项目涉及的人员信息，明确最重要的参与者。这些参与者应具有经营及技术方面的知识，了解项目的目标及面临的风险，应具备沟通技巧和团队合作精神，及时沟通和分享信息，这对项目风险识别是非常重要的。

③收集资料。对于工程项目来讲特别应注重收集三个方面的资料：工程项目环境方面的数据资料，类似工程的有关数据资料，工程的设计文件、投标文件。

④估计项目风险形势。风险形势估计就是要明确项目的目标、战略、战术以及实现项目目标的手段和资源，以确定项目及其环境的变数。项目风险估计还要明确项目的前提和假设。通过项目风险形势估计可以找出项目规划时没有被意识到的前提和假设。明确了项目的前提和假设可以减少许多不必要的风险分析工作。

⑤根据直接或间接的症状将潜在的项目风险识别出来，并用一定的形式对其描述和记录。

2.1.6 工程项目风险识别技术

在工程项目风险识别过程中一般要借助于一些技术和工具，不但识别风险的效率高，而且操作规范，不容易产生遗漏。在具体应用过程中，要结合工程项目的具体情况应用这些技术工具。

1. 专家调查法

专家调查法以专家为索取信息的重要对象，主要利用各领域专家的专业理论和丰富的实践经验，找出各种潜在的风险，并对后果做出分析和估计。专家调查法的优点是在缺乏足够统计数据的原始资料的情况下可以做出定量的估计，缺点主要表现在易受心理因素的影响。

专家调查法中被调查的专家主要分为两类：一类是从事标的工程项目风险管理的技术人员和管理人员；另一类是从事与工程项目相关领域研究的工作人员。通过对多位相关专家的反复咨询、反馈，确定影响项目目标的主要风险因素，然后制成项目风险因素估计调查表，再由专家和相关工作人员对各风险因素在项目建设期内出现的可能性以及风险因素出现后对项目目标的影响程度进行定性估计，最后通过对调查表的统计整理和量化处理获得各风险因素的概率分布和对项目目标可能的影响结果。

专家调查法主要包括德尔菲法和头脑风暴法。

(1)德尔菲法

1)简述

德尔菲法是依据一套系统的程序，在一组专家中取得可靠共识的技术，其根本特征是专家单独、匿名表达各自的观点，即在讨论过程中，团队成员之间不得互相讨论，只能与调查人员沟通。通过让团队成员填写问卷，集结意见，整理并共享，周而复始，最终获取共识。

无论是否需要专家的共识，德尔菲法可以用于风险管理过程或系统生命周期的任何阶段。

德尔菲法起源于20世纪40年代末期，最初由美国兰德公司首先使用，很快就在世界上盛行起来。现在此法的应用已遍及经济、社会、工程技术等各个领域。

用德尔菲方法进行项目风险预测和识别的过程是由项目风险小组选定与该项目有关的专家，并与这些适当数量的专家建立直接的函询联系，通过函询收集专家意见，然后加以综合整理，再匿名反馈给各位专家，再次征询意见，再集中，再反馈。这样反复经过多次，逐步使专家的意见趋向一致，作为最后预测和识别的根据。

2）过程

使用半结构化问卷对一组专家进行提问，专家无须会面，保证其观点具有独立性。

具体步骤如下：

①组建专家团队，可能是一个或多个专家组。

②编制第一轮问卷调查表。

③将问卷调查表发给每位专家组成员，要求定期返回。

④对第一轮答复的信息进行分析、对比和汇总，并再次下发给专家组成员，让专家比较自己同他人的不同意见，修改或完善自己的意见和判断。在此过程中，只给出各种意见，但不提供发表意见的专家姓名。

⑤专家组成员重新做出答复。

⑥循环以上过程，直到达成共识。

其过程可简单表示如下：

匿名征求专家意见→归纳、统计→匿名反馈→归纳、统计→……若干循环后，停止。

3）优点及局限

德尔菲法的优点包括：

①由于观点是匿名的，成员更有可能表达出那些不受欢迎的看法。

②所有观点都获得相同的重视，以避免某一权威占主导地位和话语权的问题。

③便于展开，成员不必一次聚集在某个地方。

其局限是费力、耗时。

（2）头脑风暴法

1）概述

头脑风暴法是指激励一群知识渊博的人员畅所欲言，以发现潜在的失效模式及相关危害、风险、决策准则或应对办法。头脑风暴法这个术语经常用来泛指任何形式的小组讨论。在此类技术中，有效的引导非常重要，其中包括：在开始阶段创造自由讨论的氛围；会议期间对讨论进程进行有效控制和调节，使讨论不断进入新的阶段；筛选和捕捉讨论中产生的新设想和新议题。

头脑风暴法可以与其他风险评估方法一起使用，也可以单独使用来激发风险管理过程任何阶段的想象力。头脑风暴法可以用于旨在发现问题的高层次讨论，也可以用于更细致的评审或是特殊问题的细节讨论。

2)过程

头脑风暴法可以是正式的,也可以是非正式的。正式的头脑风暴法组织化程度很高,其中参与人员需要提前进行充分准备,而且会议的目的和结果都很明确,有具体的方法来评价讨论思路。非正式的头脑风暴法则组织化程度较低,通常针对性更强。

在一个正式的过程中,应至少包括以下环节:

①讨论会之前,主持人准备好与讨论内容相关的一系列问题及思考提示。

②确定讨论会的目标并解释规则。

③引导员首先介绍一系列想法,然后大家探讨各种观点,尽量多发现问题。此时无须讨论是否应该将某些事情记在清单上或是某句话究竟是什么意思,因为这样做会妨碍思绪的自由流动。一切输入都要接受,不要对任何观点加以批评;同时,小组思路快速推进,使这些观点激发出大家的横向思维。

④当某一方向的思想已经充分挖掘或是讨论偏离主题过远,那么引导员可以引导与会人员进入新的方向。其目的在于收集尽可能多的不同观点,以便进行后续分析。

3)优点及局限

头脑风暴法的优点包括:

①激发了想象力,有助于发现新的风险和全新的解决方案。

②让主要的利益相关方参与其中,有助于进行全面沟通。

③速度较快并易于开展。

头脑风暴法的局限包括:

①参与者可能缺乏必要的技术及知识,无法提出有效的建议。

②由于头脑风暴法相对松散,较难保证过程及结果的全面性。

③可能会出现特殊的小组状况,导致某些有重要观点的人保持沉默而其他人成为讨论的主角。

2.检查表法

(1)概述

检查表是一个危险、风险或控制故障的清单,而这些清单通常是凭经验(要么是根据以前的风险评估结果,要么是因为过去的故障)进行编制的。按此表进行检查,以“是/否”进行回答。

检查表法可用来识别潜在危险、风险或者评估控制效果,适用于产品、过程或系统的生命周期的任何阶段,可以作为其他风险评估技术的组成部分进行使用。

(2)过程

检查表法具体步骤如下:

①组成检查表编制组,确定活动范围。

②依据有关标准、规范、法律条款及过去经验,选择设计一个能充分涵盖整个范围的检查表。

③使用检查表的人员或团队应熟悉过程或系统的各个因素,同时审查检查表上的项目是否有缺失。

④按此表对系统进行检查。

(3)优点及局限

检查表的优点包括：

①简单明了，非专业人士也可以使用。

②如果编制精良，可将各种专业知识纳入便于使用的系统中。

③有助于确保常见问题不会被遗漏。

其局限包括：

①只可以进行定性分析。

②可能会限制风险识别过程中的想象力。

③鼓励“在方框内画钩”的习惯。

④往往基于已观察到的情况，不利于发现以往没有被观察到的问题。

(4)检查表法案例

例 1　施工安全检查表

安全检查表可以用于施工过程中影响施工安全的风险因素的调查，达到既可以判断风险是否存在，又可以在发生事故后帮助查找事故原因的目的。安全检查表的编制程序一般分为四个步骤：将工程风险系统分解为若干子系统；运用事故树，查出引起风险事件的风险因素，作为检查表的基本检查项目；针对风险因素，查找有关控制标准或规范；根据风险因素的风险程度，依次列出问题清单。最简单的安全检查表由四个栏目组成，包括序号栏、检查项目栏、判断栏(以“是”或“否”来同答)和备注栏(与检查项目有关的需说明的事项)。一张简单的安全检查表如表 2-1 所示。

表 2-1　安全检查表

序号	安全检查项目	是或否	备注
1	建筑工人是否有很强的风险防范意识		
2	现场施工人员和管理人员是否戴安全帽		
3	龙门架是否有专业的装拆		
4	采购来的建筑材料是否经过严格的验收		
5	施工现场布置是否安全合理		
6	施工现场是否有安全防护设施		
7	是否建立健全了施工安全责任制		

例 2　某隧道初步设计阶段安全风险源检查表以某隧道初步设计阶段安全风险风险评估为例，说明检查表的编制。

1)收集工程基础资料

评估小组先进行现场查看，收集工程基础资料。所收集的资料包括：类似工程事故资料；拟建隧道设计文件；工程区域内水文、地质、自然环境等资料；工程规划、可行性研究和工程地质勘察报告等资料;其他与评估对象相关的资料。

2)列出风险源普查表

根据对同一区域内同类隧道工程存在风险源的归纳总结,参考《公路桥梁和隧道工程设计安全风险评估指南(试行)》,列出风险源普查表(表 2-2)。

表 2-2 公路隧道风险源普查表

序号	典型风险源		风险源所处阶段			描述
			设计阶段	施工阶段	营运阶段	
1	建设条件	地表水系	★	★	★	处理不当易引起洞口失稳,营运期间暴雨易产生灾害
		地形偏压	★	★		设计施工不当,易产生洞口失稳、塌方
		岩性及风化程度	★	★		软弱围岩地段措施不当易产生洞口失稳、塌方
		构造	★	★		塌方、岩爆
		地下水	★	★	★	突水
		顺层	★	★		顺层开挖,易产生边仰坡失稳、塌方
		滑坡	★	★		处理不当易引起洞口失稳
		岩堆	★	★		处理不当易引起洞口失稳、塌方
		岩溶	★	★		塌方、突水涌泥
		煤层及采空区	★	★		塌方、突水涌泥、瓦斯爆炸
		周边环境	★	★	★	环境保护风险
2	结构方案	常规设计	★			设计不当引起各类风险
		特殊设计	★			设计不当引起各类风险
		监控量测设计	★	★		设计不当,无法动态设计施工
		断面大小	★			大断面隧道增加洞口失稳、塌方、大变形等风险
		埋深	★			埋深大,可能产生岩爆、大变形
		长度	★		★	特长隧道对通风和防灾救援的要求较高
		辅助坑道设计	★	★		设计不当引起各类风险
3	施工技术	施工工法	★	★		工法不当,引起洞口失稳、塌方
		施工辅助措施	★	★		措施不当,增加洞口失稳、塌方、突水等风险
4	营运管理	平纵面线形	★			线形不当影响车辆视距,易造成交通事故
		通风方案	★			设计不当,影响正常营运和救援
		防灾救援方案	★			设计不当,影响事故救援

注:①"典型风险源"一栏为同类隧道工程所存在风险源的归类总结。

②"★"表示该风险源对风险事件有影响。

3)分析隧道地质、设计等情况

分析本隧道工程地质、水文地质、周边环境、工程建设要求等情况,具有以下工程特点及难点:

①隧道长度 8.038km,为特长公路隧道,工程规模较大,对通风和防灾救援的要求较高;随着隧道长度的增加,施工发生各种安全风险的概率也有所增加。

②隧道为三车道断面隧道,开挖跨度大于 15m。隧道跨度增加,开挖后对围岩扰动增大,作用于衬砌支护上的荷载相应增加,洞口失稳、塌方、突水突泥等风险也随之增加。

③断层等地质构造较发育。隧道穿越 7 条断层破碎带,对隧道工程的建设均存在不同程度的影响,因此隧道在建设过程中发生塌方事故的风险较高。

④隧道洞口存在不同程度的偏压,增加了隧道进洞的风险。

⑤隧道的埋深较大,最大埋深 634m,隧道穿过的围岩为微风化凝灰质砂砾岩,为坚硬岩,且完整性较好,可能发生岩爆。由于岩爆发生具有突然性,对建设人员和隧道本身的安全都有极大的威胁。

4)风险识别

通过对隧道地质、设计等情况的分析,得出该隧道存在的风险源,填写完成检查表(表 2-3)。

表 2-3　某隧道风险源检查表

序号	检查项目		是否存在该风险源	存在方式	产生的影响
1	建设条件	地表水系	√	出口左侧存在一条天然冲沟,汇水面积不大	无影响
		地形偏压	√	左洞进口地形偏压较严重(横向倾角约 30°)	洞口失稳
		岩性及风化程度	√	围岩为强风化晶屑凝灰熔岩,岩土结构松散	洞口失稳、塌方、岩爆
		构造	√	7 条断层破碎带	塌方
		地下水	√	总体贫乏,部分构造富水性、导水性较好	突水
		顺层	×		
		滑坡	×		
		岩堆	×		
		岩溶	×		
		煤层及采空区	×		
		周边环境	√	弃渣、施工引起水位下降	环境保护风险

续表

序号	检查项目		是否存在该风险源	存在方式	产生的影响
2	结构方案	常规设计	√		设计不当可引起各类风险
		特殊设计	√		设计不当可引起各类风险
		监控量测设计	√		洞口失稳、塌方
		断面大小	√	三车道	洞口失稳、塌方
		埋深	√	最大 634m	岩爆
		长度	√	8.038km	通风防灾
		辅助坑道设计	√	横洞、通风斜井	设计不当引起各类风险
3	施工技术	施工工法	√		洞口失稳、塌方
		施工辅助措施	√		洞口失稳、塌方、突水涌泥
4	营运管理	平纵面线形	√	线形组合不当	交通事故
		通风方案	√	全纵向射流风机＋斜井送排式通风	通风防灾
		防灾救援方案	√	通风方案、横通道设置、交通监控、指示设施设置制定防灾救援措施	通风防灾

由风险源检查表可知，该隧道存在的主要风险事件为洞口失稳、塌方、结构风险、突水涌泥、岩爆、营运安全和环境保护等。

3.故障树分析法

(1)概述

故障树(Fault Tree Analysis，FTA)是用来识别和分析造成特定不良事件(称为顶事件)的可能因素的技术。造成故障的原因因素可通过归纳法进行识别，也可以将特定事故与各层原因之间用逻辑门符号连接起来，并用树形图表示。树形图描述了原因因素及其与重大事件的逻辑关系。

故障树可以用来对故障(顶事件)的潜在原因及途径进行定性分析，也可以在掌握原因事项概率的相关数据之后，定量计算重大事件的发生概率。故障树可以在系统的设计阶段使用，以识别故障的潜在原因并在不同的设计方案中进行选择；也可以在运行阶段使用，以识别重大故障发生的方式和导致重大事件的各类路径的相对重要性；故障树还可以用来分析已出现的故障，以便通过图形来显示不同事项如何共同作用造成故障。

故障树分析法主要是以树状图的形式表示所有可能引起主要事件发生的次要事件，揭示风险因素的聚集过程和个别风险事件组合可能形成的潜在风险事件。在构造事故分析树时，被分析的风险事件在树的顶端，树的分支是考虑到的所有可能的风险因素，同一层次的风险因素用“门”与上一层次的风险事件相连接。“门”存在“与门”和“或门”两种逻辑关系。“与门”表示同一层次的风险因素之间是“与”的关系，只有这一层次的所有风险因素都发生，它们的上一级的风险事件才能发生。“或门”表示同一层次的风险因素之间是“或”的关系，只要其中的一个风险因素发生，它们的上一级风险事件就能发生。

(2)过程

建构故障树的步骤包括：

①界定分析对象系统和需要分析的各对象事件(顶事件)。

②从顶事件入手，识别造成顶事件的直接原因或失效模式。

③调查原因事件，对每个原因/失效模式进行分析，以识别造成故障的原因(设备故障、人员失误以及环境不良因素等)。

④分步骤识别不良的系统操作方式，沿着系统自上而下地分析，直到进一步分析不会产生任何成效为止，处于分析中系统最低水平的事项及原因因素称为基本事件。

⑤定性分析，按故障树结构进行简化，求出最小割集和最小径集，确定各基本事件的结构重要度。

⑥定量分析，找出各基本事件的发生概率，计算出顶事件的发生概率，计算出概率重要度和临界重要度。对于每个控制节点而言，所有的输入数据都必不可少，并足以产生输出事项。对于故障树中的逻辑冗余部分，可以通过布尔代数运算法则来进行简化。

(3)优点及局限

故障树的优点包括：

①它提供了一种系统、规范的方法，同时有足够的灵活性，可以对各种因素进行分析，包括人际交往和客观现象等。

②运用简单的“自上而下”方法，可以关注那些与顶事件直接相关故障的影响。

③FTA 对具有许多界面和相互作用的分析系统特别有用。

④图形化表示有助于理解系统行为及所包含的因素。

⑤对故障树的逻辑分析和对分割集合的识别有利于识别高度复杂系统中的简单故障路径。

其局限包括：

①如果基础事件的概率有较高的不确定性，计算出的顶事件概率的不确定性也较高。

②有时很难确定顶事件的所有重要途径是否都包括在内。

③故障树是一个静态模型，无法处理时序上的相互关系。

④故障树只能处理进制状态(有故障/无故障)。

⑤虽然定性故障树可以包括人为错误，但是一般来说，各种程度或性质的人为错误引起的故障无法包括在内。

⑥分析人员必须非常熟悉对象系统，具有丰富的实践经验。

4. 工作—风险分解法(WBS—RBS 法)

(1)简述

工作—风险分解法(WBS—RBS 法)是将工作分解构成 WBS 树，将风险分解形成 RBS

树，然后用工作分解树和风险分解树交叉构成的 WBS—RBS 矩阵进行风险识别的方法。

1)工作分解结构(WBS)

工作分解结构(Work Breakdown Structure，WBS)是项目管理中的一种基本方法，它是一种在项目全范围内分解和定义各层次工作包的方法，它按照项目发展的规律，依据一定的原则和规定，进行系统化的相互关联和协调的层次分解。结构层次越往下层，则项目组成部分的定义越详细。WBS 最后构成一份清晰的 WBS 清单，可以作为组织项目实施的工作依据。工作分解结构(WBS)可以有不同的表达形式，可按物理结构、产品类型、项目功能、实施过程或实施组织等进行分解，常用的有层次结构图和锯齿列表，如图 2-1 所示。

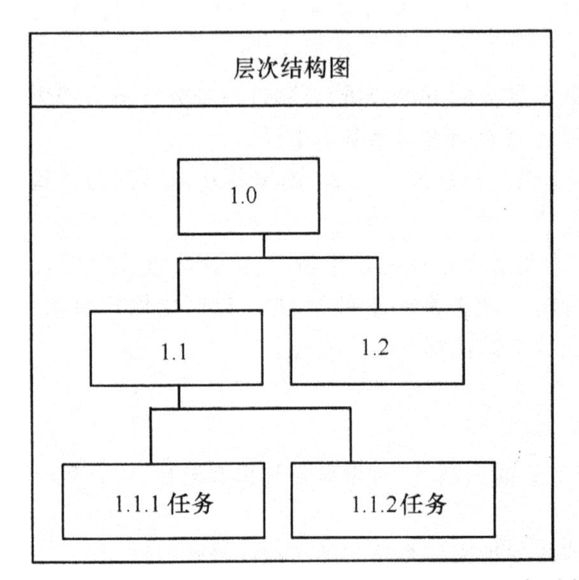

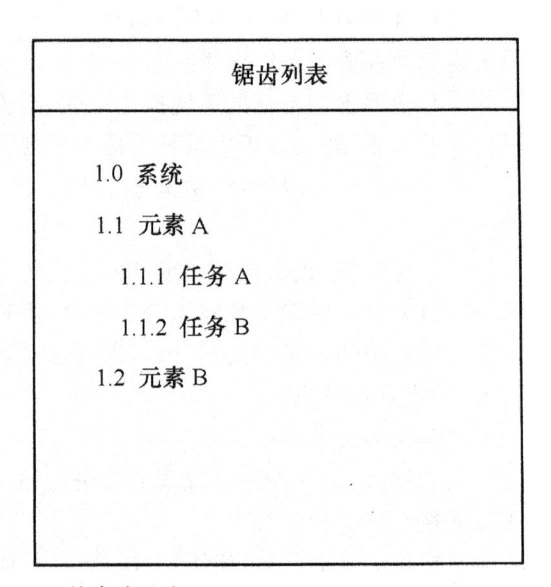

图 2-1 工作分解结构(WBS)的表达形式

2)风险分解结构(RBS)

风险分解结构(Risk Breakdown Structure，RBS)是按照风险类别和子类别排列的一种层级结构，用以表示潜在风险所属的领域和产生的原因。RBS 有助于项目团队在识别风险的过程中发现有可能引起风险的多种原因。不同的 RBS 适用于不同类型的项目。图 2-2 为风险分解结构(RBS)示例，图中列出了一个典型项目中可能发生的风险类别和子类别。

(2)过程

用 WBS—RBS 法进行风险识别主要分为三个步骤：一是工作分解，二是风险分解，三是套用 WBS—RBS 矩阵判断风险是否存在。

工作分解是为了形成工作分解树。分解时主要依据总工程项目与子工程以及子工程之间的结构关系和施工流程进行。工作分解树的层次结构如图 2-1 所示。

风险分解是为了形成风险分解树，即建立风险事件与风险因素之间的因果关系模型。风险分解树如图 2-2 所示。

在工作分解(WBS)与风险分解(RBS)完成之后，将工作分解树与风险分解树交叉，构建风险辨识矩阵，即 WBS—RBS 矩阵。WBS—RBS 矩阵的行向量是工作分解到最底层形成的基本工作包，矩阵的列向量是风险分解到最底层形成的基本子因素。风险识别过程是按照矩阵元素逐一判断某一工作是否存在该矩阵元素横向对应的风险。表 2-4 为 WBS—RBS 矩阵示例。

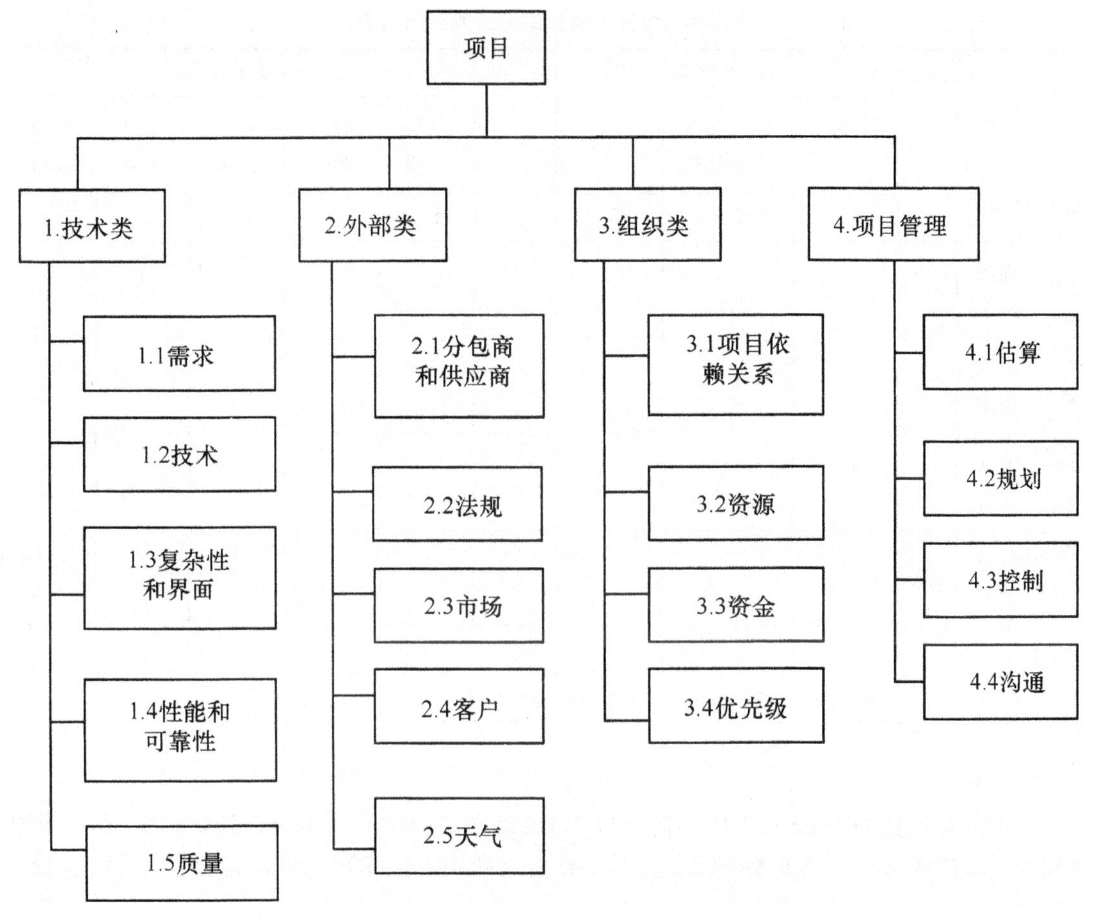

图 2-2 风险分解结构(RBS)示例

(3)优点及局限

1)优点

①符合风险评估的系统性原则。在运用 WBS—RBS 法进行风险评估时，首先要按照各项作业在施工工艺和工程结构上的关系进行分解，建立作业分解树，风险因素会逐级地呈现在作业分解树上，从而使重要的风险因素不致遗漏。

②满足风险评估的权衡原则。在作业分解形成决策树的过程中，可以估计出各层次作业的相对权重，这样就可以根据作业的相对重要程度，有所侧重地识别风险。

③与其他风险识别方法相比，WBS—RBS 法对风险因素进行归类和层层划分，使得分析过程更加清晰、系统。WBS—RBS 矩阵的作业分解树和风险分解树的初始状态细化，在一定程度上规避了其他方法系统地凭借主观判断识别风险的弊病，便于风险规划应对、数据处理、评价分析和经验积累等。

总之，WBS—RBS 法是一种既把握风险主体的全局，又能深入风险管理的具体细节的风险识别方法。WBS—RBS 法虽然是一种定性的风险识别方法，但却以定量的思维将工作层层分解细化，可以系统、全面地识别风险。

表 2-4 公路工程施工安全风险识别表

<table>
<tr><td colspan="3" rowspan="3">工程项目
风险因素</td><td colspan="3">路基工程 E_1</td><td rowspan="3">…</td><td colspan="5">隧道工程 E_2</td></tr>
<tr><td>路基土石方</td><td>滑坡和高边坡处理</td><td>挡土墙</td><td>洞口工程</td><td>洞身开挖</td><td>洞身衬砌</td><td>隧道路面</td><td>交通工程</td></tr>
<tr><td>E_{11}</td><td>E_{12}</td><td>E_{13}</td><td>E_{21}</td><td>E_{22}</td><td>E_{23}</td><td>E_{24}</td><td>E_{25}</td></tr>
<tr><td rowspan="4">白然环境风险 R_1</td><td>地质灾害</td><td>R_{11}</td><td></td><td></td><td></td><td></td><td></td><td></td><td></td><td></td><td></td></tr>
<tr><td>地震灾害</td><td>R_{12}</td><td></td><td></td><td></td><td></td><td></td><td></td><td></td><td></td><td></td></tr>
<tr><td>水文灾害</td><td>R_{13}</td><td></td><td></td><td></td><td></td><td></td><td></td><td></td><td></td><td></td></tr>
<tr><td>气蒙灾害</td><td>R_{14}</td><td></td><td></td><td></td><td></td><td></td><td></td><td></td><td></td><td></td></tr>
<tr><td>⋮</td><td>⋮</td><td>⋮</td><td></td><td></td><td></td><td></td><td></td><td></td><td></td><td></td><td></td></tr>
<tr><td colspan="12">填表说明：请在左列风险因素影响顶部工程项目的相应空格中打“√”</td></tr>
</table>

2）局限

①该方法构建的 WBS—RBS 矩阵是以 WBS 最底层的作业包集合作为矩阵的列，以 RBS 最底层的风险因素集合为矩阵的行，是一个大而全的 WBS—RBS 矩阵，因此工作量大，过程繁杂。

②WBS—RBS 法的思路趋向于定量分析模式，但它仍然只是定性分析方法。

（4）WBS—RBS 法案例

例 3 公路工程施工安全风险识别

1）对工程进行工作分解，构建 WBS

项目结构的分解，既要考虑项目的特点、施工安全风险的特点，又要充分考虑施工安全风险的分布情况。根据《公路水运工程安全生产监督管理办法》第二十三条所规定的施工中危险性较大的工程，参照《公路工程质量检验评定标准》（JTG F80），结合风险评估需要，将公路工程项目分解至分部工程并进行编号，具体见表 2-5。

表 2-5 公路工程项目分解

单位工程	分部工程
路基工程 E_1	路基土石方 E_{11}、滑坡和高边坡处理 E_{12}、挡土墙 E_{13}

续表

单位工程	分部工程
路面工程 E_2	路面工程 E_2
桥梁工程 E_3	基础工程 E_{31}、下部结构 E_{32}、上部结构预制和安装 E_{33}、上部结构现场浇筑 E_{34}、桥面系和附属工程 E_{35}
隧道工程 E_4	洞口工程 E_{41}、洞身开挖 E_{42}、洞身衬砌 E_{43}、隧道路面 E_{44}、交通工程 E_{45}

2)对公路工程施工安全的风险进行分解，构建 RBS

风险识别是施工安全风险评估的首要环节，根据公路工程的特点，在对相关文献分析的基础上对风险因素进行分解，将风险分为自然环境风险、周边环境风险、技术风险和组织管理风险四大类。各类风险包括的具体风险因素见表 2-6。

表 2-6　公路工程施工安全风险分类

风险类别	风险因素
自然环境风险 R_1	地质灾害 R_{11}、地震灾害 R_{12}、水文灾害 R_{13}、气象灾害 R_{14}
周边环境风险 R_2	地形地貌条件 R_{21}、地下构造物 R_{22}、交通状况 R_{23}、其他(周边居民、与铁路公路交叉等)R_{24}
技术风险 R_3	勘测设计不足 R_{31}、设计方案 R_{32}、工程规模 R_{33}、施工工艺成熟度 R_{34}
组织管理风险 R_4	安全管理人员配备 R_{41}、作业人员经验 R_{42}、机械设备配置及管理 R_{43}、专项施工方案 R_{44}

3)用 WBS—RBS 法识别公路工程施工安全风险因素

通过上述 WBS 和 RBS 的建立，可以对各个工程项目进行风险因素识别。在识别过程中采用专家调查法，可参照表 2-4 的格式对工程项目的风险进行识别。

2.1.7　工程项目目标风险识别

工程项目主要有进度、质量和费用三个目标。在工程项目实施过程中，由于多种因素的影响，实现工程项目的这三个目标存在较大的风险。因此，识别这三个目标的风险是工程项目风险管理的重要任务之一。

1. 工程项目进度风险的识别

影响工程项目进度的因素很多，涉及的面很广，包括建设环境、项目业主、工程项目设计和工程项目施工等。对一般工程项目施工阶段进度风险因素，可用表 2-7 所示核查表进行分析，通过分析可对进度风险的形势有一粗略的识别。对工程工期风险的识别，则要做进一步的分析。

工程项目进度风险因素对工程项目工期是否有影响，即是否形成工程项目工期风险，这也需要识别。并不是每一个进度风险因素对工程项目工期有影响，要具体分析工程项目中的哪些活动或子项目受到进度风险因素的影响，影响的程度可能有多大，然后根据工程项目的进度计划，借助于工程网络计划技术做出初步的分析。

对肯定型网络，用关键线路法分析时，一般而言，在关键路线上的活动或子项目受到进度风险因素的影响，使其持续时间延长后会引起工期风险，而且其延长程度越大，工期风险越大；对非关键路线的活动或子项目，当进度风险因素使其持续时间的延长超过总时差时，也会引起工期风险。

表 2-7　工程项目进度风险核查表

工程项目进度滞后的原因	本项目情况
1.工程建设环境原因 1.1 自然环境 ①不利的气象条件；②不利的水文条件；③不利的地质条件；④地震；⑤建筑材料料场不满足设计要求；⑥其他 1.2 社会环境 ①宏观经济不景气，资金筹措困难；②物价超常规上涨；③资源供应不顺畅；④对外交通困难；⑤政策、法规改变；⑥其他	
2.项目法人/业主原因 ①项目管理组织不适当；②工程建设手续不完备；③施工场地没有及时提供；④施工场内外交通达不到设计要求；⑤内外组织协调不力；⑥工程款项不能及时支付；⑦其他	
3.设计方面原因 ①工程设计变更频繁；②工程设计错误或缺陷；③图纸供应不及时；④其他	
4.施工承包方原因 ①施工组织计划不当；②施工方案不当；③经常出现质量或安全事故；④施工人员生产效率低；⑤施工机械生产效率低；⑥施工管理水平差；⑦项目分包不适当或分包商有问题；⑧其他	

2.工程项目技术性能或质量风险识别

不同的工程项目具有不同的技术性能或质量问题，即具体的工程质量风险，但引起质量问题的原因包括项目环境原因、业主原因、设计原因和施工原因等。对工程施工阶段的质量风险，其引发的因素又可具体分为施工环境、操作及管理人员、施工机械、建筑材料、施工工艺或方案等。对比较粗略的质量风险识别可用核查表法；对具体某一施工过程或子项工程的质量风险可用流程图，或流程图加核查表进行识别。

(1)工程项目整体质量风险识别

引起工程项目质量风险的原因很多，但从整体上考虑，可以归纳为若干方面。表 2-8 为工程项目质量风险核查表。

(2)施工过程或子项工程施工质量风险识别

对于具体施工过程或子项工程施工质量风险识别，除用核查表外，还可用流程图这一工具进行识别。图 2-3 为混凝土施工过程质量风险识别流程图。

表 2-8　工程施工质量风险核查表

导致工程施工质量风险的原因	本项目情况
1. 违反基本建设程序 ①可行性研究不充分，如资料不足、不可靠，或可行性研究不可靠；②违章承接工程项目，如越级设计或施工；③违反设计规则，如不做详细调查研究就设计；④违反施工顺序，如设计不完整就施工，或施工顺序不符合工艺要求；⑤其他	
2. 地质勘察或地基处理失误 ①地质勘察失误或精度不足；②勘测报告不详、不准，甚至错误；③地基处理设计方案不当；④地基处理没达到设计要求；⑤地基处理材料或工艺不当；⑥其他	
3. 设计方案或设计计算有误 ①设计中忽略了重要影响因素；②设计计算模型简化不合理；③设计错误或缺陷；④选用的设计安全系数太小；⑤其他	
4. 建筑材料不合格 ①水泥安定性不合格、强度不足、受潮或过期、标号用错或混用；②钢材强度不合格、化学成分不合格、可焊性不合格；③砂石料岩性不良、径及级配不合格、杂质含量多；④外加本身不合格、混凝土或砂浆中掺用外加不当；⑤其他	
5. 施工及其管理失控 ①不按图施工；②不遵守施工规范施工；③施工方案不当；④施工技术不完善；⑤施工质量保证措施不当或不落实；⑥施工管理制度不完善；⑦施工操作人员质量意识差；⑧施工操作人员一味追求施工经济效益，而不顾质量；⑨施工操作人员的技术水平没有达到要求；⑩不熟悉设计图纸，不了解设计意图，或不按图施工；⑪施工管理人员、监理人员责任感差；⑫其他	

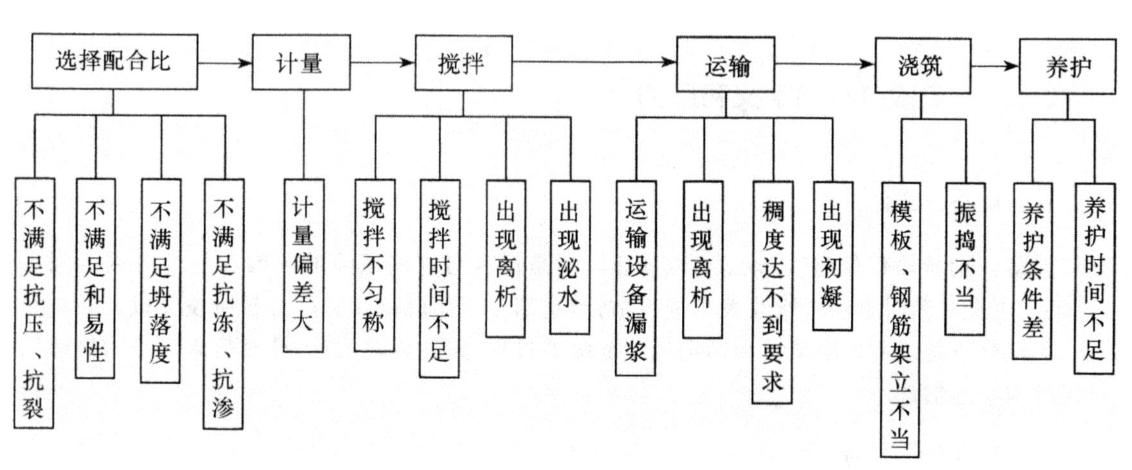

图 2-3　混凝土施工过程质量风险识别流程图

3. 工程项目投资风险识别

工程项目投资风险贯穿于工程建设的全过程，涉及多个方面，可用核查表法对其进行分析，如表 2-9 所示。

表 2-9　工程项目投资风险检查表

工程项目投资突破的原因	本项目情况
1. 工程项目外原因 ①建筑材料和施工机械费用涨价；②工资标准提高；③政策法规调整；④社会不稳定；⑤运输环常改变或费用提高；⑥不利的气象条件；⑦超标准洪水、暴雨；⑧地震或其他地质灾害；⑨其他	
2. 业主/项目法人原因 ①工程投资计划不当；②项目管理组织不当；③建筑资金筹措困难；④施工场地和“三通一平”条件不落实；⑤工程分标和施工招标失误；⑥投资控制措施不力；⑦施工协调不得力；⑧施工合同管理混乱，工程变更和索赔处理不当；⑨其他	
3. 设计原因 ①设计方案不合理；②设计标准引用不当；③设计错误或缺陷；④设计变更频繁；⑤图纸供应不及时；⑥其他	
4. 施工原因 ①施工方案不当；②施工组织设计不合理；③经常出现施工质量事故；④赶工程进度；⑤施工管理混乱；⑥其他	

2.2　工程项目风险分析

2.2.1　风险分析的定义和目的

1. 风险分析的定义

风险识别阶段仅仅是“发现、描述”风险，但是没有对这些风险的原因和特性等进行深入“理解”，更没对其后果和可能性大小进行估计，这部分工作就留在风险分析阶段完成。

风险分析是理解风险本性和确定风险等级的过程，包括风险估计，即对后果大小的估计和可能性大小的估计。

2. 风险分析的目的

风险分析的主要目的有二：其一是揭示对风险的理解，其二是为风险评价和风险应对决策提供依据。

2.2.2　风险分析的工作内容和过程

1. 风险分析的工作内容

风险分析主要完成以下两项工作：

①进一步理解风险的特性。要考虑导致风险的原因和风险源，同时还要考虑现有的风险应对措施及其有效性。在理解风险特性时，要注意一个事件可能有多个后果，可能会影响多个目标。

②估计风险的大小和等级。估计各种风险事件的影响后果，包括正面和负面的后果，以及这些结果可能性的估计，以确定风险等级。

2. 风险分析的过程

风险分析的具体过程如图 2-4 所示。

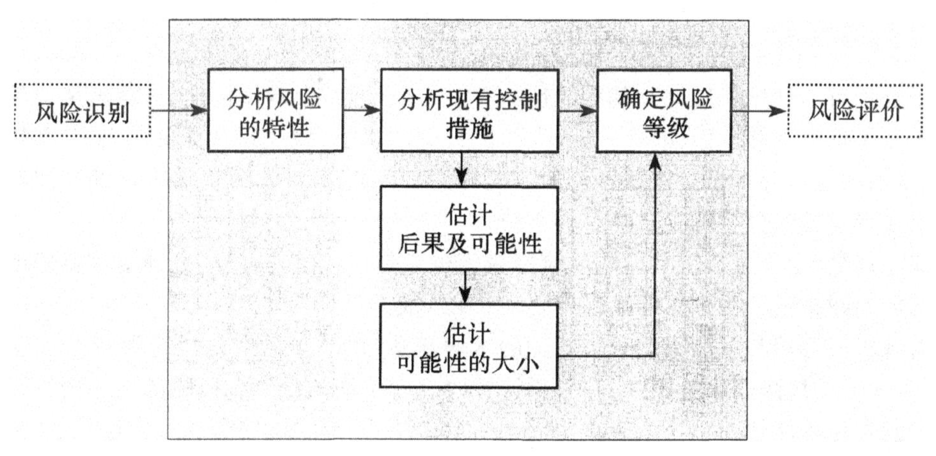

图 2-4　风险分析过程

2.2.3　风险分析方法

根据风险本身的特性、分析的目的，以及可用的信息、数据和资源，风险分析可以是定性的、半定量的、定量的或以上方法的组合。一般情况下，首先采用定性风险分析，初步了解风险等级和揭示主要风险，必要时再进行更仔细的定量风险分析。

1. 定性风险分析

定性风险分析可通过“高、中、低”这样的表述来界定风险事件的后果、可能性和风险等级，然后将后果和可能性结合起来，并与定性的风险准则相比较，即可评估最终的风险等级。

2. 半定量风险分析

半定量风险分析是利用数字分级尺度来测度风险的可能性，得出风险等级。常见的有四分量表、五分量表和七分量表，表 2-10 为五分量表示例。

表 2-10　半定量风险分析

后果＼可能性	1	2	3	4	5
1					
2					
3					
4					
5					

3. 定量风险分析

定量分析可估计风险后果及其可能性的实际数值，并结合具体情况，计算出风险等级的数值。由于相关信息不够全面、缺乏数据、人为因素等的影响，或是因为定量分析难以开展或没有必要，全面的定量分析未必都是可行的或值得的。在此情况下，由经验丰富的专家对风险进行半定量或者定性的分析可能已经足够有效。

还应注意到，定量分析所获得的风险等级值也只是估计值，还应注意确定其精确度不会与所使用的原始数据及分析方法的精确度之间存在偏差。

风险等级应当用与风险类型最为匹配的术语表达，以利于后续的风险评价。如安全风险等级、财务方面的风险等级等，它们在分析计量时拥有不同的量纲。风险的大小则可以通过风险后果及其发生可能性的结合来表达。

2.2.4　控制措施评估

风险的等级水平(或风险的大小)不仅取决于风险本身，还与现有的风险控制措施和充分性及有效性密切相关。在进行控制措施评估时，需要解决的问题包括：

①对于一个具体的风险，现有的控制措施是什么?

②这些控制措施是否足以应对该风险，是否可以将该风险控制在可接受的水平?

③在实际工作中，控制措施是否在以预定方式正常运行? 当需要时能否证明这些控制措施是有效的?

对于特定的控制措施或一套相关的控制措施的有效性水平，可以用定性、半定量或定量的方式来表示，但在大多数情况下难以保证其高度的精确性。即使如此，对风险控制效果的度量进行表述和记录仍然是有价值的，因为在对现有控制措施进行改进或实施不同的风险应对措施时，这些信息将有助于决策者进行比较和判断。

2.2.5　风险后果分析

通过假设特定事件、情况或环境已经出现，后果分析可确定风险影响的性质和类型。某个事件可能会产生一系列不同程度的影响后果，也可能影响到一系列目标和不同利益相关方。所以，在建立环境、明确环境信息时，就应确定所需要分析的后果的类型和受影响及利益相关方。

后果分析可以有多种形式，如对结果的简单描述，或制定详细的数量模型等。选择后果分析方式应视组织的实际需要和实际资源而定。

风险后果分析包括：

①考虑现有的后果控制措施，并关注可能影响后果的相关因素。对现有控制措施的分析是风险评估的必做事项，否则只会得到固有风险，而固有风险并没有体现组织的管理能力和水平。

②将风险后果与最初目标联系起来，因为风险的定义是"不确定性对目标的影响"。

③对马上出现的后果和经过一段时间可能出现的后果这两种情况要同等重视。

④不能忽视次要后果。那些影响附属系统、活动、设备或组织的次要后果，随着时间的推移，内外部环境会发生变化，这些变化将可能使一些次要后果演变成重要后果。

2.2.6　风险可能性分析

通常主要使用三种方法来估计可能性，这些方法可单独使用，也可组合使用。

①利用相关历史数据来识别那些过去发生的事件或情况，借此推断出它们在未来发生的"可能性"。此时，所使用的数据应当与正在分析的系统、设备、组织或活动的类型密切相关。但是如果某些事件历史上发生频率很低，则可能无法估计其可能性。

②利用故障树和事件树等技术来预测可能性。当历史数据无法获取或不够充分时，有必要通过分析系统、设备、组织或活动及其相关的失效或成功状况来推断风险的可能性。

③系统化和结构化地利用专家观点来估计可能性。使用这种方法时，专家判断应利用一切现有的相关信息，包括历史、具体系统、具体组织、实验及设计等方面的信息。获得专家判断的方法很多，常用方法包括德尔菲法和层次分析法等。值得注意的是，专家不一定非得是组织外部的，组织内部的业务骨干及技术专家等也是组织进行风险分析时应重视的资源。

2.2.7　风险初步分析

在风险后果及其发生可能性分析之后，应该对风险事件进行全面的筛选，以识别出最重大的风险，或者排除不太重要和次要的风险，做进一步分析，由此确保组织能源来集中应对最严重的风险。在进行筛选时，应注意不要漏掉发生频繁且有重大累积效应的次要风险。

根据初步分析的结果，组织可能采取以下某个行动方案：

①对重大风险立即进行风险应对。

②搁置暂不需处理的轻微风险。

③对中间状态的风险继续进行更细致的风险评价。

风险初步分析发生在全面的风险评价之前，相当于风险评价的“初评”，是风险评估过程中的重要一环，要把最初的假定及初步分析的结果记录在案，以便后续的评价。

第3章　风险评估与风险控制

3.1　风险评估的基本理论

3.1.1　风险评估的含义

关于风险评估的定义，国内外许多学者已对其进行了科学、系统的概括和提高，主要有以下观点：

第一，风险评估是对系统存在的危险性进行定性和定量分析，得出系统发生危险的可靠性及其程度的评价，以寻求最低事故率、最少的损失和最优的安全投资效益。

第二，风险评估是综合运用安全系统工程方法对系统的风险程度进行预测和度量。它不同于安全评比，也不同于安全检查。进行企业的风险评估可使宏观管理抓住重点，分类指导，也可为微观管理提供可靠的基础数据，是实现科学管理的重要环节。

第三，风险评估是以系统安全为目的，按照科学的程序和方法，对系统中的危险因素、发生事故的可能性及损失与伤害程度进行调查研究与分析论证，从而评估系统总体的安全性以及为制定基本预防和防护措施提供科学的依据。它的着眼点是危险因素产生的负效应，主要从损失和伤害的可能性、影响范围、严重程度及应采取的对策等方面进行分类评估。

第四，风险评估是采用系统科学的方法确认系统存在的危险性，并根据其风险大小采取相应的安全措施，以达到系统安全的过程。

归纳起来，风险评估的定义主要包括以下要点：

①用系统科学的理论和方法。

②对系统的安全性进行预测和分析——辨识危险，先定性、后定量认识危险。

③寻求最佳的对策，控制事故(危险的控制与处理)，达到系统安全的目的——控制危险性能力的评价。

任何生产系统，在其寿命周期内都有发生事故的可能。区别只在发生的频率和事故的严重程度(即风险大小)不同而已。因为在制造、试验、安装、生产和维修过程中普遍存在着维修性。在一定条件下，如果对危险性失去控制或预防不周就会发生事故，造成人员伤亡和财产损失。为了抑制危险性，使其不发展为事故，或减少事故造成的损失，就必须对它有充分的认识，掌握危险发展为事故的规律，也就是要充分揭示系统存在的所有危险性及其形成事故的可能性和发生事故的损失大小，即评估系统客观存在的风险大小。

按照风险评估结果的量化程度，风险评估方法可分为定性风险评估方法和定量风险评估方法。

3.1.2 风险评估的目的

风险评估的目的主要有：

①对项目诸风险进行比较分析和综合评价，确定它们的先后顺序。

②挖掘项目风险间的相互关系。虽然项目风险因素众多，但这些因素之间往往存在着内在的联系，表面上看起来毫不相干的多个风险因素，有时是由一个共同的风险源所造成的。例如，若遇上未曾预料到的技术难题，则会造成费用超支、进度拖延、产品质量不合要求等多种后果。风险评估就是要从项目整体出发，挖掘项目各风险之间的因果关系，保障项目风险的科学管理。

③综合考虑各种不同风险之间相互转化的条件，研究如何才能化威胁为机会，明确项目风险的客观基础。

④进行项目风险量化研究，进一步量化已识别风险的发生概率和后果，减少风险发生概率和后果中的不确定性，为风险应对和监控提供依据和管理策略。

3.1.3 风险评估的依据

风险评估是政策性很强的一项工作，必须依据我国现行的法律、法规和技术标准，以保障被评价项目的安全运行，保障劳动者在劳动过程中的安全与健康。风险评估涉及的法规、标准等可随法规、标准条文的修改或新法规、标准的出台而变动。

1. 安全法规的规范性文件

安全法规的规范性文件主要有以下几种：

①宪法。宪法的许多条文直接涉及安全生产和劳动保护问题，这些规定既是安全法规制定的最高法律依据，又是安全法律、法规的一种表现形式。

②法律。是由国家立法机构以法律形式颁布实施的，制定权属全国人民代表大会及其常务委员会。如《中华人民共和国劳动法》《中华人民共和国安全生产法》《中华人民共和国矿山安全法》等。

③行政法规。由国务院制定的安全生产行政法规，以国务院令公布。如国务院发布的《危险化学品管理条例》《安全生产许可证条例》等。

④部门规章。由国务院有关部门制定的专项安全规章，是安全法规各种形式中数量最多的。如国家安全生产监督管理局发布的《风险评估通则》《非煤矿矿山企业安全生产许可证实施办法》及各类风险评估导则。(原)劳动部发布的《建设项目(工程)劳动安全卫生监察规定》《建设项目(工程)职业安全卫生设施和技术措施验收办法》等。

⑤地方性法规和地方规章。地方法规是由各省、自治区、直辖市人大及其常务委员会制定的有关安全生产的规范性文件；地方规章是由各省、自治区、直辖市政府，其首府所在地的市和

经国务院批准的较大的市政府制定的有关安全生产的专项文件。如《北京市风险评估机构甲级资质审核办法》《山西省煤矿风险评估机构监督管理暂行办法》等。

⑥国际法律文件。主要是我国政府批准加入的国际劳工公约。如1990年批准的《男女工人同工同酬公约》。

2. 风险评估目前所依据的主要法律、法规

风险评估目前所依据的主要法律、法规包括：

①《中华人民共和国劳动法》。本法自1995年1月1日起施行。设立了劳动安全专章，对以下方面提出了明确要求：劳动安全卫生设施，必须符合国家规定的标准；劳动安全卫生设施，必须与主体工程同时设计、同时施工、同时投入生产和使用；从事特种作业的劳动者，必须经过专门培训并取得特种作业资格。

②《中华人民共和国安全生产法》。本法自2002年11月1日起施行。涉及风险评估的规定有：依法设立的为安全生产提供服务的中介机构，依照法律、行政法规和执业准则，接受生产经营单位的委托为其安全生产工作提供技术服务；矿山建设项目和用于生产、贮存危险物品的建设项目，应当分别按照国家有关规定进行安全条件论证和风险评估；生产经营单位对重大危险源，应当登记建档，进行定期检测、评估、监控，并制订应急预案，告知从业人员和相关人员在紧急情况下应采取的应急措施；承担风险评估、认证、检测、检验工作的机构违规的处罚原则。

③《中华人民共和国矿山安全法》。本法对矿山建设的安全保障、矿山开采的安全保障、矿山生产经营单位的安全管理、矿山事故处理、矿山安全的行政管理及法律责任等作了明确规定。

④国家安全生产监督管理总局、国家煤矿安全监督局(安监管技装字[2002]45号)《关于加强风险评估机构管理的意见》。

⑤国家安全生产监督管理总局《风险评估通则》。本通则规定了风险评估的管理、程序、内容和要求，是具体进行评价工作的操作依据。

3.1.4 风险评估基本原理

虽然风险评估的应用领域宽广，评价的方法和手段众多，而且评价对象的属性、特征及事件的随机性千变万化，各不相同，究其思维方式却是一致的。将风险评估的思维方式和依据的理论统称为风险评估原理。常用的风险评估原理有相关性原理、类推原理、惯性原理和量变到质变原理等。

1. 相关性原理

相关性是指一个系统，其属性、特征与事故和职业危害存在着因果的相关性。这是系统因果评估方法的理论基础。

(1)系统

风险评估把研究的所有对象都视为系统。由系统的基本特征可知，每个系统都有自身的总目标，而构成系统的所有子系统、单元都为实现这一总目标而实现各自的分目标。如何使这

些目标达到最佳，这就是系统工程要解决的问题。

系统的整体功能（目标）是由组成系统的各子系统、单元综合发挥作用的结果。因此，不仅系统与子系统，子系统与单元有着密切的关系，而且各子系统之间、各单元之间、各元素之间也都存在着密切的相关关系。所以，在评估过程中只有找出这种相关关系，并建立相关模型，才能正确地对系统的安全性进行评估。

系统的结构的表达式如下：

$$E=\max f(X,R,C)$$

式中，E 为最优组合效果；X 为系统组成的要素集，即组成系统的所有元素；R 为系统组成要素的相关关系集，即系统各元素之间的所有相关关系；C 为系统组成的要素及相关关系在各阶层上可能的分布形式；$f(X,R,C)$ 为 X,R,C 的结合效果函数。

对系统的要素集 X、关系集 R 和层次分布形式 C 的分析，可阐明系统整体的性质，要使系统目标达到最佳程度，只有使上述三者达到最优结合，才能产生最优结合效果 E。

对系统进行风险评估，就是要寻求 X,R 和 C 的最合理的结合形式，即寻求具有最优结合效果 E 的系统结构形式在对应系统目标集和环境约束集的条件，给出最安全的系统结合方式。例如，一个生产系统一般是由若干生产装置、物料、人员（X 集）集合组成的；其工艺过程是在人、机、物料、作业环境结合过程（人控制的物理、化学过程）中进行的（R 集）；生产设备的可靠性、人的行为的安全性、安全管理的有效性等因素层次上存在各种分布关系（C 集）。风险评估的目的，就是寻求系统在最佳生产（运行）状态下的最安全的有机结合。

因此，在进行风险评估之前要研究与系统安全有关的系统组成要素、要素之间的相互关系，以及它们在系统各层次的分布情况。例如，要调查、研究构成工厂的所有要素（人、机、物料、环境等），明确它们之间存在的相互影响、相互作用、相互制约的关系和这些关系在系统不同层次中的不同表现形式等。

要对系统做出准确的风险评估，必须对要素之间及要素与系统之间的相关形式和相关程度给出量的概念。这就需要明确哪个要素对系统有影响，是直接影响还是间接影响；哪个要素对系统影响大，大到什么程度，彼此是线性相关，还是指数相关等。要做到这一点，就要求在分析大量生产运行数据、事故统计资料的基础上，得出相关的数学模型，以便建立合理的风险评估数学模型。例如，用加权平均法进行生产经营单位风险评估，确定各子系统风险评估的权重系数，实际上就是确定生产经营单位整体与子系统之间的相关系数。这种权重大小代表了各子系统的安全状况对生产经营单位整体安全状况的影响大小，也代表了各子系统的危险性在生产经营单位整体危险性中的比重。一般来说，权重系数都是通过大量事故统计资料的分析，权衡事故发生的可能性大小和事故损失的严重程度后确定下来的。

（2）因果关系

有因才有果，这是事物发展变化的规律。事物的原因和结果之间存在着类似函数一样的密切关系。若研究、分析各个系统之间的依存关系和影响程度，就可以探求其变化的特征和规律，并可以预测其未来状态的发展变化趋势。

事故和导致事故发生的各种原因（危险因素）之间存在着相关关系，表现为依存关系和因果关系。危险因素是原因，事故是结果，事故的发生是由许多因素综合作用的结果。分析各因素的特征、变化规律、影响事故发生和事故后果的程度，以及从原因到结果的途径，揭示其内在联系和相关程度，才能在评价中得出正确的分析结论，采取恰当的对策措施。例如，可燃气体泄漏爆炸事故是由可燃气体泄漏、与空气混合达到爆炸极限和存在点火源3个因素综合作用的结果；而这3个因素又是设计失误、设备故障、安全装置失效、操作失误、环境不良、管理不当等一系列因素造成的。爆炸后果的严重程度又与可燃气体的性质(闪点、燃点、燃烧速度、燃烧热值等)、可燃性气体的爆炸量及空间密闭程度等因素有着密切的关系。在评价中要综合分析这些因素的因果关系和相互影响程度，并定量地进行评价。

事故的因果关系是：事故的发生是有原因的，而且往往不是由单一原因因素造成的，而是由若干个原因因素耦合在一起导致的。当出现符合事故发生的充分和必要条件时，事故就必然会立即爆发。破坏事故发生的充分与必要条件，事故就不会发生，这就是采取技术、管理、教育等方面的安全对策措施的理论依据。

在评估过程中，借鉴历史、同类系统的数据、典型案例等材料，找出事故发展过程中的相互关系，建立起接近真实系统的数学模型，则评估会取得较好的效果。而且越接近真实系统，评估效果越好，结果越准确。

2. 类推原理

“类推”也称“类比”。类推推理是人们经常使用的一种逻辑思维方法，常用来作为推出一种新知识的方法。它是根据两个或两类对象之间存在着某些相同或相似的属性，从一个已知对象具有某个属性来推出另一个对象具有此种属性的推理过程。它在人们认识世界和改造世界的活动中，有着非常重要的作用。它在安全生产、风险评估中，同样也有特殊的意义和重要的作用。

其基本模式如下：

若A，B表示两个不同对象，A有属性$P_1,P_2,\cdots,P_m,P_n$，B有属性$P_1,P_2,\cdots,P_m$，则对象A与B的推理可表示为

$$\frac{\begin{array}{l}A\text{有属性}P_1,P_2,\cdots,P_m,P_n\\B\text{有属性}P_1,P_2,\cdots,P_m\end{array}}{\text{所以},B\text{也有属性}P_n(n>m)}$$

类比推理的结论是或然性的。所以，在应用时要注意提高结论的可靠性，其方法有：

①要尽量多地列举两个或两类对象所共有或共缺的属性。

②两个类比对象所共有或共缺的属性愈本质，则推出的结论愈可靠。

③两个类比对象所共有或共缺的属性与类推的属性之间具有本质和必然的联系，则推出结论的可靠性就高。

类推评估法是经常使用的一种风险评估法。它不仅可以由一种现象推算另一种现象，还可以根据已掌握的实际统计资料，采用科学的估计推算方法来推算得到基本符合实际的所需资料，以弥补调查统计资料的不足，供分析研究使用。

类推评估法的种类及其应用领域取决于评估对象事件与先导事件之间联系的性质。若这种联系可用数字表示，则称为定量类推；如果这种联系关系只能定性处理，则称为定性类推。常用的类推方法有以下6种。

(1)平衡推算法

平衡推算法是根据相互依存的平衡来推算所缺的有关指标的方法。例如,利用海因里希关于重伤、死亡、轻伤关系和无伤害事故比例1∶29∶300的规律,在已知重伤死亡数据的情况下,可推算出轻伤和无伤害事故数据;利用事故的直接经济损失与间接经济损失的比例为1∶4的关系,从直接经济损失推算间接经济损失和事故总经济损失;利用爆炸破坏情况推算离爆炸中心多远处的冲击波超压(Δp,单位为MPa)或爆炸坑(漏斗)的大小,来推算爆炸物的TNT当量。这些都是平衡推算法的应用。

(2)代替推算法

代替推算法是利用具有密切关系(或相似)的有关资料、数据,来代替所缺资料、数据的方法。例如,对新建装置的安全预评估,可使用与其类似的已有装置资料、数据对其进行评估;在职业卫生评估中,人们常类比同类或类似装置的安全卫生检测数据进行评估。

(3)因素推算法

因素推算法是根据指标之间的联系,从已知因素的数据推算有关未知指标数据的方法。例如,已知系统发生事故的概率P和事故损失严重程度S,就可利用风险率R与P,S的关系来求得风险率R,其关系式为

$$R = PS$$

(4)抽样推算法

抽样推算法是根据抽样或典型调查资料推算系统总体特征的方法。这种方法是数理统计分析中常用的方法,是以部分样本代替整个样本空间来对总体进行统计分析的一种方法。

(5)比例推算法

比例推算法是根据社会经济现象的内在联系,用某一时期、地区、部门或单位的实际比例,推算另一类似时期、地区、部门或单位有关指标的方法。例如,控制图法的控制中心线的确定,是根据上一个统计期间的平均事故率来确定的。国内各行业安全指标的确定,通常也都是根据前几年的年度事故平均数值来确定的。

(6)概率推算法

概率是指某一事件发生的可能性大小。事故的发生是一种随机事件,任何随机事件,在一定条件下是否发生是没有规律的,但其发生概率是一客观存在的定值。因此,根据有限的实际统计资料采用概率论和数理统计方法可求出随机事件出现各种状态的概率。可以采用概率值来预测未来系统发生事故可能性的大小,以此来衡量系统危险性的大小、安全程度的高低。

美国原子能委员会《核电站风险报告》采用的方法基本上是概率推算法。

3.惯性原理

任何事物在其发展过程中,从过去到现在以及延伸到将来,都具有一定的延续性,这种延续性称为惯性。利用惯性可以研究事物或评价系统的未来发展趋势。例如,从一个系统过去的安全生产状况、事故统计资料,可以找出安全生产及事物发展变化趋势,推测其未来安全状态。利用惯性原理进行评价时应注意以下两点:

①惯性的大小。惯性越大,影响越大;反之,则影响越小。例如,一个生产经营单位如果疏于管理,违章作业、违章指挥、违反劳动纪律严重,事故就多,若任其发展就会愈演愈烈,而且有

加速的趋势,惯性越来越大。对此,必须立即采取相应对策措施,破坏这种格局,亦即中止或使这种不良惯性改向,才能防止事故的发生。

②惯性的趋势。一个系统的惯性是这个系统内各个内部因素之间互相联系、互相影响、互相作用,按照一定的规律发展变化的一种状态趋势。因此,只有当系统是稳定的,受外部环境和内部因素影响产生的变化较小时,其内在联系和基本特征才能延续,该系统所表现的惯性发展结果才基本符合实际。但是,绝对稳定的系统是没有的,因为事物发展的惯性在受外力作用时,可使其加速或减速甚至改变方向。这样就需要对一个系统的评价进行修正,即在系统主要方面不变、而其他方面有所偏离时,就应依据其偏离程度对所出现的偏离现象进行修正。

4.量变到质变原理

任何一个事物在发展变化过程中都存在着从量变到质变的规律。同样,在一个系统中,许多有关安全的因素也都一一存在着从量变到质变的过程。在评价一个系统的安全时,也都离不开从量变到质变的原理。例如,许多定量评价方法中,有关危险等级的划分无不一一应用着从量变到质变的原理。在化学火灾、爆炸指数评价法中,关于按F&EI(火灾、爆炸指数)划分的危险等级,从1至≥159,经过了≤60,61—96,97—127,128—158,≥159的量变到质变的变化过程,即分别为"最轻"级、"较轻"级、"中等"级、"很大"级、"非常大"级。而在评价结论中,"中等"级及其以下的级别是"可以接受的"(在提出对策措施时可不考虑),而"很大"级、"非常大"级则是"不能接受的"(应考虑安全措施)。

因此,在风险评估时,考虑各种危险、有害因素对人体的危害,以及采用的评价方法进行等级划分等,均需要应用量变到质变的原理。

上述原理是人们经过长期研究和实践总结出来的。在实际评估工作中,应综合应用这些基本原理指导风险评估,并创造出各种评估方法,进一步在各个领域中加以运用。

掌握评估基本原理可以建立正确的思维方式,对于评估人员开拓思路、合理选择和灵活运用评价方法都是十分必要的。由于世界上没有一成不变的事物,评估对象的发展不是过去状态的简单延续,评估的事件也不会是自己类似事件的机械再现,相似不等于相同。因此,在评估过程中,还应对客观情况进行具体分析,以提高评估结果的准确程度。

3.1.5 风险评估的主要内容

风险评估体系说明了风险评估的主要任务。风险管理中,若要进行风险决策,必须从定性和定量两个方面弄清楚风险的属性。对于每一具体的风险来说,需要估计四个方面。

1.每一风险因素最终转化为致损事故的概率和损失分布

在风险发展过程中,并不是所有的风险因素都能最终发展成导致损失的风险事故,因而通过判断其发生的概率,就可以对风险的影响程度和严重性做出判断,据此进行风险处理决策。在估计风险分布规律时,可以采用专家调查法以及现场观察法、模糊综合评判法等适当的方法,通过现场观测或试验模拟工程风险来估计目标风险的概率分布。

2. 单一风险的损失程度

如果某一风险因素导致事故损失的可能性很大，可能的损失却很小，对于这样的风险没必要采取复杂的处置措施。只有综合考虑了风险发生的概率和损失程度后，才能根据风险损失期望来制定风险处置策略。在估计了目标风险的概率分布，了解其发生的可能性之后，还要估计单一风险可能造成的损失程度。风险损失可以依据风险载体的状况、风险的波及范围和可能造成的损坏程度来估计。

3. 若干关联的风险导致同一风险单位损失的概率和损失程度

风险管理者在制定风险计划时，一般关心在特定的风险管理子系统中承担的风险损失期望值，因此有必要从某一风险单位整体的角度，分析多种风险可能造成的损失总和以及发生风险事故的概率。

4. 所有风险单位的损失期望值和标准差

为了掌握风险管理系统总体的风险状况，还应估计总的风险管理系统中的所有风险单位的损失期望值和标准差，也就是将所有风险单位的风险因素叠加后的损失期望值，并且估计这个损失期望值与各种可能的损失值之间的偏差程度，这里用标准差来衡量这个偏差程度。

3.1.6 风险评估的作用

在工程项目管理中，项目风险评估是一个必不可少的环节，其作用主要表现在：

①通过风险评估，对项目诸风险进行比较和评估，以确定风险大小的先后次序。对工程项目中各类风险进行评估，根据它们对项目目标的影响程度，包括风险出现的概率和后果，来确定它们的排序，为考虑风险控制先后和风险控制措施提供依据。风险管理阶段需要知道各个风险出现的先后顺序。

②通过风险评估，确定各风险事件间的内在联系。工程项目中各种各样的风险事件，其风险源是相同的或有着密切的关联。表面上看起来不相关的多个风险事件常常是由一个共同的风险来源所造成的。例如，若遇上未曾预料到的技术难题，则项目会造成费用超支、进度拖延、产品质量不合要求等多种后果。风险评估就是要从项目整体出发，弄清各风险事件之间确切的因果关系，只有这样，才能制定出系统的风险管理计划，消除风险源。

③通过风险评估，把握风险之间的相互关系，将风险转化为机会。考虑各种不同风险之间相互转化的条件，研究如何才能化风险为机会。还要注意，原以为是机会的但在某些条件下可能会转化为风险。例如，承包商对工程项目施工总承包，它与分项施工承包相比，存在较多的不确定性，即具有较大的风险性，如对某些子项目没有施工经验。但如果承包商把握机会，将部分不熟悉的施工子项目分包给某个有经验的专业施工队伍，对总承包商而言，这可能会挣得更多的利润。

④通过风险评估，可进一步认识已估计的风险发生的概率和引起的损失，降低风险估计过程中的不确定性。如果发现原估计和现状出入较大，必要时应根据项目形势的变化重新分析

风险发生的概率和可能的后果。

⑤通过风险评估，有利于防止重大恶性事故的发生。

⑥通过风险评估，有利于确定控制措施采取的程度。因为任何一项风险控制都必须付出一定的经济代价，而且随着风险程度的减少，所付出的代价就越大。因此，从经济性角度考虑，就应该合理地控制风险程度，通过风险评估，可以确定控制措施采用到什么程度。

3.2　风险评估标准

3.2.1　风险评估标准的制定

1. 风险的度量

前面已经提及，风险比较通用的定义为：风险是事故发生概率与风险造成的环境后果的乘积。由于死亡风险比较直接和容易定义，也易于与生活中的其他风险相比较，因此，人们习惯上把重大事故和死亡相联系。在大多数风险评估中，通常都采用死亡的概率作为风险的度量。

英国健康与安全执行委员会(HSE)提出了基于伤害的风险度量方法：

①几乎使每个人都非常难受。

②相当大的一部分人需要医疗护理。

③有些人严重受伤，需要长时间的医疗护理。

④任何身体非常虚弱的人都有可能死亡。

满足上述条件的风险度量称作“危险”剂量，因为其可以导致死亡。所要评估的风险是曝露在危险剂量下的风险。

2. 基本原则

在制定风险接受准则时应遵循以下原则：

①重大危害对员工个人或公众成员造成的风险不应显著高于人们在日常生活中接触到的其他风险。

②只要合理可行，任何重大危害的风险都应努力降低。

③在有重大危害风险的地方，具有危害性的开发项目不应对现有的风险造成显著的增加。

④如果一个事件可能造成较严重的后果，那么应努力降低此事件发生的频率，也就是要努力降低社会风险。

3.2.2　风险评估的最低合理可行(ALARP)原则

ALARP(As Low As Reasonably Practicable，最低合理可行)原则的含义是：任何工业系

统都是存在风险的，不可能通过预防措施来彻底消除风险；而且，当系统的风险水平越低时，要进一步降低就越困难，其成本往往呈指数曲线上升。也可以这样说，安全改进措施投资的边际效益递减，最终趋于零，甚至为负值。因此，必须在工业系统的风险水平和成本之间做出一个折中。为此，实际工作人员常把"ALARP 原则"称为"二拉平原则"。ALARP 原则可用图 3-1 来表示。

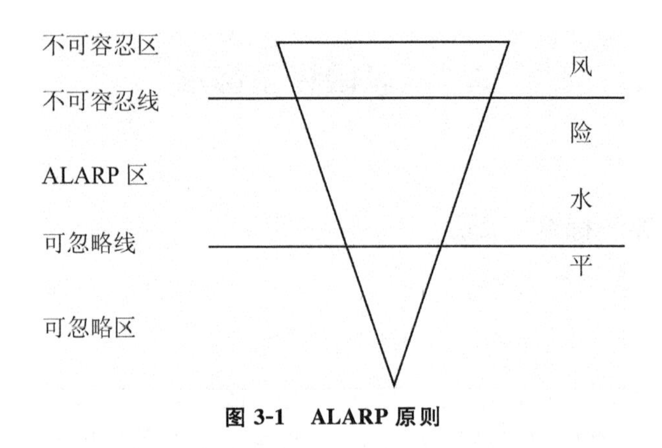

图 3-1 ALARP 原则

其内涵包括：

（1）对工业系统进行定量风险评估，如果所评估出的风险指标在不可容忍线之上，则落入不可容忍区。此时，除特殊情况外，该风险是无论如何不能被接受的。

（2）如果所评出的风险指标在可忽略线之下，则落入可忽略区。此时，该风险是可以被接受的，无须再采取安全改进措施。

（3）如果所评出的风险指标在可忽略线和不可容忍线之间，则落入"可容忍区"，此时的风险水平符合"ALARP 原则"。此时，需要进行安全措施投资成本—风险分析（Cost-Risk Analysis），如果分析成果能够证明进一步增加安全措施投资对工业系统的风险水平降低贡献不大，则风险是"可容忍的"，即可以允许该风险的存在，以节省一定的成本。

1."ALARP 原则"的经济本质

同工业系统的生产活动一样，采取安全措施、降低工业系统风险的活动也是经济行为，同样服从一些共同的经济规律。在经济学中，主要用生产函数理论来描述和解释工业系统的生产活动。下面是有关学者建立的与生产函数类似的风险函数，用来描述和解释工业安全工作，并在此基础上根据边际产出变化规律来分析"ALARP 原则"的经济本质。

根据边际产出的变化规律，分析风险产出可以得出如下结论：

（1）如果对工业系统不采取任何安全措施，则系统将处于最高风险水平。

（2）在安全措施投资的投入过程中，风险并不是呈线性降低的，而是同生产要素的边际产出一样先递增后递减。也就是说，风险管理的安全投入有一个最佳经济效益点。

（3）在一定的技术状态下，工业系统的风险水平降到一定程度后将不再随着安全投入的增加而明显降低。这也说明系统的风险是不可能完全消除的，只能控制在一个合理可行的范围内。

2. 个人风险"ALARP 原则"的含义

下面是以个人风险为例说明"ALARP 原则"的含义，有关专家曾经对个人的死亡风险做过调查，下表分别是英国和美国的个人风险统计表。通过这些数据可以将个人风险上限设为 10^{-3}，下限设为 10^{-6}。

表 3-1 英国各行业的个人风险统计

人员类别	风险模式	适用时期	个人风险（死亡数/人·年）
海上工作人员	海上死亡风险	1980—1998	0.88×10^{-3}
深海渔业人员	在注册的船上死亡风险	1990	1.34×10^{-3}
煤矿工人	采煤时死亡风险	1986.7—1990.1	0.14×10^{-3}
英国国民	由于各种事故的死亡风险	1989	0.24×10^{-3}
英国国民	由于车祸的死亡风险	1989	0.10×10^{-3}

表 3-2 美国各种原因引起的个人死亡风险统计

事故类别	1979 年死亡总人数	个人死亡风险率（死亡数/人·年）	事故类别	1979 年死亡总人数	个人死亡风险率（死亡数/人·年）
汽车	55791	3×10^{-4}	触电	1488	6×10^{-6}
坠落	17827	9×10^{-5}	铁道	884	4×10^{-6}
火灾与烫伤	7451	4×10^{-5}	雷击	160	5×10^{-7}
淹溺	6181	2×10^{-5}	飓风	118	4×10^{-7}
中毒	4516	3×10^{-5}	旋风	90	4×10^{-7}
枪击	2309	1×10^{-5}	其余	8695	4×10^{-5}
机械事故(1968)	2054	1×10^{-5}	全部事故	115000	6×10^{-4}
航运	1743	9×10^{-6}	核事故(100 座反应堆)	—	2×10^{-10}
航空	1788	9×10^{-6}			
落物击伤	1271	6×10^{-6}			

根据统计得出的个人风险上限和风险下限，我们可以得到个人风险的"ALARP 原则"，如表 3-3 所示。

如果风险水平超过上限(年个人风险 10^{-3})，则落入"不可容忍区"。此时，除特殊情况外，该风险是无论如何不能被接受的。

如果风险水平低于下限(年个人风险 10^{-6}),则落入"可忽略区"。此时,该风险是可以被接受的,无须再采取安全改进措施。

表 3-3 个人风险"ALARP原则"

不可容忍区	风险水平(年个人风险)$>10^{-3}$ 风险不能证明是合理的
可容忍区 ("ALARP原则")	只有当证明进一步降低风险的成本与所得的收益极不相称时,风险才是可容忍的
可忽略区	风险水平(年个人风险)$<10^{-6}$ 风险可以接受,无须再论证或采取措施

如果风险水平在上限和下限之间,则落入"可容忍区",此时的风险水平符合最低合理可行原则,是"可容忍的",即可以允许该风险的存在,以节省一定成本。而且工作人员在心理上愿意承受该风险,并具有控制该风险的信心。但是,"可容忍的"并不等同于"可忽略的",工作人员必须认真全面地研究"可容忍的"风险,找出其作用规律,做到心中有数,这一点可以通过风险评估做到。

3.2.3 个人风险标准与社会风险标准

在制定定量风险评估标准时最简单和最直接的方法是:对个人风险定义一个标准值,如果个人风险水平大于这个标准值,则认为这种风险是不可接受的,如果小于这个标准值,则认为可以接受。对于社会风险来说,定义一个标准的F/N曲线,如果社会风险水平在这个标准曲线以上,则认为这种风险是不可接受的,如果在这个标准曲线以下,则认为可以接受。这样制定的风险标准容易使用,但是在实际应用过程中,评估标准应当有一定的灵活性。目前普遍接受的风险评估标准一般都可分为上限、下限和上下限之间的"灰色"区域3个部分。"灰色"区域内的风险,需要根据开发项目和当地的具体情况采用包括成本—效益分析等手段进行详细的分析,以确定合理可行的措施来。

1. 个人风险标准

在制定个人风险标准时,需要了解人们在日常生活中接触到的风险的水平,比如交通事故的风险、致命疾病的风险等。英国(HSE,1988年)的交通事故的死亡风险是每年 10^{-4},雷击死亡的风险是每年 10^{-7},美国由于自然灾害造成的死亡风险水平大约是每年 5×10^{-6},挪威大约是每年 2×10^{-6}。

Kletz(1982年)提出工业设施对距离最近居民的最大死亡风险水平是每年 10^{-6},这一风险水平在英国、美国和丹麦等国的一些公司的内部风险分析中使用了许多年。Ramsey提出大型管线对距离最近居民的最大死亡风险水平是每年 10^{-4},Taylor等(1989年)提出个人死亡风险水平最大是每年 10^{-6}。表3-4中列出了英国、荷兰等国家和机构指定的个人风险标准。

表3-4 部分国家或机构制定的个人风险标准

国家或机构	适用范围	最大可接受的风险	可以忽略不计的风险
荷兰	新建工厂	10^{-6}	无
荷兰	现有工厂	10^{-5}	无
英国(HSE)	现有危险性工业	10^{-5}	10^{-6}
英国(HSE)	新建核电站	10^{-5}	10^{-5}
英国(HSE)	现有危险物品运输	10^{-4}	10^{-6}
中国香港特区	新建工厂	10^{-6}	无
澳大利亚新南威尔士	新建工厂	10^{-5}	无
美国加利福尼亚圣巴巴拉	新建工厂	10^{-5}	10^{-6}

英国(HSE,1989年)为邻近重大危害性工业设施的土地利用规划提出的风险下限是每年 10^{-6},但这里所说的风险是指接受危险剂量的风险而不是死亡风险。对一部分高危人群来说,危险剂量会导致死亡,这一标准等于每年 10^{-7} 的死亡率,而对于大多数人来说,相当于每年 0.333×10^{-6} 的死亡率风险。

对于危害性工业设施,应采用严格的标准,英国(HSE,1989年)以每年 10^{-5} 作为上限。从以上分析可以看出,英国(HSE)为邻近重大危害性工业设施的土地利用规划所提出的个人风险的上限是英国的交通事故死亡风险的1/10,下限(可以忽略不计)的风险大约是被雷击而导致死亡的风险的10倍。

2.社会风险标准

制定社会风险标准的一种方法是,利用某种特定危害现有的F-N曲线,向下平移一定距离作为社会风险标准的F-N曲线,也就是取现有F-N值的一部分作为标准。社会风险的标准应足够的低,以便于在可预见的将来所有符合标准的开发项目不会对现有的社会风险造成很大增长。

荷兰(1979年)提出的可接受的社会风险标准:导致一个人死亡的社会风险水平每年 10^{-6} 是F-N曲线的起点,F-N曲线与死亡人数的平方成反比下降。在灰色区域中可以寻求安全的改进,尽可能地降低风险,这个灰色区域的上限是死亡人数为1000人。

Taylor等人(1989年)也提出了社会风险标准(图3-2),并在许多国家的大约50多个工厂得到了应用。该标准导致一个人死亡的社会风险水平是每年 10^{-4},并提出应当考虑严重或永久性伤害,以及后续伤害的可能性。

英国(HSE,1989年)在邻近重大危害性工业设施的土地利用规划中,对社会风险的处理是将各种类型的开发项目换算成相应规模的住宅开发项目，然后根据其个人风险水平和住宅项目的规模来判断风险的大小，据此提出可接受的风险水平为：

(1)为超过 25 人提供住宅的开发项目的个人风险水平小于每年 10^{-5}。

(2)为超过 75 人提供住宅的开发项目的个人风险水平小于每年 10^{-6}。

(3)对于零售和休闲设施来说，中等大小的项目小于每年 10^{-5}，大型项目小于每年 10^{-6}。

(4)如果涉及福利设施(医院、护理中心等)时，应采用更严格的标准。

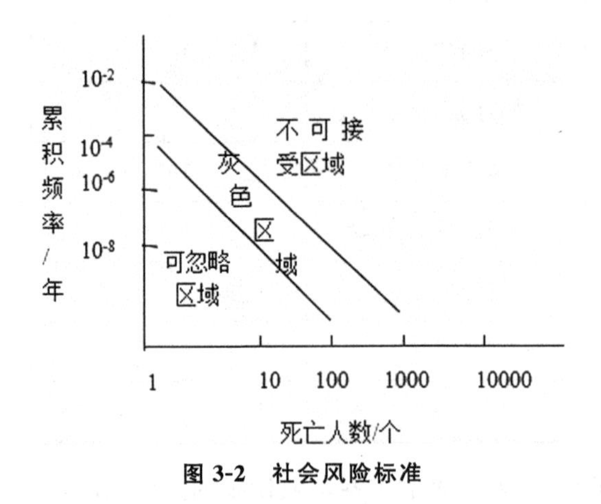

图 3-2　社会风险标准

由此可见，风险可接受程度对于不同国家和不同行业，根据系统、装置的具体条件有着不同的标准。风险评估标准是为管理决策服务的，风险评估标准的制定必须是科学、实用的，即在技术上是可行的，在应用中有较强的可操作性。标准的制定，首先要反映公众的价值观、灾害承受能力。不同地域、人群，由于受价值取向、文化素质、心理状态、道德观念、宗教习俗等诸多影响因素，承灾力差异大。其次，风险评估标准必须考虑社会的经济能力，标准过严，社会经济能力无法承担，就会阻碍社会发展。因此必须进行费用—效益分析，寻找平衡点，优化标准，从而制定科学、合理的风险评估标准。

3.3　风险评估程序与方法

3.3.1　风险评估程序

风险评估程序流程见图 3-3。

风险评估各步骤的主要内容为：

(1)准备阶段。明确被评估对象和范围，进行现场调查和收集国内外相关法律法规、技术标准及建设项目资料。

(2)资料收集。明确评估的对象和范围、国内外的相关法律和标准，了解同类设备或工艺的生产和事故状况等。

(3)危险、有害因素辨识与分析。根据建设项目周边环境、生产工艺流程或场所的特点,识别和分析其潜在的危险、有害因素。确定风险评估单元是在危险、有害因素识别和分析基础上,根据评价的需要,将建设项目分成若干个评价单元。划分评价单元的一般性原则是按生产工艺功能、生产设施设备相对空间位置、危害有害因素类别及事故范围划分评价单元,使评价单元相对独立,具有明显的特征界限。

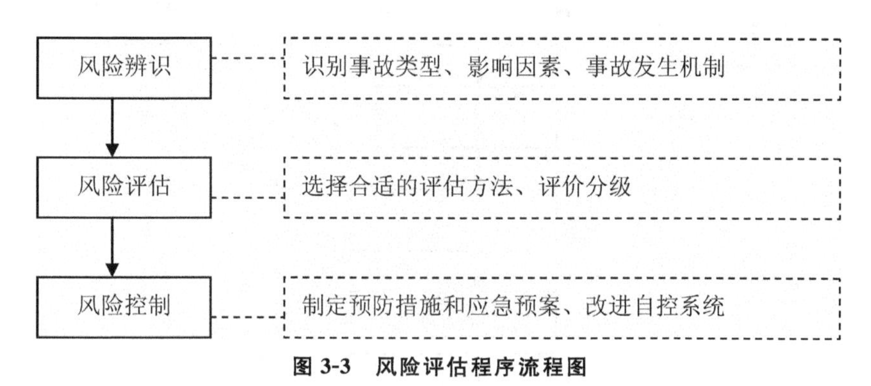

图 3-3　风险评估程序流程图

(4)确定评估方法。根据被评估对象的特点,选择科学、合理、适用的定性、定量评估方法。常用风险评估方法有:事故致因因素风险评估方法、能够提供危险度分级的风险评估方法、可以提供事故后果的风险评估方法。

(5)定性、定量评估。根据选择的评估方法,对危险、有害因素导致事故发生的可能性和严重程度进行定性、定量评估,以确定事故可能发生的部位、层次、严重程度的等级及相关结果,为制定安全对策措施提供科学依据。

(6)安全对策措施及建议。根据定性、定量评估结果,提出消除或减弱危险、有害因素的技术和管理措施及建议。安全对策措施应包括以下几个方面:总图布置和建筑方面安全措施;工艺和设备、装置方面安全措施;安全工程设计方面对策措施;安全管理方面对策措施;应采取的其他综合措施。

(7)风险评估结论。简要列出主要危险、有害因素评估结果,指出建设项目应重点预防的重大危险、有害因素,明确应重视的重要安全对策措施,给出建设项目从安全生产角度是否符合国家有关法律、法规、技术指标的结论。

(8)编制风险评估报告。风险评估报告应当包括以下重点内容:A. 概述,包括 a 风险评估依据,有关风险评估的法律、法规及技术标准,建设项目可行性研究报告等建设项目相关文件;风险评估参考的其他资料;b 建设单位简介;c 建设项目概况,建设项目选址、总图及平面布置、生产规模、工艺流程、主要设备、主要原材料、中间体、产品、经济技术指标、公用工程及辅助设施等。B. 生产工艺简介。C. 风险评估方法和评价单元,包括 a 风险评估方法简介;b 评价单元确定。D. 定性、定量评价,包括 a 定性、定量评价;b 评价结果分析。E. 安全对策措施及建议,包括 a 在可行性研究报告中提出的安全对策措施;b 补充的安全对策措施及建议。F. 风险评估结论。

图 3-4 给出风险评估的基本流程。

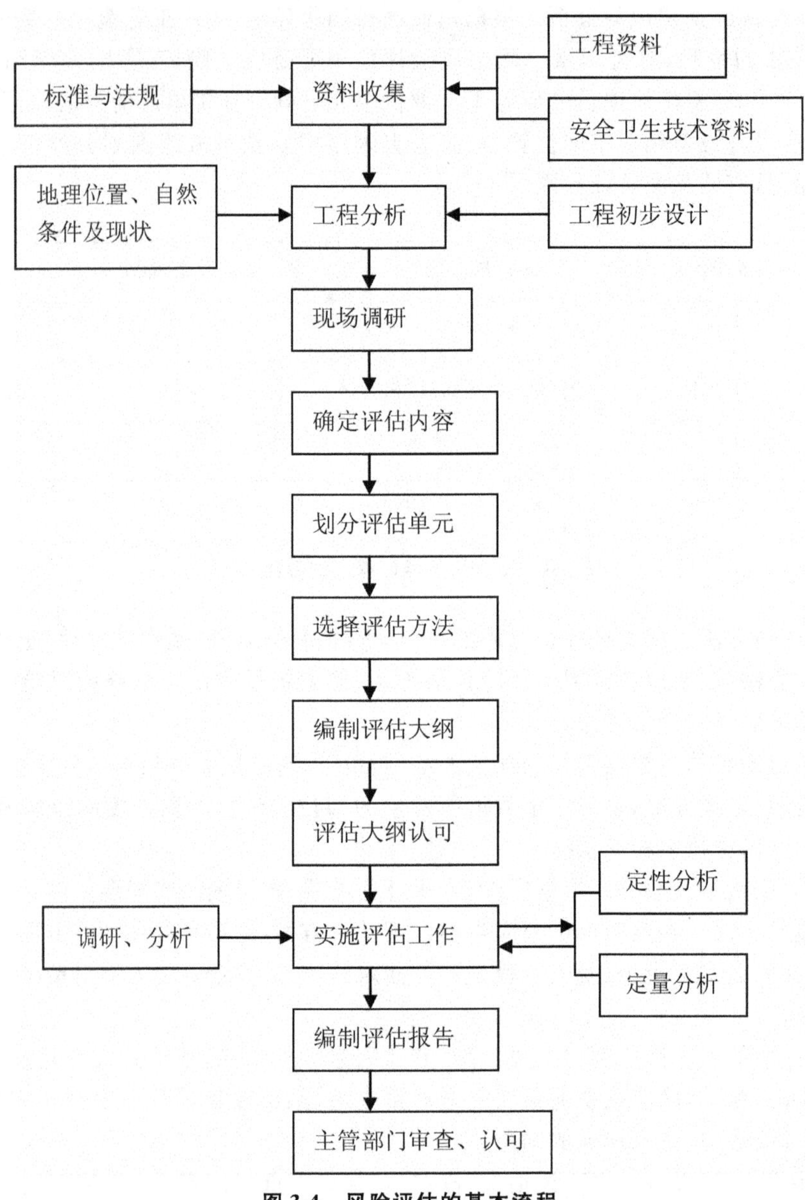

图 3-4　风险评估的基本流程

3.3.2　风险综合评估方法

风险评估最简单的方法是在所有项目风险中找出最严重者，将其与评估标准相比较，若高于评估标准则拒绝该风险，即放弃该项目或项目的方案；若低于其评估标准，则接受该风险，即实施该项目或项目的方案。这方法虽是最简单，但也是最保守的，其假定在项目的实施过程中始终存在着最严重的风险，忽视了时间的因素和事物发展变化的规律，在一定程度上也否定了风险管理的必要性。

改进上述方法的思路是：充分利用在工程项目管理中收集到的各种信息以及管理人员以往的经验积累，首先，对单个风险按单项指标进行评估，并根据风险的大小，将其排序；其次，对项目整体风险进行评估；最后，制定风险控制措施。

风险评估方法有三大类：定性风险评估方法、定量风险评估方法和定性定量相结合的方法，这里主要介绍前两类。

1. 定性风险评估方法

定性风险评估法，也称主观评分法，其是一种最常用、最简单，又是易于应用的风险评估方法。这种方法分3步进行：首先，识别和评估对象相关的风险因素、风险事件或发生风险的环节，列出风险调查表；其次，请有经验的专家对可能出现的风险因素或风险事件的重要性进行评估；最后，综合整体的风险水平。下面用2个例子说明这种方法的具体应用。

例1 某公司对海外某一国家的水电工程投标。在投标前，项目经理组织有关人员对投标风险进行评估，并采用了综合评分法，评估步骤如下：

第一步，识别可能发生的各种风险事件，见表3-5。

第二步，由专家们对可能出现的风险因素或风险事件的重要性进行评估，给出每一风险事件的权重，用其反映某一风险因素对投标风险的影响程度。

第三步，确定每一风险事件发生的可能性，并分5个等级表示。

第四步，将每一风险事件的权重与风险事件可能性的分值相乘，求出该风险事件的得分；再将每一风险事件的得分累加，得到投资风险总分，其即为投标风险评估的结果。显然，风险总分越高，说明投标风险越大。

第五步，将投标风险评估结果和评估标准进行比较。根据该公司的经验，采用这种方法评估投标风险的风险标准为0.8左右。显然，本投标项目的评估结果小于该标准，是可以接受的。因此，这个工程标是可以去投标的。

表3-5 投标风险综合评估表

可能的风险事件	权重 W	风险事件发生的可能性 C					$W\times C$
		很大(1.0)	比较大(0.8)	中等(0.6)	不大(0.4)	较小(0.2)	
政局不稳	0.05			√			0.03
物价上涨	0.15		√				0.12
业主支付能力	0.10			√			0.06
技术难度	0.20					√	0.04
工期紧迫	0.15			√			0.09
材料供应	0.15		√				0.12
汇率变化	0.10			√			0.06
无后续项目	0.10				√		0.04
$\sum W\times C=0.56$							

例 2 某拟建设工程项目，需对该项目整体风险水平进行评估，并做出是否实施该工程项目的决策。

对该工程项目进行评估分下列步骤进行：

第一步，将工程项目的建设过程分为 5 个过程，经识别在每一过程中存在的风险有费用、工期、质量、组织和技术 5 个方面，详见下表 3-6。

第二步，请有经验的专家对每一建设过程的每一风险赋分值，并假设每一风险的分值为 0～9 共 10 等级。其中 0 表示没有风险，9 表示风险最大。每一风险因素的分值如表所示。

第三步，计算每一建设过程中每一风险因素的分值之和；计算每一风险因素的不同建设过程的分值之和；然后计算赋分的总分值。由表可见，其总分值为 114。

第四步，分析总体风险水平。由于每一风险因素的最大值为 9，显然，表中最大的风险值之和应为：5×5×9＝225。而表中的实际总分值为 114，因此该工程项目的整体风险水平为 114/225＝0.5067。

第五步，将该工程项目的风险评价结果和评价标准进行比较。设定采用该方法评价的工程项目整体风险的标准为 0.6。显然，实际风险水平低于风险标准，该工程项目的风险水平是可以接受的，即该工程项目是可以考虑实施的。

表 3-6　工程项目的建设过程

风险类别 / 建设过程	费用风险	工期风险	质量风险	组织风险	技术风险	合计
可行性研究	5	6	3	8	7	29
工程设计	4	5	7	2	8	26
工程招标	6	3	2	3	8	22
工程施工	9	7	5	2	2	25
工程试运行	2	2	3	1	4	12
合计	26	23	20	16	29	114

从上述 2 例可见，综合评估法很简单，但该方法的可靠性主要决定于专家赋分的客观性和评估标准的合理性。若专家赋分和评估标准比较客观，则其结果基本是可信的；若专家赋分不能比较客观地反映实际，或者评估标准不合理，则评估结果的可信度是比较低的。然而，不管如何，综合评估法同时考虑了众多因素对整体风险的影响，它的评估结果的可信度总要比仅考虑单因素的评估结果的可信度要高。

2. 定量风险评估方法

(1)等风险图法

工程项目风险的大小不仅和风险事件发生的概率相关，而且还与风险损失的多少有关。评估风险的大小，常用如图 3-5 所示等风险图表示。在图中，工程项目风险量的大小 R 为风险

出现概率 P_r 和潜在的损失值 q 的函数。

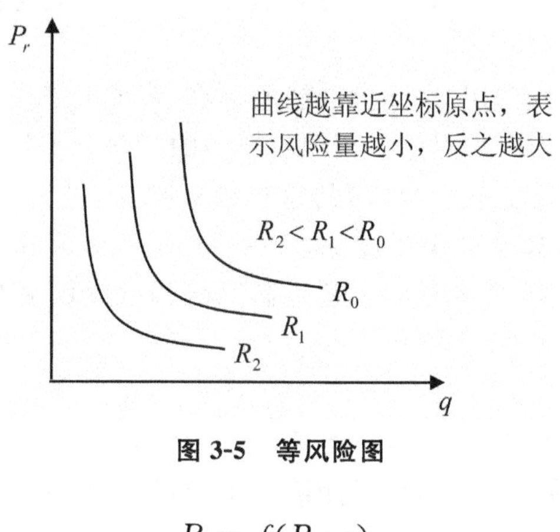

图 3-5　等风险图

$$R = f(P_r, q)$$

R 具有下列性质：

①在工程项目风险管理中，一般认为，潜在损失对 R 的影响较大。有严重潜在损失的风险，其虽不经常出现，但比虽经常发生，但无大灾的风险要可怕。

②若两种风险的潜在损失相类似，则其发生频率高的风险具有较大的 R。

③风险评估图中每条曲线代表一个风险事件，不同曲线风险程度不一样。曲线距离原点越远，期望损失越大，一般认为风险就越大。

④工程项目风险发生频率与潜在损失的乘积就是损失期望值，即风险量大小是关于损失期望值的增函数。因此，可得到图中等风险量图的大致形状。在风险理论中常用下列公式来计算 R。

$$R = f(P_r, q) = P_r \cdot q$$

或

$$R = \sum_{i=1}^{n} P_{ri} \cdot q_i$$

其中，$i = 1,2,3,\cdots,n$ 表示工程项目的第 i 风险事件。

(2)模糊综合评估法

模糊数学是近 30 年来发展起来的一门新兴学科，是使用数学方法来研究和处理模糊现象的科学。它以崭新的理论和独特的方法，冲破了精确数学的局限，巧妙地处理了客观世界中存在的模糊现象，正越来越多地发挥其在方法论上的指导作用。它不仅扩充了经典数学的内容，而且被广泛地应用于实践中。目前，在管理科学、自动控制、天气预报、商品质量评估等自然科学和社会科学的许多领域取得了令人瞩目的成果，显示出强大的生命力和渗透力。近年来，在建设项目风险管理方面，也得到了非常广泛的应用，成了该研究领域中的热点之一。

美国学者 L. A. Zadeh 在 1995 年就提出了模糊集理论，此后该理论在工程技术和管理领域得到较为广泛的应用。模糊综合评估法是利用模糊集理论评估工程项目风险的一种方法。工程项目风险很大一部分难以用完全定量的精确数据加以描述，这种不能定量的或精确的特性就是模糊性。该综合评估法根据模糊数学的隶属度理论把定性评价转化为定量评估，即用模糊数学对受到多种因素制约的事物或对象做出一个总体的评估。它具有结果清晰、系统性强的特点，能较好地解决模糊的、难以量化的问题，适合各种非确定性问题的解决。

1)模糊的概念及度量

在工程项目风险评估中，常用“风险大”或“风险小”等词汇来描述，这种描述虽没有给出具体的风险率和可能的损失，但人们对该工程项目风险的状况有了基本的了解，并可考虑适当的风险应对措施。为了能定量地描述对风险的这种模糊概念，可引进隶属度的概念，并用A表示隶属度。如，某工程项目风险的隶属度A，A＝(1/90％，0.5/60％，0.2/30％，0/10％)表示风险率为90％者为高风险，风险率为60％者为高风险的程度仅为0.5等，依次类推。显然此处隶属度A表征了模糊性。

2)模糊运算法则

因模糊性用隶属度A来描述，显然其运算也应为模糊运算。这里对模糊集合的并运算、交运算和乘积运算做简要介绍。设有模糊矩阵R和S，其分别为：

$$R=\begin{bmatrix}0.6 & 0.3\\0.5 & 0.7\end{bmatrix}\qquad S=\begin{bmatrix}0.8 & 0.2\\0.5 & 0.6\end{bmatrix}$$

则定义R和S的并运算为两中取大，即

$$R\cup S=\begin{bmatrix}0.6\cup 0.8 & 0.3\cup 0.2\\0.5\cup 0.5 & 0.7\cup 0.6\end{bmatrix}=\begin{bmatrix}0.8 & 0.3\\0.5 & 0.7\end{bmatrix}$$

定义R和S的交运算为两中取小，即

$$R\cap S=\begin{bmatrix}0.6\cap 0.8 & 0.3\cap 0.2\\0.5\cap 0.5 & 0.7\cap 0.6\end{bmatrix}=\begin{bmatrix}0.6 & 0.2\\0.5 & 0.6\end{bmatrix}$$

模糊矩阵的乘积定义记为$C=R\cdot S$，定义为

$$C_{ij}=\bigcup_{k}(r_{ij}\cap s_{kj})$$

$$R\cdot S=\begin{bmatrix}(0.6\cap 0.8)\cup(0.3\cap 0.5) & (0.6\cap 0.2)\cup(0.3\cap 0.6)\\(0.5\cap 0.8)\cup(0.7\cap 0.5) & (0.5\cap 0.2)\cup(0.7\cap 0.6)\end{bmatrix}$$

$$=\begin{bmatrix}0.6 & 0.3\\0.5 & 0.6\end{bmatrix}$$

3)模糊综合评估方法的步骤

采用模糊综合评估法进行风险评估的基本思路是：综合考虑所有风险因素的影响程度，并设置权重区别各因素的重要性，通过构建数学模型，推算出风险的各种可能性程度。其中可能性程度高者为风险水平的最终确定值。其主要步骤是：

①选定评估因素，构成评估因素集。

评估一个项目的风险，人们主要关心的是它的技术风险、进度风险等方面。在因素集中$U=\{u_1,u_2,\cdots,u_n\}$中，应该尽量用最少的因素来概括和描述问题，以达到简化计算的目的。

②根据评估的目标要求，划分等级，建立评估集。

评估集是专家利用自己的经验和知识对项目因素对象可能做出的各种总的评判结果所组成的集合。一般情况下，评估集有如下几种：V＝{大，中，小}或V＝{高，中，低}，V＝{优，良，中，劣}，V＝{好，较好，一般，较差，差}。

③对各风险要素进行独立评估，建立模糊关系矩阵即建立从U到V的模糊关系R，即对

单因素进行评估。

采用专家评审打分的方法建立模糊关系矩阵 $R(r_{ij})$。由若干名专家对各因素 r_{ij} 进行评估：r_{ij}＝选择 V 中某一因素评估结果的专家人数/总的专家人数，得模糊矩阵 R。

$$R=\begin{bmatrix} r_{11} & r_{12} & \cdots & r_{1n} \\ r_{21} & r_{22} & \cdots & r_{2n} \\ \cdots & \cdots & \cdots & \cdots \\ r_{m1} & r_{m2} & \cdots & r_{mn} \end{bmatrix}$$

④根据风险要素影响程度，建立权重集。

权重集反映了因素集中各因素不同的重要程度，一般通过对各个因素 $u_i(i=1,2,\cdots,n)$ 赋予一相应的权数 $a_i(i=1,2,\cdots,m)$，这些权数所组成的集合 $A=\{a_1,a_2,\cdots,a_n\}$ 称为因素权重集，简称权重集。

权重的确定，在项目风险综合评估中是一项非常重要的工作，同样的因素，如果取不同的权重，那么最终的评判结果将会不一样。一般用如下的几种方法来确定权重集：1)评估专家共同讨论决定；2)两两对比法；3)层次分析法。

⑤运用模糊数学运算方法，确定综合评估结果。

模糊综合评估的结果为 $B=WR$。

权重集 W 可视为一行 m 列的模糊矩阵，上式按模糊矩阵乘法进行运算，即有：

$$B=(W_1W_2\cdots W_m)\times\begin{bmatrix} r_{11} & r_{12} & \cdots & r_{1n} \\ r_{21} & r_{22} & \cdots & r_{2n} \\ \cdots & \cdots & \cdots & \cdots \\ r_{m1} & r_{m2} & \cdots & r_{mn} \end{bmatrix}$$

式中：B 为模糊综合评估集；$b_j(j=1,2,\cdots,n)$ 为模糊综合评判指标。对 B 进行归一化处理，有：$\overline{b_j}=\dfrac{b_j}{\sum\limits_{j=1}^{n}b_j}$，$B=(\overline{b_1},\overline{b_2},\cdots,\overline{b_n})$ 。

⑥根据计算分析结果，确定项目风险水平。

4)应用举例

某矿务局的模糊综合风险评估如下所述。

某矿务局在开展安全生产大检查过程中，对下属的9个矿井的安全状况进行评估，按照有关矿井生产条例以及该局的评比方法规定，各个矿井所得分数见表3-7。

①评估对象的因素集为

$$U=\begin{Bmatrix} u_1(\text{伤亡事故}) \\ u_2(\text{非伤亡事故}) \\ u_3(\text{违章情况}) \\ u_4(\text{事故经济损失}) \\ u_5(\text{事故影响产量}) \\ u_6(\text{安全管理制度}) \end{Bmatrix}$$

②建立评估集为

$$V=\left\{\frac{v_1}{矿\ A}\ \frac{v_2}{矿\ B}\ \frac{v_3}{矿\ C}\ \frac{v_4}{矿\ D}\ \frac{v_5}{矿\ E}\ \frac{v_6}{矿\ F}\ \frac{v_7}{矿\ G}\ \frac{v_8}{矿\ H}\ \frac{v_9}{矿\ I}\right\}$$

表 3-7　各矿井检查得分汇总

矿井名称	编号及其评估项目					
	1	2	3	4	5	6
	伤亡事故	非伤亡事故	违章情况	事故经济损失	事故影响产量	安全管理制度
矿井 A	80	52	88	70	82	90
矿井 B	40	50	70	89	76	85
矿井 C	70	86	80	100	60	90
矿井 D	28	36	70	74	65	56
矿井 E	0	92	62	78	68	81
矿井 F	38	30	69	0	0	80
矿井 G	50	68	96	100	100	75
矿井 H	63	82	49	52	87	90
矿井 I	45	86	57	36	46	71

③建立模糊关系矩阵。列出单因素评估矩阵，已知：

$$V=\{v_1\,v_2\,v_3\,v_4\,v_5\,v_6\,v_7\,v_8\,v_9\}$$

$$U=\{u_1\,u_2\,u_3\,u_4\,u_5\,u_6\}$$

则模糊矩阵为

$$R=\begin{bmatrix} r_{11} & r_{12} & r_{13} & r_{14} & r_{15} & r_{16} & r_{17} & r_{18} & r_{19} \\ r_{21} & r_{22} & r_{23} & r_{24} & r_{25} & r_{26} & r_{27} & r_{28} & r_{29} \\ r_{31} & r_{32} & r_{33} & r_{34} & r_{35} & r_{36} & r_{37} & r_{38} & r_{39} \\ r_{41} & r_{42} & r_{43} & r_{44} & r_{45} & r_{46} & r_{47} & r_{48} & r_{49} \\ r_{51} & r_{52} & r_{53} & r_{54} & r_{55} & r_{56} & r_{57} & r_{58} & r_{59} \\ r_{61} & r_{62} & r_{63} & r_{64} & r_{65} & r_{66} & r_{67} & r_{68} & r_{69} \end{bmatrix}$$

将表中的各矿得分均除以 100，得

$$R=\begin{bmatrix} 0.80 & 0.40 & 0.70 & 0.28 & 0.00 & 0.38 & 0.50 & 0.63 & 0.45 \\ 0.52 & 0.50 & 0.86 & 0.36 & 0.92 & 0.30 & 0.68 & 0.82 & 0.86 \\ 0.88 & 0.70 & 0.80 & 0.70 & 0.62 & 0.69 & 0.96 & 0.49 & 0.57 \\ 0.70 & 0.89 & 1.00 & 0.74 & 0.78 & 0.00 & 1.00 & 0.52 & 0.36 \\ 0.82 & 0.76 & 0.60 & 0.65 & 0.68 & 0.00 & 1.00 & 0.87 & 0.46 \\ 0.90 & 0.85 & 0.90 & 0.56 & 0.81 & 0.80 & 0.75 & 0.90 & 0.71 \end{bmatrix}$$

④确定权数。按"专家评议法",确定权数为

$$A = \{0.55 \quad 0.10 \quad 0.06 \quad 0.12 \quad 0.02 \quad 0.15\}$$

⑤模糊计算。

$$B = A \cdot R = (b_1 \quad b_2 \quad b_3 \quad b_4 \quad b_5 \quad b_6 \quad b_7 \quad b_8 \quad b_9)$$

即

$$B = (0.55 \quad 0.10 \quad 0.06 \quad 0.12 \quad 0.02 \quad 0.15)$$

$$\times \begin{bmatrix} 0.80 & 0.40 & 0.70 & 0.28 & 0.00 & 0.38 & 0.50 & 0.63 & 0.45 \\ 0.52 & 0.50 & 0.86 & 0.36 & 0.92 & 0.30 & 0.68 & 0.82 & 0.86 \\ 0.88 & 0.70 & 0.80 & 0.70 & 0.62 & 0.69 & 0.96 & 0.49 & 0.57 \\ 0.70 & 0.89 & 1.00 & 0.74 & 0.78 & 0.00 & 1.00 & 0.52 & 0.36 \\ 0.82 & 0.76 & 0.60 & 0.65 & 0.68 & 0.00 & 1.00 & 0.87 & 0.46 \\ 0.90 & 0.85 & 0.90 & 0.56 & 0.81 & 0.80 & 0.75 & 0.90 & 0.71 \end{bmatrix}$$

$$= (0.7802 \quad 0.5615 \quad 0.7860 \quad 0.4178 \quad 0.3579 \quad 0.4004 \quad 0.6531 \quad 0.6727 \quad 0.5266)$$

将评估结果 $b_j(j = 1,2,\cdots,9)$ 乘以100取整数,得矿井安全管理状况成绩 $S_i(i = 1,2,\cdots,9)$ 为

$$S = (78 \quad 56 \quad 79 \quad 42 \quad 36 \quad 40 \quad 65 \quad 67 \quad 53)$$

⑥给出评估结果。由评估系数 b_i 及转化后的得分 S 可知,矿井安全管理状况的优劣依次为矿井 C、矿井 A、矿井 H、矿井 G、矿井 B、矿井 I、矿井 D、矿井 F、矿井 E。

3.4 风险控制目标与策略

在风险辨识、风险分析之后,接下来的工作是如何有效地控制这些风险,以达到减少事故发生的概率和降低损失程度的目的。风险辨识分析、风险评估是风险管理的基础,风险控制才是风险管理的最终目的,风险控制就是要在现有技术和管理水平上以最少的消耗达到最优的安全水平。其具体控制目标包括降低事故发生频率、减少事故的严重程度和事故造成的经济损失程度。

风险控制是风险管理阶段中的后阶段,也是整个风险管理成败的关键所在。风险控制的目的在于改变生产单位所承受的风险程度,其主要功能是帮助生产单位怎样避免风险,预防损失,降低损失的程度,当损失无法避免的时候,务求尽量降低风险对生产单位所带来的不良影响。

风险控制技术有宏观控制技术和微观控制技术两大类。宏观控制技术以整个研究系统为控制对象,运用系统工程原理对风险进行有效控制。采用的技术手段主要有:法制手段(政策、法令、规章)、经济手段(奖、罚、惩、补)和教育手段(长期的、短期的、学校的、社会的)。微观控制技术以具体的危险源为控制对象,以系统工程原理为指导,对风险进行控制。所采用的手段主要是工程技术措施和管理措施,随着研究对象不同,方法措施也完全不同。宏观控制与微观控制互相依存,互相补充,互相制约,缺一不可。

3.4.1 风险控制的基本原则

为了控制系统存在的风险，必须遵循以下基本原则。

(1)闭环控制原则。系统应包括输入、输出、通过信息反馈进行决策并控制输入这样一个完整的闭环控制过程。显然，只有闭环控制才能达到系统优化的目的。搞好闭环控制，最重要的是必须要有信息反馈和控制措施。

(2)动态控制原则。充分认识系统的运动变化规律，适时正确地进行控制，才能收到预期的效果。

(3)分级控制原则。根据系统的组织结构和危险的分类规律，采用分级控制的原则，使得目标分解，责任分明，最终实现系统总控制。

(4)多层次控制原则。多层次控制可以增加系统的可靠程度。通常包括6个层次：根本的预防性控制、补充性控制、防止事故扩大的预防性控制、维护性能的控制、经常性控制以及紧急性控制。各层次控制采用的具体内容随事故危险性质不同而不同。在实际应用中，是否采用6个层次以及究竟采用哪几个层次，则视具体危险的程度和严重性而定。

3.4.2 风险控制目标

风险控制目标的确定一般要满足以下几个基本要求：

(1)风险控制目标与风险控制主体(如企业或建设工程的业主)总体目标的一致性。

(2)目标的现实性，即确定目标要充分考虑其实现的客观可能性。

(3)目标的明确性，以便于正确选择和实施各种方案，并对其效果进行客观的评价。

(4)目标的层次性，从总体目标出发，根据目标的重要程度，区分风险控制目标的主次，以利于提高风险控制的综合效果。

风险控制的具体目标还需要与风险事件的发生联系起来。就建设工程而言，在风险事件发生前，风险控制的首要目标是使潜在损失最小，这一目标要通过最佳的风险对策组合来实现；其次，是减少忧虑及相应的忧虑价值。忧虑价值是比较难以定量化的，但由于对风险的忧虑，分散和耗用建设工程决策者的精力和时间，却是不争的事实。最后，是满足外部的附加义务，例如政府明令禁止的某些行为、法律规定的强制性保险等。

在风险事件发生后，风险控制的首要目标是使实际损失减少到最低程度。要实现这一目标，不仅取决于风险对策的最佳组合，而且取决于具体的风险对策计划和措施。其次，是保证建设工程实施的正常进行，按原定计划建成工程。同时，在必要时还要承担社会责任。

从风险控制目标与风险控制主体总体目标一致性的角度，建设工程风险控制的目标通常更具体地表述为：(1)实际投资不超过计划投资；(2)实际工期不超过计划工期；(3)实际质量满足预期的质量要求；(4)建设过程安全。

3.4.3 风险控制策略

工程项目的风险控制涉及技术、经济、法律、道德和当事者的价值取向等诸多因素，可能要同时采用不同的策略与措施处理系统内的各种风险。有效的风险控制是工程系统与项目安全的保障。这里的策略是指根据风险的不同来源与水平，采取不同的应对方式或途径；如规避风险、减轻风险、分散风险、接受风险等。

1.风险承担

当系统或项目的总体风险已降到可接受水平以下，继续降低某项风险，对风险承担者来说，投入的边际效益为负，应采取接受风险的策略。

(1)风险承担的内涵

风险承担(Risk Retention)，亦称风险接受(Risk Acceptance)，是一种由项目主体自行承担风险后果的一种风险应对策略。这种策略意味着工程项目主体不改变项目计划去应对某一风险，或项目主体不能找到其他适当的风险应对策略，而采取的一种应对风险的方式。

接受风险是指项目管理层有意识地选择承担风险所造成的后果，觉得自己可以承担损失时，就可用这种策略。例如，当项目风险发生的概率较低或后果不严重时，可采取这种策略。项目管理者在识别和评估风险的基础上，对各种可能的风险处理方式进行比较，权衡利弊，从而决定将风险留置内部，由项目组织自己承担风险损失的全部或部分。由于在风险管理规划阶段已对一些风险有了准备，所以当风险事件发生时可以立即执行应急计划。主动地接受风险是一种有周密计划、有充分准备的风险处理方式。

接受风险是处理残余风险的一种技术措施。例如，当对某风险采取减轻风险的措施后，该风险发生概率减少，后果减轻，但风险仍然存在，而项目组织认为此风险水平可接受时则可采用接受风险的措施。有时风险转移不出去，没有别的选择只能自留风险。例如，项目组织采用保险的方式把风险转移给保险公司，但保险合同常常有一些除外责任，因而，实际上保险公司只承担了部分潜在损失。另一部分潜在损失，若不能控制，或无法转移给别人，项目组织只能接受。

(2)风险承担的类型

在工程项目风险控制中，可将风险承担分为主动风险承担和被动风险承担。

①主动风险承担。其是指工程项目风险管理者在识别风险及其损失，并权衡了其他处置风险技术后，主动将风险承担作为应对风险的措施，并适当安排了一定的财力准备。主动风险承担的特点是：已经把握了风险及其可能的后果，并比较了其他处置方式的利弊，是在不愿意采用其他处置方式后做的选择。从风险控制的角度看，若能直接用于处理风险事件，其是较经济的。但要注意到，这种方式的应用条件是对风险发生的可能性和损失后果应充分把握，并不能超过工程项目主体的风险承载能力。

②被动风险承担。其是指在未能识别和评估风险及其损失的后果，没有考虑到其他处置风险措施的条件下，被迫由自己承担损失后果的处置风险的方式。它是一种被动的、无意识的风险处置方式，往往会造成严重的财务后果。显然被动风险承担是不可取的，其没有任何准备，包括风险管理者心理上的准备，以及应对风险财力和物力上的准备。这常常会造成工程项目上很坏的财务后果，对承包商而言，在某些情况下可能会危及其正常的生存和发展。

(3)风险承担的特性

工程项目风险承担具有下列特性:

①风险承担是一种风险财务技术,其明知有风险发生而不去转移或控制。风险承担是指风险损失一旦出现后,依靠项目主体自己的财力,去弥补财务上的损失。风险承担不同于风险规避,其不去设法避免风险,而是任风险发生,并承担风险损失;风险承担不同于风险转移,其不是将风险转移给他人,而是由自己承担;风险承担也不同于各种风险损失控制方法,其不去采取专门的预防措施。

②风险承担要求对风险损失有充分的估计,其损失不超过项目主体的风险承载能力。采用风险承担应对措施,其风险全由该项目主体承担,因此必须掌握风险可能引起的损失严重程度,以及是否超出了项目主体的承载能力。从这一点也可知,风险承担的前提应有较完备的风险信息。

③风险承担要求工程项目主体制定后备措施。风险承担一般在事先对风险不加控制,但有必要制定一个应对计划,以备风险发生之用。提前制定风险应对计划可以大大降低风险发生时应对行动的成本。

④风险承担主要用于处置残余风险。一方面工程项目风险难以精确地识别和估计,项目主体的风险承载能力也有限,因此,风险承担一般并不直接应用于处置某一风险事件;另一方面,工程项目在实施过程中面临着种种风险因素,往往难以把握所有风险及损失的后果,也不可能使用一种或数种风险应对措施就可将所有的风险全部处置。因此对于一些残留下来的风险损失,就由工程项目主体自己承担或保留。从上述两方面看,风险承担主要处理残余风险,在某种意义上也可说,其是一种处置残余风险的方法。

(4)风险承担的局限性分析

①风险承担可能面临更大的风险。风险承担以具有一定的财力为前提条件,使风险发生后的损失得到补偿。在工程项目的某些情况下,如,对不可保风险或保险的除外责任,风险承担是一种不得已而为之的一种措施。但若从降低成本、节省工程费用出发,将风险承担作为一种主动积极的方式应用时,则可能面临着某种程度的风险及损失后果。甚至在极端情况下,风险承担可能使工程项目主体承担非常大的风险,以致可能危及工程项目主体的生存和发展。如,在水利水电土石坝枢纽施工导流中,汛期洪水对在建大坝所形成的风险是十分明确的。若汛期既不加高档水围堰,又不采取措施保护在建大坝,这实际上是一种风险承担的策略。一般而言,只有在施工导流后期,大坝已建到了相当高度后才能这样。因为这时一方面选择其他避免风险的策略代价很高;另一方面,在建大坝被毁损的风险也很小。在施工导流前期,采用这种方案度汛是绝对不允许的,因为此时在建中的大坝被毁风险出现的可能性比较大。而在建中的大坝若被毁,则损失又是巨大的。因此,风险承担只是在一定条件下采用的风险财务工具,超过一定限度就会给工程项目带来不利的后果。对于可能发生巨灾风险、严重后果的风险是绝对不能采用风险承担这一应对策略的。

②在工程项目风险控制中,对某一风险事件采用风险承担策略时,充分掌握该风险事件的信息是一前提条件,即掌握完备的风险事件的信息是采用风险承担策略的前提。因为没有相关的风险信息,就不清楚风险事件的发生概率和可能损失,也就不能确定项目主体能否承受该风险事件的后果。因此,从这一角度看,风险承担这一策略可能更适合于应对损失后果不大

的风险。如，工程材料价格波动风险、工程设计不足风险、施工现场条件恶劣风险和有关法规的变化风险等。而对于有明显后果的风险一般就不能采用风险承担策略，只能采用风险规避和风险转移等其他策略。如，水利水电施工导流风险、施工安全风险和国际工程战争风险等。

2. 风险降低

工程项目中经常使用高能量（动能、势能、化学能、电能等）物质与设备，危险源的存在，也就是风险存在不可避免。以人为本、安全第一、预防为主是任何工程项目必须遵循的方针。按有关法规的要求，采取必要的管理与技术措施，把风险降低到可接受水平。

（1）风险降低的内涵

风险降低措施是一种积极的风险控制策略，它通过各种技术和方法降低损失发生的可能性，缩小其后果的不利影响程度。按照减轻风险措施执行时间可分为风险发生前、风险发生中和风险发生后三种不同阶段的风险控制方法。应用在风险发生前的方法基本上相当于风险预防，而应用在风险发生时和风险发生后的控制实际上是损失控制。

（2）风险降低的方法

1）风险预防

风险预防是指在风险发生前为了消除或减少风险因素，降低损失发生的概率，从化解项目风险产生的原因出发，去控制和应对项目活动中的风险事件。通过风险识别、分析和评估，可得到项目风险源、各风险发生概率和后果严重性等级排序，与预先给定的风险严重程度等级要求相比较，对超过要求的风险，要采取技术措施消除风险或降低严重度等级使其满足要求。例如，对飞机研制项目来说，一旦飞机的发动机发生故障将导致机毁人亡事故发生。为了降低这种风险，通常民航飞机设计为具有双发动机，当一台发动机发生故障时，另一台发动机仍可正常工作，使飞机正常飞行。只有当两台发动机同时故障时飞机才不能正常飞行，导致飞机事故发生。两台发动机同时发生故障的概率小于一台发动机发生故障的概率，飞机发生事故的概率降低了，从而风险等级降低。

2）损失控制

损失控制是指在风险发生时或风险发生后，采取措施减少损失发生范围或损失程度的行为。事故发生中或事故发生后的损失抑制措施主要集中在紧急情况的处理即急救措施、恢复计划和合法的保护，以此来阻止损失范围的扩大。例如，飞机飞行中一旦发生事故而无法控制时，飞行员可被弹射出飞机以保证飞行员的安全。又如，森林起火时，设置防火隔离带阻止火势的蔓延，就是一种限制火灾损失范围的事故后发生作用的措施。

正确认识风险预防和损失抑制的区别有助于提高项目风险控制的效果。风险预防的目的在于消除或减少风险发生的概率，损失控制的目的在于减少项目风险发生后不利后果的损失程度。事实上，这两方面在风险控制中往往一同重视，综合考虑。一个好的项目风险减轻方案往往具有风险预防功能，也具有损失控制功能。

损失控制在应用的时候需要注意以下几个方面：

①在成本与效益分析的基础上进行措施选择。是否选择损失控制来降低风险，选择什么样的损失控制措施，要在成本效益分析的基础上决定。任何损失控制措施都是有成本的，而风

险控制的目标是风险成本最小化,某项损失控制的预期收益至少应等于预期成本,如果某种风险控制成本过高,就可以考虑是否有其他方法,如风险转移等。

由于要进行比较,因此风险管理者必须对损失控制方法的成本与收益有一个清晰的认识。表 3-8 列出了主要的损失控制的收益。

表 3-8 主要的损失控制收益

	容易量化	较难量化
直接收益	减少或消除了以下事件的支出: 维修或重置受损的财产 由于财产毁坏引起的收入损失 损失后维持运营的额外成本 不利的责任判决 受伤人员的医药费 由于死亡或残疾而引起的收入损失	改善公共关系 改善与雇员的关系
间接收益	避免了较大的间接损失发生 节省附加保费(如果不采取损失控制,这些风险计划投保) 节税(如果损失控制的费用可以从税收中减免)	

②不能过分相信和依赖损失控制。损失控制措施要么基于机械或工程,要么基于人,无论是哪一方面,都不是万无一失的,机械可能发生故障,人可能有道德风险。因此,对某些影响较大的风险,尤其是巨灾风险,要考虑是否需要融资型措施相配合。

③某些材料一方面能抑制风险因素,另一方面也会带来新的风险因素。

3)减轻风险的局限性分析

例 3 某桥梁项目需要使用一种混凝土的连续浇灌技术,该技术是由澳大利亚企业开发的,能节省大量资金和时间,主要的风险是主要部件的连续浇灌过程不能被打断,任何中断都需要拆毁整个部件来重新浇筑。经风险分析,可能的风险主要集中在混凝土厂的交付上,卡车可能会延误,从而导致浇筑构成中断。这种风险可以通过以下方法降低,即在桥梁项目 20km 内不同的高速公路旁准备两个额外的可拆卸混凝土站,以备在主要的工厂供给中断时使用。这两个可拆卸的混凝土站带有整个桥梁构件所需的原材料,而且每次进行连续浇灌时都在附近装备有额外的卡车。

采取风险减轻的行动并不能够完全消除风险,还会存在残余的风险。残余的风险同样需要进行适当的识别和控制,通过评估风险减轻行动后项目各个组成部分的变化可以有效地识别残余的风险。需要注意的是,有些降低风险的措施是弊大于利的。例如,提供少量有效的风险控制措施可能造成一种带有错觉的安全感,反而使该风险增加。因此,还要注意间接的风险,也就是说,由于风险减轻行为所造成的那些风险,在考虑残余的风险时要把它们考虑进去。风险控制的核心问题是考虑项目的综合成本效益,过度的风险控制措施并不符合成本效益的原则,如实例中所述,增加备用的混凝土站,降低了项目施工的技术风险,但却使得项目的成本风险上升了。

3. 风险转移

(1)风险转移的内涵

风险转移是指利用合同、协议等将风险损失的一部分或全部转移到第三方。风险转移又叫合伙分担风险,其目的不是降低风险发生的概率和不利后果的大小,而是借用合同或协议,在风险事故一旦发生时将损失的一部分转移到项目以外的第三方身上。这类风险控制策略多数是用来对付那些概率小,但是损失小,或者项目组织很难控制项目风险的情况。转移风险的实现大多数是借助于协议或者合同,将损失的法律责任或财务后果转移由他人承担。采用这种策略所付出的代价大小取决于风险发生的可能性和危害程度的大小。当项目的资源有限,不能实行减轻和预防策略,或者风险发生的可能性降低,但一旦发生其损害很大时可采用此策略。

值得注意的是,在工程项目风险控制中,提到风险转移,并不意味着一定是将风险转移给了他人,他人肯定会受到风险损失。在某些环境下,风险转移者和接受风险者会取得双赢。如,某承包商承包某一个工程,工程中的某一部分子项目的施工并不是其擅长,在技术和施工设备上均有一定的问题,若由其自身完成,则在工程的质量和施工成本方面均存在着风险。因此,在业主同意的条件下,该承包商对这部分工程进行分包,选择一家经验丰富的专业承包商承担施工任务。这样,当然对该承包商而言,避免了这部分子项工程施工所面临的质量和成本方面的风险。但对该分包商而言,这并不一定存在风险,其充分利用技术和经验的优势,不但完全可以保证质量,而且还可以盈利。

(2)风险转移的方法

转移风险主要有五种方式:出售、发包、开脱责任合同、利用合同中的转移责任条款、保险与担保。

①出售。通过买卖契约将风险转移给其他单位。这种方法在出售项目所有权的同时也就把与之有关的风险转移给了其他单位。这种出售有些像避免风险的放弃行为,但区别在于风险有了新的承担者。例如,企业将其拥有的一幢建筑物出售,企业原来面临的该建筑物的火灾风险也就随着出售行为的完成转移给新的所有人了。还需要注意的是,有时出售行为并不能完全转移与所出售项目有关的损失风险,如家用电器出售给消费者后,制造商和销售商还是要承担一定的产品责任风险。

②发包。发包就是通过将带有风险的活动转移出去来转移风险的。发包多用于建筑工程中,工程的承包商利用分包合同将其认为风险较大的工程转移给其他人。例如,对于一般的建筑施工队而言,高空作业的风险较大,利用分包合同能够将高空作业的任务交给专业的高空作业工程队,从而将高空作业的人身意外伤害风险和第三者责任风险转移出去。一般来说,分包合同中的受让方在对某种风险的处理能力上会高于出让方,这样分包才能实现。

发包可以有多种合同形式进行。例如,建设项目的施工合同按计价形式划分,有总价合同、成本加酬金合同和单价合同。总价合同适用于设计文件详细完备,工程量易于计算或简单、工程量不大的项目。采用总价合同时,承包单位要承担很大风险,而业主单位的风险相对较小。成本加酬金合同适用于设计文件不完备但又急于发包、施工条件不好或由于技术复杂需要边设计边施工的一些项目。采用这种合同形式,业主单位要承担很大的费用风险。一般的建设项目采用单价合同。采用单价合同时，承包商和业主单位承担的风险彼此差不多。

③开脱责任合同。在许多场合，转移带有风险的项目或活动可能是不现实的或不经济的。例如，在防洪季节承接加固河堤项目，一旦发生特大洪水，随时可能导致项目的失败，在这种情况下签订免除责任合同就是一种解决问题的方法。签署这种合同，对项目执行者来说，风险被免除了。

④利用合同中的转移责任条款。主要是在一些涉及经济活动的合同中，通过合法地变更某些条款或合理地运用合同语言，可以将损失责任转移给其他单位。例如，工期较长的建筑项目，承包方面临着设备、建筑材料价格上涨而导致的损失。对此，承包方可以要求在合同条款中写明：若因发包方原因致使工期延长，合同价额需相应上调。承包方使用这项条款就把潜在损失风险转移给发包方。这就是转移责任条款。

合同的每一方都存在着利用转移责任条款转移责任的可能性。例如，《中华人民共和国民法通则》第一百二十六条规定："建筑物或者其他设施以及建筑物上的搁置物、悬挂物发生倒塌、脱落造成他人损害的，它的所有人或者管理人应当承担民事责任。"当所有人和管理人员是不同的单位或个人时，双方可以在协议中增加或修改条款，试图将对第三者的财产损失和人身伤亡的经济赔偿责任转移给对方。

⑤保险与担保。保险是一种通过转移风险来对付风险的方法。通过保险机制，社会上众多的经济单位结合在一起，建立保险基金。面临风险的项目执行方，以财务上确定的小额支出参加保险，从而将风险转移给保险公司，当风险事故发生时就能获得保险公司的补偿。保险是转移纯粹风险非常重要的方法。在国际上，建设项目的业主不但自己为建设项目施工中风险向保险公司担保，而且还要求承包商也向保险公司投保。

4. 风险规避

(1)风险规避的内涵

风险规避(Risk Avoidance)就是通过变更工程项目计划，从而消除风险或消除风险产生的条件，或者是保护工程项目的目标不受风险的影响。从风险管理的角度看，风险规避是一种最彻底地消除风险影响的方法。虽然工程项目的风险是不可能全部消除的，但借助于风险规避的一些方法，对某一些特定的风险，在它发生之前就消除其发生的机会或其可能造成的种种损失还是有可能的。

对工程项目而言，遇到下列几种情形，通常应考虑风险规避的策略：

①风险事件发生概率很大且后果损失也很大的项目。例如在山谷中建工厂可能面临洪水的威胁。

②发生损失概率并不大，但当风险事件发生后产生的损失是灾难性的、无法弥补的。换句话说，一旦损失出现，项目执行者无力承担后果的项目。例如在人口稠密地区建核电站，一旦发生核泄漏，将危及成千上万人的生命安全。

③采用其他风险控制措施的经济成本超过了进行该项活动的预期收益。

(2)风险规避方法

在工程项目风险管理中，规避风险的具体方法有：终止法、工程法、程序法和教育法等。

1)终止法

终止方法是规避风险的基本方法,其是通过终止(或放弃)项目或项目计划的实施来避免风险的一种方法。如,某工程项目在经过可行性分析后,若发现在实施该项目后会面临较大的风险,此时立即停止该项目的实施,并放弃这一项目的计划,这样就可从根本上避免受到更大的风险损失。又如,对大体积混凝土,当采用一般水泥会出现温度裂缝时,就应该立即终止原设计计划,而采用新的措施,如改用低热水泥,或采用其他温控措施,以彻底消除混凝土温度裂缝这种质量风险。

2)工程法

工程法是一种有形的规避风险的方法,其以工程技术为手段,消除物质性风险的威胁。如,施工单位在安全管理中,在高空作业下方设置安全网;在楼梯口、预留洞口、坑井口等设置围栏、盖板或架网等均是十分典型的工程法规避风险的措施。工程法的特点是:每一种措施总是与具体的工程设施相联的,因此采用该方法规避风险的成本较高,在风险措施决策时应充分考虑这一点。用工程法规避风险具体有下列多种措施:

①避免风险因素发生。在项目实施或开始活动前,采取必要的工程技术措施,防止风险因素的发生。

②消除已经存在的风险因素。在施工现场,若已经发现了某些电气设备有漏电现象,则立即采取措施,一方面找到漏电的原因,并有针对性地采取措施;另一方面做好电气设备的接地,这样就可有效地防止伤亡安全风险的发生。

③将风险因素同人、财、物在时间和空间上隔离。风险事件引起风险损失的原因在于:在某一时间内,人、财或物,或他们的组合处在其破坏力作用的范围之内。因此,将人、财、物与风险源在空间上隔开,并避开风险发生的时间,这样可有效地规避损失或伤亡。

工程法在规避工程项目安全风险等方面得到广泛的应用。然而要注意到,任何工程措施均是由人设计和实施的,人的因素在其中起主导作用,在使用工程法的过程中要充分发挥人的主导作用。此外,任何工程措施都有其局限性,并不是绝对的可靠或安全,过分依赖工程措施的观点是片面的,要将工程措施和其他措施结合起来作用,以达到最佳的规避风险的效果。

3)程序法

与工程法相比,程序法是无形的风险规避的方法,其要求用标准化、制度化、规范化的方式从事工程项目活动,以避免可能引发的风险或不必要的损失。在宏观上,我国工程项目建设中规定有工程建设基本程序,其是工程项目建设技术经济内部规律的反映。在工程项目的实施过程中,要求按照该程序一步一步进行,对于一些重要的环节,而且要求完成一步后,要进行评审或验收,以防给以后的施工留下不利的条件、引发风险的因素。在微观上,工程项目的施工过程是由一系列作业组成的,在作业之间有些存在着严格的先后作业逻辑关系。对这种情况,在工程施工中就要求严格按照规定的作业程序施工,而不能随意安排,以避免项目风险的发生。

4)教育法

工程项目风险控制的实践表明,项目管理人员和操作人员的行为不当是引发风险的重要因素之一。因此要避免工程项目风险,对项目人员广泛开展教育,提高大家的风险意识,这是避免工程项目风险的有效途径之一。教育的内容一般包括工程经济、技术、质量和安全等方面。教育的目的是让大家认识到个人的任何疏漏或不当的行为均会给工程项目带来很大的损失，并要使大家认识或了解工程项目目前所面临的风险，了解和掌握处置风险的方法或技术。

(3)风险规避的局限性分析

风险规避是应对风险的一种行之有效的策略，但应清楚地看到，使用该策略存在着许多局限性，并不是在任何场合、任何工程项目上和任何条件下均可采用。这些局限性可归纳为下列几方面：

①在工程项目管理的某些条件下，规避风险会丧失机会或阻碍创新。风险规避最有效的办法是通过终止(或放弃)某项目或计划来实现的，但在工程项目的一些活动中，不冒一定的风险就不可能有机会。其最典型的例子就是工程投标，工程项目投标总存在风险，不能中标总会发生一定的经济损失，而只有去参加投标才能有获利的机会，不去投标永无获利的机会。显然，对投标这种风险采用规避的策略是行不通的。又如，在工程项目中采用新技术、新材料和新工艺无疑会存在一定的风险，若在工程项目中放弃或改变采用这些计划，则工程领域的创新和进步就无从谈起。

②在工程项目实施中，风险规避的策略有时不太现实。风险规避的策略是：当原计划存在风险时，要人们终止、放弃原计划，或彻底改变原计划，这常常是不太可能的。这样做可能会使正常的项目活动陷于停顿，或者要另起炉灶重新计划，这些均需付出较昂贵的代价。

③风险规避策略的选择受到信息不完整的制约。风险规避，一般是建立在对风险事件的发生概率和风险损失有充分的认识的基础上的。若对风险的识别和估计还没有充分把握时，风险规避的策略就没有任何意义。而事实上，工程项目的实施中，自然和社会变幻莫测，加上信息总是滞后于客观世界的变化，使人们不可能对所有风险都能去识别和估计。因此，风险规避策略存在很大的局限性。

④在工程项目实施中，风险规避策略实际上不可能完全回避风险，当前的风险避免了，新的风险可能又出现了。如，在工程项目进度控制中，当发现工期目标不能实现时，可采用调整关键路线作业的组织方式或采用增加关键路线作业施工强度的方法来回避工期的风险。然而应当注意到，这种调整虽然项目工期风险消除了，但资源供应风险和成本风险可能就随之而产生了。

3.5 工程项目风险控制实例

3.5.1 工程概况

黄河小浪底水利枢纽工程在洛阳市以北、黄河中游最后一段峡谷出口处，上距三门峡水利枢纽 130km，下距郑州花园口 128km，是黄河干流在三门峡以下唯一能够取得较大库容的控制性工程。其开发目标是“以防洪、防凌、减淤为主，兼顾供水、灌溉和发电”。水库总容量为

126.5亿立方米，长期有效库容51亿立方米，防凌库容20亿立方米。工程建成后，可将黄河下游防洪标准由60年一遇提高到千年一遇，基本解除黄河下游凌汛威胁。该工程利用蓄清排浑技术，用75.5亿立方米的库容可滞拦78亿吨泥沙，相当于下游河床20年内不淤积；工程每年可增加20亿立方米供水量，大大改善下游灌溉和供水条件。电站总装机180万千瓦，年平均发电量51亿千瓦时。

水库建成后将淹没河南和山西两省八县约20.07万亩耕地，需要移民18～20万人。整个移民工作遵循"水利部领导、建设单位管理、两省包干负责、县为基础"方针，以开发为目标。经国家计委批准的工程动态总概算为346.75亿元人民币。其中银行贷款27.23亿元人民币，政府拨款227.96亿元人民币；世行硬贷款8.9亿美元，世行软贷款1.1亿美元，机电设备出口信贷1.09亿美元。1991年9月前期工程开始施工，1994年9月主体工程开工，2001年12月31日全部竣工，总工期11年。水利部小浪底水利枢纽工程建设管理局是建设单位。

施工单位经过国际招标选定。以意大利英波吉罗公司为责任方的"黄河承包商"联营体承建大坝；以德国旭普林公司为责任方的"中德意联营体"承建泄洪工程；以法国杜美兹公司为责任方的"小浪底联营体"承建引水发电设施；水轮机由美国VOITH公司中标，发电机由哈尔滨电机厂和东方电机厂联合制造；机电安装工程由水电四局、水电十四局、水电三局组成的FFT联营体中标。小浪底工程咨询有限公司承担监理工作。

该工程规模大，工期长而紧，地质复杂。承包商之间的协调、财务、超支、费用估算、收益、投资回收等各个方面风险都很大。为了有效管理这些风险，建设单位成立了专门的风险管理小组，严格控制进场材料的数量和质量；确保工程质量，保证不返工，不出事故；严格核定工程量，利用电脑确保正确而又快速处理各种信息。事先对工程费用支出进行了模拟，制定了资金使用计划，并制定了必要的措施，开工后定期检查，一旦发现偏差，及时调整，使费用超支风险得到有效管理。

3.5.2 风险辨识

该项目实施过程有许多不确定因素，如水文、气象、地质、施工方案、施工技术、施工管理和资源供应等，从立项到运营都有风险。

1.费用额的不确定

工程实际费用的增加，不仅直接影响到项目的经济效益，还会影响到工程进度，甚至会造成工程停顿。水利工程的实际费用从古至今都不可能与估算数目一致。目前水利工程费用估算的准确程度在可行性研究阶段为±30%，初步设计阶段为±20%，施工图设计阶段为±10%，要求实际费用不超过初步设计阶段编制的设计概算额。然而，长期以来，实际费用经常超过设计概算额，直接影响了工程完成后项目的效益。

造成项目费用超支有多方面原因，主要有：

①由于建设期长，项目从申报，到立项，到竣工投入使用，要几年甚至更长时间。物价上涨造成工程费用增加。

②目前水利工程仍以财政拨款为主的建设单位不重视费用估算，甚至弄虚作假，更不重视

资金的合理使用。

③在制度上缺乏对建设单位的制约，监督不力，无人监督资金的实际使用。

2.进度的不确定性

工期延长的主要原因有：不能及时拨付或筹集到资金，不能满足工程的需要，破坏施工的连续性；设计文件的疏漏、错误和变更增加了工程量，造成返工；征地拆迁、移民安置、施工环境等不能按计划进行，拖延了工程进度。

3.工程质量的不确定性

影响工程质量的主要因素有：建设单位质量意识差、规章制度不健全、责任不落实、招标不规范；监理单位责任心不强、手段落后，没有组织保障；设计单位前期工作精度不够、责任心不强、缺乏科学精神；施工单位资质不够、层层转包、不按照规范施工、质量控制机制不健全、施工手段落后；政府监督不到位等。

4.水文及地质条件的不确定性

洪水是一个复杂的自然现象，其发生发展是复杂的随机过程。目前水文计算仍依赖于不完整的统计资料，误差不可避免。地质勘探的理论、手段也同样不能准确地反映实际情况，一旦出现重大偏差，后果严重。

5.工程收益的不确定性

工程受益范围大，该范围内情况复杂，且随时变化，再加上管理方面的原因，工程的收益有很明显的不确定性。

6.淹没补偿、征地拆迁、移民安置的不确定性

国家限于财力，不能完全补偿失地者的损失。当地政府能否认真贯彻执行国家政策，为移民真正排忧解难，都不确定。

7.风险清单

该项目的风险控制目标是预防实施过程中出现各种风险，尽最大努力减少和弥补风险一旦发生所造成的损失。要有效地进行风险控制，必须首先了解实施过程中有哪些具体风险，然后才能针对具体情况采取相应的措施。小浪底工程不同阶段的风险是不同的。建设单位风险管理人员对工程参与人员进行了问卷调查、口头咨询，归纳出建设单位项目实施过程中的如下风险：

①不可抗力风险。地震、洪水、火灾、塌方等自然灾害造成的影响。

②资源（水）供应风险。当供应量不能满足设计要求时给工程带来的影响。

③法规变更风险。有关环境、劳工、税收等方面的法规和政策有可能在此期间调整，增加费用、减少收入、拖延工期，造成建设资金不足，影响资金周转。

④行政风险。在我国目前的行政体制下，地方政府和主管部门过多地干预建设单位的具

体工作。

⑤利率风险。在项目实施过程之中和建成投入使用之后，利率的变动直接或间接地影响建设单位的现金流。

⑥技术/设施风险。建成的设施在交付使用之后，随时都可能因质量未达到标准而发生技术故障，不能满足设计要求。

⑦通货膨胀风险。劳力、材料或设备价格的上涨必然增加项目的费用，减少项目的净收益。

⑧完工风险。工程不能按原来的预测竣工，或迫于某些不合理的要求而赶工，这些都会干扰建设单位的资金或收益安排。

⑨市场风险。市场对项目完成后生产的产品或提供服务的需求量或其他情况发生变化，如电的上网价，很可能不同于可行性研究报告中预测的价格。

⑩经营风险。在水利枢纽使用过程中，经营者在设备安装、合理使用、产品质量和经营管理等方面都会出现不利的情况。

⑪偿还期限风险。提前或延误偿还贷款都可能给建设单位造成不利的后果。

⑫费用超支风险。变更、合同文件缺陷、异常的现场条件都会增加费用。

各方面专家经过分析和归纳，按照项目环境、建设单位、设计和施工阶段将识别的主要风险因素罗列如表 3-9 所示。

表 3-9　小浪底工程风险识别结果

建设环境	建设单位	设计阶段	施工阶段
材料涨价	项目规划不当	设计资料缺乏	组织管理差
人工费提高	组织不落实	使用标准不当	工程事故发生多
利率、汇率变化	外部协调差	方案选择失误	施工方案不当
运输条件	建设手续不齐	设计计算错误	赶进度
自然条件	合同管理差	设计更改多	物料浪费大
社会因素	绘算审核不严	图纸不配套	停工待料

本工程金属结构的制作和安装对工程费用影响最大。表 3-9 表明，材料涨价、运输条件差、建设单位组织不落实、设计更改多、物料浪费大是主要因素。针对这种情况，小浪底工程管理局成立了专门的材料采购部门，把金属结构及设备的采购和运输结合起来，统一管理金属结构和设备仓库，及时、足量而又不超量地满足工程对物料的需要，大大减小了工程的费用超支风险，为国家节约了资金。

3.5.3　风险分析

在设计阶段，很多风险都无法正确估计。例如，主体工程 9 月开工，北方这一季节恶劣的天气会增加费用。其他风险绝大多数都由于缺乏足够的信息，随着项目的进展，信息量随之增加，许多情况逐渐明了，与之有关的风险也就逐步消除。对于施工单位而言，投标前的费用估算就有一定的风险。

评估风险大小有多种方法。较简单的方法是先将在此之前识别出来的风险列出清单，然后为每一种风险确定该风险事件发生的概率或概率分布，并估计该风险事件发生后的后果严重程度。例如，对于材料价格风险，可以预测 3 个价格：最可能、最低和最高价格。

1. 本工程使用的概率分布类型

选择合理的概率分布对于正确评估本工程费用超支风险具有重要的意义，必须注意以下方面：

①识别所有的随机变量及与此有关的其他变量，明确该变量的环境。

②了解基本的概率分布类型。

③选择符合随机变量特征的概率分布。

概率分布有连续和离散两种分布类型。常见的连续型分布有均匀分布、三角形分布、正态分布，而常见的离散型分布有泊松分布、二项分布、对数分布、指数分布、几何分布、超几何分布、Weibull 分布和 β 分布等。

评估工程风险常用均匀分布、三角形分布、正态分布和 β 分布。

如果在评估风险时，对于已在现场的各种设施一无所知，就可以假设各种情况出现的可能性一样，这时候可采纳均匀分布。这种分布假设最小值、最大值、最小值与最大值之间的其他值出现的可能性是一样的。

如果可以估计出风险后果的最大值、最小值及最可能的值，就可以采纳三角形分布。三角形分布假设靠近最大值和最小值的值出现的可能性要小于靠近最可能值的值。

正态分布是最重要的一种分布，对于最可能价格有相当把握时，可以采用这种分布。

β 分布的曲线形状多种多样，但主要由 α 和 β 两个参数决定。

2. 蒙特卡洛模拟

在确定性情况下，工程成本规划的具体过程如图 3-6 所示。

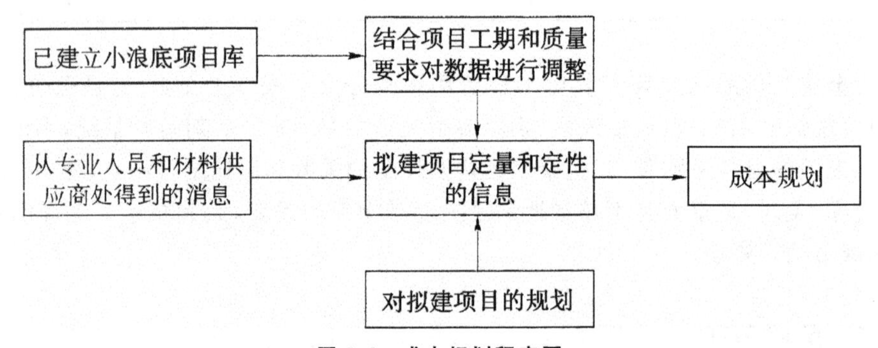

图 3-6　成本规划程序图

在图 3-6 表示的过程中，实际上假设了材料价格是确定的，不会发生变化。然而，工程建设期长，影响因素多，价格必然变化，这种变化服从某种概率分布。因此，图 3-6 表示的成本分析方法并不能用于实际工程。为了更现实地分析、评估和管理小浪底工程的费用超支风险，项目管理人员利用 Project 2000 和 Mathematics 软件，对工程费用随时间的变化事先进行了蒙特卡罗模拟，并在开工后定期检查，用前锋线与模拟结果进行比较。上述做法的具体步骤介绍如下：

步骤 1：为工程某一部分，如拦河大坝结构，确定其费用概率分布，并用于预测每立方米土石方价格。概率分布的参数一般要靠决策者的经验、技能和判断，分析已往类似工程的资料，才能确定。这是风险评估中最重要，而又最难的一步。

对于已往类似工程的单方造价数据，需要根据数理统计理论进行方差分析，检验数据质量。此外，在方差分析基础上还可以求得其他几个数字特征。在获得已往类似工程单方造价的新数据时，应重复上述过程。

经验表明，β 分布最适合于工程单方造价。

$$p(x)=\frac{(x-a)^{p-1}(b-x)^{q-1}}{(b-a)^{p+q+1}}\cdot\frac{1}{b(p,q)}(a\leqslant x\leqslant b;p,q<0) \tag{3.1}$$

式中：$p(x)$ 为工程单方造价分布密度函数；a 为最低价格；b 为最高价格；p,q 为分布参数；$b(p,q)$ 为 b 函数。

确定上式中各参数时，以 a 和 b 分别表示样本最小值和最大值，利用式(3.1)可计算出 p 和 q：

$$p=\left(\frac{u_1-a}{b-a}\right)^2\left(1-\frac{u_1-a}{b-a}\right)\left[\frac{u_2}{(b-a)^2}\right]^{-1}-\frac{u_1-a}{b-a} \tag{3.2}$$

$$q=\left(\frac{u_1-a}{b-a}\right)^2\left(1-\frac{u_1-a}{b-a}\right)\left[\frac{u_2}{(b-a)^2}\right]^{-1}+\frac{u_1-a}{b-a}-1 \tag{3.3}$$

式中：u_1 为工程单方造价均值；u_2 为工程单方造价方差。

在工程某一具体部分的 β 分布确定之后，若获得了已往类似工程单方造价的新数据，β 分布应当修改，不过修改起来并不难。以上过程可用图 3-7 表示。

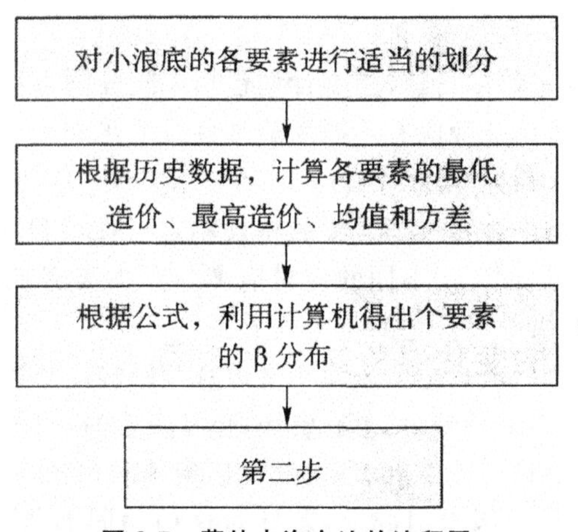

图 3-7　蒙特卡洛方法的流程图

步骤 2：在确定工程各个部分的 β 分布，并经过专家评估之后，确定各个部分的费用大致范围。然后利用 Mathematics 数学模型软件，对每一个分布产生一个随机数，该随机数就表示工程这一部分的预测费用。

步骤3:将工程各部分费用相加,可以得到整个工程的费用。

步骤4:重复上述2、3步,又可得到一个工程费用数额。如此这般,进行N次,Mathematics软件会对每一次得到的数字进行分析,并绘制出平滑的曲线。

步骤5:对工程各个部分进行敏感性分析。敏感性分析可以确定影响工程费用总额最重要的部分。首先对小浪底工程的单价进行分解,再对各个组成因素进行敏感性分析,如材料单价(如水泥)、施工环境、机械设备的利用情况、人员的工资、施工方法等。之后整理与汇总这些分析结果,得出影响工程费用的主要因素,其中有人工费、材料费、机械费、管理体制费、管理费、施工质量、施工进度、施工安全等。有了这些结果,项目管理人员可以针对各个重要的风险进行监督和控制,提高风险管理效率。

3.5.4 风险控制

经过风险识别、分析,风险管理人员对种种风险和潜在损失等方面有了一定的把握。在此基础上,风险管理人员应当编制一份切实可行的风险控制计划,选择合理的、行之有效的策略,并寻求既符合实际,又有明显效果的具体应对措施,尽量将威胁转化为机会,最大限度地减轻风险造成的不利后果。

1.风险控制计划

项目风险控制计划编制是一个制定应对风险策略(或方案)和应对措施的过程,目的是扩大实现工程目标的机会、缩小威胁。编制时必须充分考虑风险的严重程度、应对费用的效果、应对措施的时间性及应对措施的环境适应性等。在编制小浪底工程风险控制计划时,经常考虑多个方案,从中选择最适合者。

(1)编制控制计划的依据

应对计划的编制依据一般应有:

①风险控制计划和风险清单。风险控制计划包括风险控制方法、岗位划分和职责分工、风险控制费用预算等。风险清单一般应有不同风险事件发生的可能性、风险事件发生后对工程目标的影响等。

②风险的特性。应对措施主要根据风险的特性制定。在项目实施过程中,有许多程度不同的风险,要根据信息完备程度采用不同的应对措施。在小浪底工程中,对于进度、质量和费用方面的风险,采用的应对措施彼此之间相差很大。

③项目主体风险承受力。项目主体风险承受力直接影响应对措施的选择。项目主体风险承受力包括许多因素,既有心理承受力,也有资源(包括资金)提供能力。

④详细分析资料。其中有风险因果关系、最大损失值和风险发展趋向分析等资料。项目的一些风险可能是由一个共同因素引起的,若针对这种共同因素采取措施能大大降低应对成本。

⑤可供选择的应对措施。有哪些可供选择的应对措施,选择某种应对措施的可能性有多大,这都是制定应对计划的重要工作。如果某一具体风险有多种应对措施可供选择,就应选择最有效者。

(2)风险控制计划的内容

风险控制计划是风险控制措施和风险控制的计划与安排,是项目风险控制的目标、任务、程序、责任和措施等内容的全面规划。其内容有:

①已识别风险的描述,包括项目分解、风险成因和对项目目标的影响等。

②风险承担人及其分担的风险。

③风险分析及其信息处理过程的安排。

④每一风险控制措施的选择和实施行动计划。

⑤采取措施后,期望残留风险水平的确定。

⑥风险控制的费用预算和时间的计划。

⑦处置风险的应急计划和退却计划。

2.风险控制策略

同一类风险,不同的项目主体采用的控制策略或措施可能不一样。小浪底工程根据工程具体情况及风险管理人员的心理承受力、风险承受力,确定应对策略和应对措施见表3-10。

表3-10 小浪底风险管理策略及控制措施

风险类型	风险管理策略	风险控制措施
工程涉及风险		
设计深度不足	自留	索赔
设计缺陷或忽视	自留	索赔
地质条件复杂	转移	合同分清责任
自然环境风险		
对地质结构的损坏	转移	购买保险
对材料、设备的损坏	控制	加强保护
造成人员伤亡	转移	购买保险
火灾	转移	购买保险
洪灾	转移	购买保险
地震	转移	购买保险
泥石流	转移	购买保险
塌方	减轻	预防
社会环境风险		
法律法规变化	自留	索赔
战争和内乱	转移	购买保险
没收	自留	运用合同条件
禁运	减轻	降低损失
宗教节日影响施工	自留	预留损失费
社会风气腐败	自留	预留损失费
污染及安全规则约束	自留	制定保护和安全计划

续表

风险类型	风险管理策略	风险控制措施
经济风险		
通货膨胀	自留	投标时加入应急费用
汇率浮动	转移	购买汇率险、套汇交易
	自留	合同中规定汇率保险
	利用	市场调汇
分包商或供应商违约	转移	履约保函
	规避	资格预审
建设单位违约	自留	索赔
	转移	完善合同
项目资金无保证	规避	放弃承包
标价过低	分散	分包
	自留	控制成本，加强合同管理
工程施工过程风险		
恶劣的自然条件	自留	索赔，预防
劳务争端或内部罢工	自留	预防
	减轻	预防
施工现场条件恶劣	自留	改善现场条件
	转移	购买第三方责任险
工作失误	减轻	健全规章制度
	减轻	购买工程全险
设备毁损	转移	购买保险
工伤事故	转移	购买保险

第4章　工程项目危机预警与应急管理构建

4.1　工程项目危机与应急管理概述

4.1.1　危机与预警

1. 危机

危机(Crisis)通常是指决策主体的根本目标受到威胁且做出决策的反应时间很有限的这样一种情景,发生的事件及其后果可能对组织及其员工、资产和声誉造成巨大的伤害并可能殃及社会。人们一直试图全面而确切地对危机下个定义,但是实际上危机的发生却有着千变万化的现实场景,很难一言以蔽之。

关于危机的定义,美国学者罗森豪尔特认为,危机是指"对一个社会系统的基本价值和行为准则架构产生严重威胁,并且在时间压力和不确定性极高的情况下必须对其做出关键决策的事件"。危机还可以定义为突然发生,造成或者可能造成重大人员伤亡、重大财产损失、重大生态环境破坏和对全国或一个地区的经济社会稳定、政治安定构成重大威胁和损害、有重大社会影响的涉及公共安全的紧急事件。有人认为,只有中国的汉字能圆满地表达出危机的内涵,即"危险与机遇",是组织命运"转机与恶化的分水岭"。

按照一般分类,危机事件可分为自然灾害(如地震、干旱、水灾等)和社会危机事件(如社会动乱、战争、恐怖活动等)。现代社会控制理论认为,按照危机的起源,可分为系统内部危机和系统外部危机;按照危机发生地域,可分为区域危机和国家危机。按照危机性质,可把危机分为两大类:一类是针对社会制度基本结构的危机,如美国"9·11事件"、阿根廷经济政治危机;一类是针对具体行为规范或价值观的危机,如广西南丹矿难等。虽然二者各有所侧重,但在实际情况中,二者的界限有时并不明显,特别是当自然灾害、具体事件危机处理不当时,很有可能会引发针对整个社会制度的全面危机。"9·11"事件中,美国政府和媒体几乎一致地认为,恐怖活动是对美国文化、对美国人生活方式的挑战,而不愿认为是针对美国政府或外交政策的攻击。这样,就更容易把美国公众引导到对恐怖分子的仇恨上来,形成几乎一致的舆论。

对于各类组织与人员来说,危机有大有小,有的组织与个人的危机,其后果的社会影响甚微。人们关注的是危及社会安全与稳定的危机。这类危机具有以下特点:

突发性：危机往往都是不期而至，令人措手不及，危机事件爆发的时候一般是在人们毫无准备的情况下瞬间发生，可能给组织以至社会公众带来混乱、惊恐与灾难。

破坏性：危机事件爆发后可能会带来比较严重的人员伤亡和（或）财产损失以及负面的社会影响，有些危机用“毁之于一旦”来形容一点不为过。

不确定性：事件爆发前的征兆一般不是很明显，人们难以做出预测。危机出现与否与出现的时机是无法完全确定的。即，其原因、后果、影响因素均具有不确定性，例如：SARS是细菌还是病毒，传播途径，潜伏期传染性等。

急迫性：危机事件的突发性特征决定了人们对危机做出的反应和处理的时间十分紧迫，决策者必须做出快速决策，任何延迟都会带来更大的损失。例如：当发生汶川大地震时必须要很快地制定出救援措施。救援进行得越早，就有越多的人可能得到及时的救援。

一般来说，危机可以划分为四个阶段：前兆阶段、紧急阶段、相持阶段、解决阶段。在危机的前兆阶段，要致力于从根本上防止危机的形成和爆发，及早将其制止于萌芽状态。根据危机潜伏期的各种征兆和蛛丝马迹，辨别出危机是否将要发生，或者已经发生。同时，及时铲除产生危机的土壤，消除诱发危机的温床，有效地遏制和避免危机的发生，或把危机控制在特定的类型和特定的区域内，防止衍生、次生和复合危机的发生。在危机的紧急阶段，为有效遏制危机扩散，避免危机造成的危害和负面影响，危机反应的对策就是快速行动、快速处置。一是要在第一时间识别危机，为我们及时控制事态争取时间，危机反应必须在最短的时间里摸清情况，立即采取措施，构筑“防火墙”，将危机隔离、阻止，直到平息危机事件。二是快到位。首先是领导者要快到位，危机一旦发生，领导者要在第一时间赶到现场，靠前指挥。一方面，可以稳定危机事件中民众的恐慌情绪，另一方面，可以及时收集掌握危机事件第一手信息，为危机决策服务。其次是决策要快到位，由于危机决策是在信息不完全、时间要求非常紧迫的情况下的非常规化决策，这就要求领导者必须具备较强的决策能力和高超的决策艺术，当机立断，果断决策。三是快处置。危机一旦发生，其负面影响和危害迅速展现，所以危机反应贵在神速。在事实基本清楚、趋势较为明显的情况下，抓住要害人物和关键问题，迅速采取措施，果断控制事态，避免升级扩散。危机爆发初期，即使是一个相对粗糙的应对计划也能大大缓解紧张的波动。所以，面对危机，我们要及早确定危机管理的指挥系统和专门工作机构，并赋予其超出常规的决策权和资源调配权力，以便快速反应，快速处置。在危机的相持阶段，危机事件已经得到初步控制，事态得到基本缓和，但尚未彻底解决，需要组织力量开展恢复重建，防止危机升级。对受害者进行物质生活和精神心理上的救援，逐步恢复正常的生产生活秩序，直至危机事件消失。在危机的解决阶段，危机事件得到全面解决，危害消除，社会管理转向常态。需要开展危机发生原因调查，实事求是评估危机管理绩效，并在调查评估、总结经验教训的基础上，完善危机管理制度，弥补危机暴露出的管理漏洞和工作失误。

2.针对危机的应急管理

应急管理是针对于特重大事故灾害的危险问题提出的。应急管理是指政府及其他公共机构在突发事件的事前预防、事发应对、事中处置和善后恢复过程中，通过建立必要的应对机制，采取一系列必要措施，应用科学、技术、规划与管理等手段，保障公众生命、健康和财产安全，促进社会和谐健康发展的有关活动。危险包括人的危险、物的危险和责任危险三大类。其中，人的危险可分为生命危险和健康危险；物的危险指威胁财产安全的火灾、雷电、台风、洪水等事故灾难；责任危险是产生于法律上的损害赔偿责任，一般又称为第三者责任险。其中，危险是由意外事故、意外事故发生的可能性及蕴藏意外事故发生可能性的危险状态构成。

尽管重大事故的发生具有突发性和偶然性，但重大事故的应急管理不只限于事故发生后的应急救援行动。应急管理是对重大事故的全过程管理，贯穿于事故发生前、中、后的各个过程，充分体现了“预防为主，常备不懈”的应急思想。应急管理是一个动态的过程，包括预防、准备、响应和恢复四个阶段，如图 4-1 所示。尽管在实际情况中，这些阶段往往是交叉的，但每一阶段都有自己明确的目标，而且每一阶段又是构筑在前一阶段的基础之上。因而，预防、准备、响应和恢复的相互关联，构成了重大事故应急管理的循环过程。

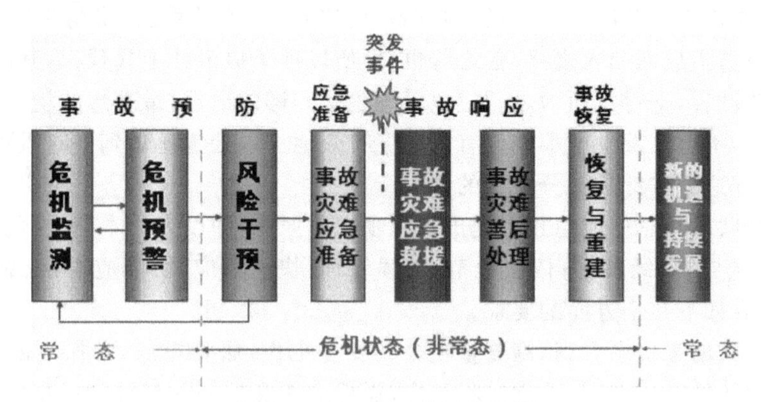

图 4-1　危机管理的四个阶段

(1)事故预防

在应急管理中预防有两层含义：一是事故的预防工作，即通过安全管理和安全技术等手段，尽可能地防止事故的发生，实现本质安全；二是在假定事故必然发生的前提下，通过预先采取的预防措施，来达到降低或减缓事故的影响或后果严重程度，如加大建筑物的安全距离、减少危险物品的存量、设置防护墙以及开展公众教育等。从长远观点看，低成本、高效率的预防措施，是减少事故损失的关键。

(2)应急准备

应急准备是应急管理过程中一个极其关键的过程，它是针对可能发生的事故，为迅速有效地开展应急行动而预先所做的各种准备，包括应急体系的建立，有关部门和人员职责的落实，预案的编制，应急队伍的建设，应急设备(施)、物资的准备和维护，预案的演习，与外部应急力量的衔接等，其目标是保持重大事故应急救援所需的应急能力。

(3)应急响应

应急响应是在事故发生后立即采取的应急与救援行动。包括事故的报警与通报、人员的紧急疏散、急救与医疗、消防和工程抢险措施、信息收集与应急决策和外部救援等，其目标是尽可能地抢救受害人员、保护可能受威胁的人群，尽可能控制并消除事故。

(4)应急恢复

恢复工作应该在事故发生后立即进行，它首先使事故影响区域恢复到相对安全的基本状态，然后逐步恢复到正常状态。要求立即进行的恢复工作包括事故损失评估、原因调查、清理废墟等，在短期恢复中应注意的是避免出现新的紧急情况。长期恢复包括受影响区域的重新规划和发展，在长期恢复工作中，应吸取事故和应急救援的经验教训，开展进一步的预防工作和减灾行动。

4.1.2 危机与应急管理的方针和原则

“居安思危，预防为主”是应急管理的指导方针。

预防在应急管理中有着重要的地位。古代的先哲们在总结历史经验的基础上，提出了许多精辟的思想。《诗经》里有“未雨绸缪”的告诫；《周易》中有“安而不忘危，存而不忘亡，治而不忘乱”的思想；《左传》里有“居安思危，思则有备”的警句。《孙子兵法》讲得更明白：认为“百战百胜，非善之善也，不战而屈人之兵，善之善也”。所以孙子提出：“上兵伐谋，其次伐交，其次伐兵，其下攻城，攻城者，不得已而为之。”应急管理也是同样的道理，最理想的境界是少发生甚至不发生突发事件，不得已发生了那就要有力有序有效地加以处置。做到平时重预防，事发少损失，坚持和贯彻好这个方针是十分重要的。

国家突发公共事件总体应急预案提出了六项工作原则，即以人为本，减少危害；居安思危，预防为主；统一领导，分级负责；依法规范，加强管理；快速反应，协同应对；依靠科技，提高素质。具体而言，有如下几个方面的要求。

加强预防是指增强忧患意识，高度重视公共安全工作，居安思危，常抓不懈，防患于未然。坚持预防与应急相结合，常态与非常态相结合，做好应对突发公共事件的思想准备、预案准备、组织准备以及物资准备等。

快速反应是指加强以属地管理为主的应急处置队伍建设，充分动员和发挥乡镇、社区、企事业单位、社会团体和志愿者队伍的作用，依靠群众力量，建立健全快速反应机制，及时获取充分而准确的信息，跟踪研判，果断决策，迅速处置，最大限度地减少危害和影响。

以人为本是指把保障公众健康和生命安全作为首要任务。凡是可能造成人员伤亡的突发公共事件发生前，要及时采取人员避险措施；突发公共事件发生后，要优先开展抢救人员的紧急行动；要加强抢险救援人员的安全防护，最大限度地避免和减少突发公共事件造成的人员伤亡和危害。

损益合理要求处置突发公共事件所采取的措施应该与突发公共事件造成的社会危害的性质、程度、范围和阶段相适应；处置突发公共事件有多种措施可供选择的，应选择对公众利益损害较小的措施；对公众权利与自由的限制，不应超出控制和消除突发公共事件造成的危害所必要的限度，并应对公众的合法利益所造成的损失给予适当的补偿。

分级负责是指在党中央、国务院的统一领导下，建立健全分类管理、分级负责，条块结合、属地管理为主的应急管理体制，在各级党委领导下，实行行政领导责任制。根据突发公共事件的严重性、可控性、所需动用的资源、影响范围等因素，启动相应的预案。

联动处置要求建立和完善联动协调制度，推行城市统一接警、分级分类处置工作制度，加强部门之间、地区之间、军地之间、中央派出单位与地方政府之间的沟通协调，充分动员和发挥城乡社区、企事业单位、社会团体和志愿者队伍的作用，形成统一指挥、反应灵敏、功能齐全、协调有序、运转高效的应急管理机制。

专群结合包括加强公共安全科学研究和技术开发，采用先进的预测、预警、预防和应急处置技术及设备，提高应对突发公共事件的科技水平和指挥能力；充分发挥专家在突发公共事件的信息研判、决策咨询、专业救援、应急抢险、事件评估等方面的作用；有序组织和动员社会力量参与突发公共事件应急处置工作；加强宣传和培训教育工作，提高公众自我防范、自救互救等能力。

资源整合包括整合现有突发公共事件的监测、预测、预警等信息系统，建立网络互联、信息共享、科学有效的防范体系；整合现有突发公共事件应急指挥和组织网络，建立统一、科学、高效的指挥体系；整合现有突发公共事件应急处置资源，建立分工明确、责任落实、常备不懈的保障体系。

依法规范是指坚持依法行政，妥善处理应急措施和常规管理的关系，合理把握非常措施的运用范围和实施力度，使应对突发公共事件的工作规范化、制度化、法制化。

责权一致要求实行应急处置工作各级行政领导责任制，依法保障责任单位、责任人员按照有关法律法规和规章以及本预案的规定行使权力；在必须立即采取应急处置措施的紧急情况下，有关责任单位、责任人员应视情临机决断，控制事态发展；对不作为、延误时机、组织不力等失职、渎职行为依法追究责任。

4.1.3 危机与应急管理工作内容

应急管理工作内容概括起来叫作“一案三制”。“一案”是指应急预案，就是根据发生和可能发生的突发事件，事先研究制定的应对计划和方案。应急预案包括各级政府总体预案、专项预案和部门预案，以及基层单位的预案和大型活动的单项预案。“三制”是指应急工作的管理体制、运行机制和法制。

一要建立健全和完善应急预案体系。就是要建立“纵向到底，横向到边”的预案体系。所谓“纵”，就是按垂直管理的要求，从国家到省到市、县、乡镇各级政府和基层单位都要制定应急预案，不可断层；所谓“横”，就是所有种类的突发公共事件都要有部门管，都要制定专项预案和部门预案，不可或缺。相关预案之间要做到互相衔接，逐级细化。预案的层级越低，各项规定就要越明确、越具体，避免出现“上下一般粗”现象，防止照搬照套。

二要建立健全和完善应急管理体制。主要建立健全集中统一、坚强有力的组织指挥机构，发挥我们国家的政治优势和组织优势，形成强大的社会动员体系。建立健全以事发地党委、政府为主、有关部门和相关地区协调配合的领导责任制，建立健全应急处置的专业队伍、专家队伍。必须充分发挥人民解放军、武警和预备役民兵的重要作用。

三要建立健全和完善应急运行机制。主要是要建立健全监测预警机制、信息报告机制、应急决策和协调机制、分级负责和响应机制、公众的沟通与动员机制、资源的配置与征用机制，奖惩机制和城乡社区管理机制等等。

四要建立健全和完善应急法制。主要是加强应急管理的法制化建设，把整个应急管理工作建设纳入法制和制度的轨道，按照有关的法律法规来建立健全预案，依法行政，依法实施应急处置工作，要把法治精神贯穿于应急管理工作的全过程。

4.2 工程项目突发事故与应急管理概述

把握工程项目突发事故的内涵和基本规律是建设单位必须具备的重要管理能力。由于大型工程项目突发事故具有突然性、复杂性、多因性，因此，实现对工程突发事故的有效管理和预防是非常困难的任务。

4.2.1 工程建设项目突发事故概述

1. 工程建设项目突发事故内涵

工程建设项目突发事故是指项目施工过程中突然发生的，造成工程损害、人身伤亡和巨大经济损失，需要采取应急响应措施的各类事故。工程建设项目的突发事故有三种特征：

①事故形成是突然产生的，发生前不易发现和识别，这类事故发生的概率相对比较低。

②事故发生对项目建设的正常计划会产生很多不利的影响，一般将导致项目施工计划中断，甚至迫使改变项目计划，给项目正常施工造成极大的影响。

③对完成项目目标造成不利的影响。在工程项目施工中，依据突发事故的影响范围、经济损失等因素划分事故等级，制定针对性的应急预案。

从施工风险的角度看，在施工阶段项目投入资源量较多，工程全面展开，风险事故与资源投入呈正相关特征。施工现场汇聚成千上万的各类施工人员，而且大量的物资进入现场，必将使施工现场成为各类突发事故的高发地点。

大型工程建设项目的主要特点是，施工单位投资大、施工对象结构复杂、技术含量高、施工参与主体多、工程建设周期长。因此，这类工程项目施工期间的突发事故相对容易发生，需要统筹考虑应急管理方案。

工程建设期突发事故触发因素一般有：项目系统内因素，或者项目系统外的因素。根据Perry建立的施工项目风险模型可以归纳出工程施工期间突发事故的主要风险因素如表4-1所列。由于工程项目突发事故的因素较多，难有规律可循，进行突发事故管理和预防是一项非常困难的管理工作。

表4-1 工程项目施工期间突发事故影响因素

环境类别	具体影响因素
环境	塌方、火灾、洪水、气候、地震等自然灾害引起的财产损失和人身伤害
设计	可靠性、安全性、新工艺、创新方法应用；技术规范的科学性、详细性、准确性和适用性；技术条件变更的可行性；设计和施工方法的合理性、适配性
后勤	材料、设备等各类物资在运输过程中的损坏情况；特殊资源的可获得性；企业内外部的协调能力

续表

环境类别	具体影响因素
法律	各参与方的法律责任界定，承包商、供应商、设计者之间使用法律的异同
财务	承建单位筹资能力、保险投资充足性、流动资金量
施工	建设单位施工能力；项目设计可靠性和稳定性；施工过程管理能力、施工项目监督能力
政治	与工程项目相关的所有关系者应对所在国的各类宏观和微观变化因素的能力，以及个利益相关者的协调能力

2. 工程建设项目突发事故现象与特征

从工程建设项目突发事故的现象与特征看，表现为以下几个方面：

(1)复杂性与随机性

工程建设项目在人力、物力和财力等方面投入大，管理复杂。在人员安排、物资调用、资金周转等方面表现为复杂性的特点。因此，在施工期，事故发生存在诸多因素，事故产生和发展趋势也呈现多因素的随机情况。因此，对于施工管理者来说，必须对承担的工程建设项目中可能存在的风险有足够的认识，并且事故发生时能够及时采取有效的措施，避免发生事故或尽量减少事故伤害。由于发生事故难以预测，要求工程管理者采取对突发事故进行多目标预测，以此提高对施工中随机性事故发生的控制能力。

(2)传播性与破坏性

工程建设项目涉及较多的参与主体，而且全部工程的各子项目工程具有较高的关联性，工程项目与外部因素关联也比较多。用系统观点分析，大型工程建设项目属于巨大的耗散系统。由于其各个方面依赖程度较高，一旦发生事故就会产生连锁效应。因此，工程建设项目某一方面发生事故，很可能会传播到项目的其他关联方面，甚至影响到整个工程。因此，在工程建设项目施工过程中，事故的发生会对所有工程参与的主体产生影响。

(3)专业性与交叉性

工程项目建设中的突发事故诱因既有自然环境导致的原因，也有人为的、管理的和技术的等多种主观原因。大型工程建设项目具有多专业，涉及领域广，不仅有施工方面的，还有大型设备使用、道路运输等多方面的管理工作。在施工过程中还表现为关联环节众多，交叉工序复杂，工艺精度要求高，任何一个施工细节出问题都可能导致突发事故的发生。因此，对工程项目建设中的应急响应能力提出较高的专业性、技术性要求。

(4)存在性与预防性

通过对大多数工程项目突发事故的调查显示，工程施工事故的成因表现出一些规律性。由于工程建设项目的多专业、交叉性等特点，说明施工中的事故发生在客观上是存在的，因此，对工程项目的管理就应当认识其存在性，就应当对施工事故的发生，尤其是突发事故的发生有所准备。这就提示，对于项目管理者来讲，若采取科学的管理方法，对施工中的风险源进行识别，提出防范预案，就一定能够有效减少突发事故的发生。

3.工程项目突发事故的致因理论

事故致因理论的提出,已经有 80 多年的历史。最早形成于单因素事故致因理论,逐渐发展到复杂因素的系统致因理论。

(1)海因里希的因果连锁观点

事故因果连锁理论最早是由海因里希提出,这一理论对事故伤亡的各种成因及其之间的影响关系进行了详细阐述。认为,发生事故伤亡不是孤立的事件和单因素影响的,它是由相继发生的由一系列事件的影响原因导致的结果。

海因里希把事故因果连锁过程形成的原因归纳出五个方面:

①社会及遗传影响因素。社会和遗传影响因素是人本身在有些方面存在的缺陷而导致的。例如,人的遗传因素可能导致人具有鲁莽行事、工作粗心、固执已见等个人问题,这些固有的问题对于工作中的安全来说就属于不良的个人性格缺陷和行为缺陷。

社会环境因素可能影响个人对安全生产的关注减弱,安全素质不高,对安全意识培养不到位,环境影响可能导致不良的个性发展缺陷等问题。这些因素都属于事故因果链上最基本的影响因素。

②人的心理、个性等自身因素的影响。一般来讲,个人本身的因素通常与遗传、社会环境等因素有关系。人们的各异缺点导致个人产生各种各样的不安全行为,在工作中表现为,是产生物的不安全状态的主要原因。人们的这些缺陷有先天的不足,如人的个性和行为中表现的易过激、鲁莽、神经质、固执、草率等性格和行为上的缺陷,还有如在生活和工作中缺乏安全知识、不注重技能培养等的后天不足因素。

③人的不安全行为与物的不安全状态的影响。不安全的人的行为是事故的直接原因,如果在这种状态下,物也处在不安全状态中,那么不安全事故一定会发生。

④事故本身的因素。任何事故的发生都是由事物本身及其所处的环境等客观因素,以及从事事物活动的人体的行为引发的,因此,事故一旦发生很可能导致人的伤害和物的损失,而且事故的发生是人们不愿意看到的,所以,发生事故会出乎人们的意料,有些重大事故也是难以控制的。

⑤伤害方面。伤害是由事故导致的直接对人身的损害或造成的死亡。实践中,事故的各个影响因素之间的连锁关系并不是简单地都相互影响,任何事故的形成原因都是复杂的因果关系。一个事故的出现,可能导致下一个事故的发生,也可能不会发生。海因里希的事故因果连锁理论使得人们对事故致因理论有了深刻的认识,这一观点成为研究事故发生的理论基础,具有重要的地位。

(2)能量意外转移观点

在企业的生产过程中,能量是必不可少的资源,人类利用能量做功来达成生产目的。在正常的企业生产过程中,能量是在各种控制条件下,按照人们的要求转换能量并完成做功的过程。如果因为某些原因导致能量失去控制,那么,就有可能发生异常或意外的能量释放,这种情况就会发生事故。那么,当生产中意外释放的能量转移到人的身上,释放的能量超过了人的承受力,人的身体就会受到伤害,甚至是死亡。

吉布森和哈登从能量转移的特性出发,提出了事故能量释放的观点。他们认为,事故的发生是事物本身的能量发生了不正常的改变，这个改变是事物本身无法承载而导致自身破坏，或伤害人身，这个过程就是事故的某种能量向人或其他物的转移，它是一种不可控制的能量的异常或意外释放。

麦克法兰特认为，所有的事故都会导致伤害，要么对物产生破坏，要么对人身造成伤害，或者对环境造成破坏，其产生的原因有以下两种：

①事物本身的能量蓄积，或外力能量的输入超出了自身的承受能力而导致事故发生。

②正常能量的维持或正常的交换受到了来自其他物体以及环境的干扰而导致事故发生。

因此，麦克法兰特把事故因为能量的不正常释放导致的伤害结果分为两类：第一，伤害由于能量的大量转移到人身，并且超过了身体承受的能力限度而导致损伤发生或形成伤害结果。第二，伤害是由影响局部或全身能量交换引发的。在现实中，引发事故伤害大多是由物理或化学等外力因素导致的。如窒息、溺水、中毒等引发身体损害，或组织被破坏、死亡等结果。在分析事故成因时，如果是使用能量转移理论分析，首先，就要确认引发事故的系统内存储总能量源的情况；其次，要对这一系统内的总能量在释放的情况下造成伤害的可能程度进行评估；最后，要研究如何才能控制能量的异常释放，并确认其释放的方式、可能造成事故的方向和路径，这样才能对事故进行有效的预防，将事故控制在最低不利影响下。

与其他事故成因观点相比，能量转移观点具有如下优点：其一，能量转移观点是把造成伤害的原因归为能量的不正常释放，当这种释放的能量作用在人体时，就可能成为伤害事故。由此，控制能量源和能量释放方式是控制事故发生的重要手段。其二，根据能量转移理论建立的伤亡事故原因分类统计，能够较全面地概括伤亡事故的类型、性质，便于人们对事故的控制，对安全工作的管理。该观点的缺点是：对伤亡事故进行统计分类时，难以把能量释放划分为各种合适的类型，也难以评估能量释放多少等困难，因此，对现实中，有些事故的成因就难以划分。

4.项目应急管理范畴界定

一般情况下，人们把工程项目应急管理视为风险管理或安全管理。工程项目应急管理与传统的工程项目风险或安全管理在内涵上有相同之处，也有较多的区别。工程项目应急管理除了强调对项目风险源进行控制，还强调对工程项目突发事故的后果控制。尤其是，事故的风险源往往都是难以判定的。因此，在风险管理的基础上，进一步强调应急管理的专业性更符合突发事故的应急处理要求。

从工程项目应急管理的对象看，其范围更加宽泛，涉及的领域更加复杂。Perry 和 Hayes 将施工期的危险源划分为“设计、后勤、财务、施工等工程领域，还包括自然、法律、政治、市场等多种环境因素”。工程项目系统的复杂性导致施工中某一环节发生的偏离都可能引发项目成本、进度、质量等许多方面的连锁问题发生，事故的风险就会形成，就可能引发工程项目突发事故。在工程项目施工中，我国通常把应急管理的职能一般是划归到安全管理部门，这样的做法说明国内组织对应急管理没有引起足够的重视。国内项目管理普遍呈现被动的应急状态，只是在事故发生后才匆忙进行应急救援，体现的是抢险。因此，在事故处理过程中应急作用不明显。要强化项目应急管理，要从组织层面构建责任明晰的应急专业管理体系。

4.2.2　工程项目应急管理概述

1. 应急管理基本任务

①应急预防准备。应急管理的任务就是要提高对突发事故发生的预防准备能力。要通过对应急管理预防的准备行动，建立应对突发事故的预防准备能力，建立健全应急管理的体制、制度和应急资源的配置，做到有效应对和控制突发事故。

②应急预测预警。在突发事故应急管理中，要做到具备预测突发事故的能力，在施工中要对事故发生的可能重点部位进行预警和预测，及时提醒施工部门和人员注意，减少突发事故的发生，以及事故发生可能造成的损失。因此，应急管理中的预测预警也是重要的工作。面对发生的突发事故，首先要考虑将突发事故消灭在萌芽之中。为此，组织中的应急管理部门，要对工程项目的整体进行事故源的分析与评估，在评估过程中，要采取传统的和现代的科技手段相结合，对事故源进行评估。

③应急响应控制。应急管理部门要具备迅速启动应急预案的能力，这是在突发事故形成后，必须做到有效控制事故，采取积极应急救援措施，防止突发事故的扩大，造成二次伤害。特别是事故发生在施工人员密集的区域和重点工程部位，应快速启动应急预案，投入足够的救援力量，防止事故继续扩大。

④应急资源协调。当应急事故发生时，企业应急管理部门要在科学的组织下，合理地调配应急物资。准备充足的应急物资是保证应急救援的先决条件，也是对应急事故处理后期保障的重要条件。所以，制定应急救援资源的科学调配机制是非常重要的管理方式之一。这个调配机制能够有效充分地利用好宝贵的应急救援物资，避免在应急救援中出现资源短缺的问题。

⑤应急救援。要使应急救援快速、及时、准确、有序地展开，就必须做到，在应急救援行动中，能够实施科学的现场救助，并能科学合理地转送受伤人员，想尽办法降低事故造成的伤亡率，减少财产损失。特别是突发事故发生后容易形成扩散，甚至产生波及效应，要求救援人员要有救援能力，能够及时指挥现场人员进行自身防护，迅速撤离危险区域，进入安全区域。

⑥应急现场和事故信息的管理。管理好突发事故的信息是应急救援过程中不可或缺的重要任务。在应急救援管理过程中，应急信息是实现快速救援，快速进行应急处置的重要工作。因此，采用现代信息手段，建立先进的信息平台，是确保应急信息畅通、准确传递的重要保证。

⑦应急善后恢复。应急管理过程的另一个重要任务就是对突发事故应急处置之后，把工作救援重点转移到人员和家属的安抚方面。还要从保障业主的利益，查找事故原因等工程整体方面，做到尽快恢复施工。

2. 项目应急组织管理要素

(1)组织应急目标

工程项目应急管理的组织目标具有双重性特点。应急管理的组织目标要服从项目突发事故的管理目标，还要服从工程项目建设目标。对于工程建设项目，不惜代价地实施应急管理是不合理，也不科学的。项目应急管理必须做到尽快恢复工程建设，努力降低工程损失，加快工程恢复，保证工程质量，积极推进施工安全管理，保证施工进度和降低成本的多目标管理。

(2)组织应急职能

把应急预防、准备和善后恢复确定为与施工计划同时进行的常态化职能，而应急响应属于非常状态下的职能。

①项目应急预防。工程建设项目突发事故具有复杂性特点，一般都难以预测。尽管如此，工程建设项目的突发事故还是可以从预防的角度进行管理。应急预防就是通过对工程建设的进度、质量、费用、安全等日常管理工作进行控制，加强风险管理实现对突发事故的控制，减少危险源的形成，减少突发事故的发生概率。在预防中要采取识别危险源、评估风险、防范事故隐患等风险管理措施，还要重视工程技术能力提高，完善施工日常管理，做到预防和管理相结合。

②工程应急准备。工程项目建设中，要做好应急准备就是要针对施工过程中可能发生的突发事故和风险源进行识别和应急准备，要做到一旦发生突发事故，能够迅速有效地实施应急行动，并按照事先做好的应急计划进行救援。工程项目应急准备工作主要包括：应急组织机构设置、落实应急岗位职责、编制应急预案、计划和储备应急资源，维护好应急设备和物资、培训员工应急能力和进行应急演习，还要与外部应急组织进行对接，尤其要做好工程项目保险等工作。

③项目应急响应。工程建设项目应急管理的核心职能就是做好工程事故发生的应急响应工作。当应急事故发生之后，工程项目各参与方要迅速做出决策，启动应急预案，在统一协调下，合理调动应急资源，准确处置突发事故，把突发事故造成的损失降到最小。

④施工应急恢复。在工程项目突发事故救援基本结束时，应急恢复就要及时展开善后工作，恢复施工，调配人员，对人员伤亡和财产损失进行赔偿等。展开全面的事故原因调查，总结经验，提出进一步的事故防范措施。因此，应急管理组织必须具备对工程项目突发事故的全过程管控能力。

(3)组织应急能力

工程建设项目的复杂性给应急管理带来诸多挑战，项目应急管理组织需要具备相应专业的应急能力：

①资源整合能力。突发事故都存在很多诱因，事故范围较大，应急处置需要较多的应急资源，如果仅依赖项目建设主体是很难完成事故处置任务的。所以，工程承建者需要具备整合参建的所有单位，甚至相应的社会组织的支援力量，并且能够做到统一调度和协同行动。

②应急的动态管理能力。工程建设项目发生的突发事故大多具有不确定性，从成本的角度来讲，项目建设过程要设置独立的应急管理机构，专项储备一定数量的相关应急物资，以备应急需要，而不是应急物资越多越好。要把应急管理任务中应急预防、准备和善后恢复等环节作为工程项目建设中应急管理组织的常态职能，把应急响应作为非常态组织职能，这一组织职能应当具备对突发事故的状态和应急进展情况进行动态调度，以达到最有效的实施应急救援。

③应急的整体协调能力。在工程项目建设中，一般都存在多个利益参与方，由于各方利益的诉求有很大的差异，有时会产生各参与方对在应急实施中的职责和资源投入存在差异，往往会导致各方利益冲突，甚至由此延误应急救援。鉴于此，项目应急管理者在协调各方利益，化解矛盾方面，要建立有效的管理机制和制度，形成对各参与方的强大影响力。

4.3 工程项目应急管理体系和机制

4.3.1 应急运行机制的概念

应急管理体系比一般组织结构要复杂，要确保应急体系良性运转，必须有良好的运行机制作为支撑，才能使体系各要素、各子系统发挥应有的功能。

1. 应急运行机制的内涵

运行机制是指在人类社会有规律的运动中，影响这种运动的各因素的结构、功能及其相互关系，以及这些因素产生影响、发挥功能的作用过程和作用原理及其运行方式，是引导和制约决策并与人、财、物相关的各项活动的基本准则及相应制度，是决定行为的内外因素及相互关系的总称。

应急运行机制是指为确保应急体系内各要素以及要素之间高效运转，通过组织整合、资源整合、信息整合、路径整合而形成的统一应对各种突发事件的路径、程序以及各种准则的总称，是在应急大系统的整体运行中，由其内部各种相关要素构成并使应急各要素具有自我调节、控制、发展和完善能力的功能系统。它作为一个动态的系统，其构成要素不仅包括应急管理机构和应急组织，也包括使这些机构、组织得以建立、运转和行使职能的各种法律、政策、思想体系、行为准则、工作措施和物质手段等。既包括系统内各组合要素以动态链的形式运行，又包括确保这些动态链正常运行和动态链催生下的一些制度设计。要保证应急管理目标和任务的实现，必须建立一套协调、灵活、高效、可控的应急运行机制。

应急运行机制建立要充分考虑各个子系统的运行特点与作用，重点放在建立和完善突发事件应急准备与预防、监测预警、信息报告、应急响应、应急处置和信息发布以及善后处置机制。评价应急运行机制是否科学，要看政府组织或者公共管理部门能否运用各种科学管理的手段、制度和载体，将各类应急主体的积极性、主动性和创造性调动到最高，应对突发事件能力发挥到最大，灾难损失减少到最低。

2. 应急运行机制建立的原则

从突发事件分类看，每类应急运行机制都涉及许多工作，这些工作相互衔接，互为影响。必须采用最新的科学成果，利用科学思维和方法，对应急运行机制进行制度设计，其体系构架必须反映应对主体的工作思路、方法以及保障制度，以便减少内耗，反应迅速，达到预期目的。

应急运行机制的建立应遵循以下原则：

①科学性原则。科学性原则是指应急各要素、运行内容以及程序都要符合科学规律要求，不得有随意性。包括应急机制本身的设计以及机制内在要素的设计与完善，特别是风险隐患治理、预测预警、应急机构设置、权利与义务、应急资源征用等，具有时间和效率的要求，更有数量和质量的要求，必须讲究科学性。要运用专家和技术力量，汇聚最新科技成果，利用科学思

维和方法对待，切忌完全靠经验办事和盲目蛮干。

②系统性原则。应急运行机制既要考虑一般要素设计制度和工作规律，又要考虑各个运行机制相互协调运转，使运行机制成为一个良性运行系统，包括各应急运行要素、各子系统自身完善，以及要素、各个子系统相互之间协同联动，如各部门与地方职责，各种资源配置以及获取途径，应急各个阶段任务的衔接等。应急运行机制作为一个系统进行评估时，要以系统价值和功能最大化为目标，各要素、各子系统利益服从系统整体利益，保障其具有适用性和可操作性。如各要素及要素之间协同配合，各部门职责，各种资源数量、种类以及获取途径，都必须事前明确，并加强演练，确保急时可用，急时管用。

③动态高效原则。突发事件具有不确定性、突发性和巨大危害性，如果不及时预防、控制和化解，不仅危害增加，损失加大，而且有的还会派生出其他事件，出现事件升级，后果不堪设想。因此，应急系统各要素实行动态管理显得特别重要。要随着应急管理各阶段任务要求的变化，不断更新各要素的制度设计，不断地进行资源调配和调用，不断地磨合各子系统的运转机制。如根据应急预案开展演练，锻炼应急队伍，并根据演练发现的问题及时更新和修订预案已成为我国各级政府预案管理的一种制度。此外，要将时间作为一项十分重要指标对待，对应急运行机制设计的每一项任务，每一项工作，每一个环节，每一个过程都要提出时间要求，达到高效运转目标。例如，在常态时，加强预防，尽可能在科学评估的限期内消除隐患，在非常态时，行动迅速，短时间内控制事态，及时开展抢险救援，以免耽误最佳时机。

4.3.2　应急运行机制的一般内容

突发事件应急管理是一个过程，各个环节相互衔接，互为影响，突发事件应对工作实行预防为主、预防与应急相结合的原则，因此，应急运行机制应当涵盖突发事件预防与应急准备、监测与预警、应急处置、事后恢复与重建等应对环节，对每个阶段实施有效管理，尽可能防止向下一个更加严重的阶段发展。减少损失，防止事态扩大，是应急运行机制建立的基本要求，也是评价某项应急运行机制是否得当的重要指标，体现政府或者公共部门应急管理水平。应急运行机制的一般内容如下。

1. 预防与应急准备机制

预防与应急准备机制是指灾情发生前，应急管理相关机构为消除或者降低突发事件发生可能性及其带来的危害性所采取的风险管理行为规程。突发事件的突发性和不可预见性决定了单靠事前预测和预警很难消除引发事件诱因、降低或者消除事件带来的危害性。因此，必须实行风险管理，将应急管理关口前移，即政府或者公共组织在制定政策措施、开展项目规划、管理资源的时候，就要建立预防机制，通过大量调查和风险分析评估，认识突发事件发生规律，利用行政、法律、工程、技术等治理手段，从源头上减少或消除事件发生诱因，而当突发事件成为不可避免时，则提前做好应急相关的准备工作，从而减少事件所带来的危害性。基于这种认识，预防与准备比处置更重要。

预防与应急准备机制的一般流程及控制如下：

①降低脆弱性。脆弱性是社会承受突发事件危害的主要标志，具有不可控性。分析脆弱

性应从某一个地区政治制度、经济、社会文化以及应急基础能力着手。从主体层面看，通过政府主导，社会参与形式，在全社会开展应急文化教育，利用各种媒体和宣传手段，向公众宣传普及应急知识，增强公众应急意识，普及基本逃生手段和防护措施，掌握预防、避险的基本技能，增强公众应对突发事件的技能，从而增强公众心理上的承载能力。从客体层面看，重在夯实应对突发事件的基础能力。在农村，增强设施以及建筑物防灾能力，尽可能地降低灾害的发生概率。在城市，合理规划城市生命线工程建设，充分考虑城市安全需求，如避难场所等。另外，对一些重大危险源无力改变现状的，要树立规避意识，躲灾避灾，从而降低社会脆弱性，这一点往往被管理者忽视。

②开展风险管理。当本行政区域内出现容易引发自然灾害、事故灾难和公共卫生事件的危险源、危险区域时，要立即开展风险管理。

第一，风险调查。对其可能造成的后果进行定性和定量分析，开展风险评估，定期进行检查监控，并责令有关责任主体采取安全防范措施，在此基础上进行等级划分，以确定管理的重点，建立风险隐患数据库，必要时向社会进行公布。

第二，明确标准。标准是开展监督检查的依据，是风险管理的前提。要严格行业质量标准、健全安全标准体系等，实行标准化管理。同时，确立风险治理标准，发现隐患后的关键环节要进行监控。

第三，纠正偏差。风险治理对象在运行过程中出现偏差在所难免。通过现场观察、系统监控监测、检查督促、会议分析等，发现危险源和关键工作环节上出现的问题，以及苗头性信息，继而采取纠偏措施。在纠偏工作中要注意监控信息获取渠道多样性，信息获取及时性，以及准确性，并及时反馈。

由于危险源和危险区域有时是变化的，应对其定期进行检查、监控，掌握危险源和危险区域的动态变化情况。从组织层面看，所有单位应建立健全安全管理制度，高危行业企业应开展安全隐患排查，对重大危险源应当登记建档，进行定期检测、评估，实时监控，开展治理，培训从业人员和相关人员在紧急情况下的应急基本技能。现代高科技监测设备的运用，如重大污染源排污口监控监测、城市社会面视频监控网络等，越来越受到管理者重视，为风险管理提供了技术支持。对可能引发社会安全事件的矛盾纠纷，各级政府及其有关部门以及基层组织，都负有调解处理职责，要深入开展和切实加强人民调解工作，层层进行责任分解，落实任务，及时开展监督检查，将矛盾和隐患化解在萌芽状态。

③做好应急准备。当某类突发事件在某个地区或者某一领域频发，或者依靠预测发现事件危害不可避免时，管理者应做好应急准备工作。

第一，人力准备。当今世界突发事件的频繁发生，对各国政府履行公共管理职能提出了新要求。在我国，时代赋予了应急管理新要求，要实现从被动向主动转变，需要多种手段并用，常态手段和非常态手段结合。因此，人力资源储备必须跟进。要造就一批具有战略眼光，具有科学决策能力、较强组织协调能力、良好沟通能力的领导者，储备和培育一批执行能力很强的应急管理工作人员，动员一批具有应急愿望、良好技能，有基本应急物资条件的社会力量，通过培训，提高应急素质，迅速聚集资源，有条不紊地开展突发事件应对处置工作。此外，对公众开展应急科普宣教培训也是人力储备的一种形式，目的在于增强公众应急意识和应急能力。

第二，物资准备。“兵马未动，粮草先行。”为预防与处置工作开展提供必要的物资准备日显重要。完善财政预备金制度，将预备金作为解决处置突发事件的一个重要资金来源渠道，确保公共财政公共职能的履行。建立应急物资储备和应急物资生产能力保障制度，健全重要应急物资的监管、生产、储备、调拨和紧急配送体系，目的在于突发事件发生时，能够在充分物资保障条件下，有效应对各种紧急情况。

第三，技术准备。科技作为处置突发事件的重要保障手段已越来越被重视，先进设备设施和成熟技术应用往往成为应急救援成败的关键，特别是信息和先进的应急救援技术在当代突发事件应对中具有越来越重要的作用。政府要加大应急科技投入，加快新技术、新工艺和新设备的运用，提高防灾减灾能力，针对应急管理热点难点问题，开展联合科研攻关，不断增强科技在应急管理工作中的支撑作用。

第四，预案保障。应对突发事件能力的提高，一个重要标准是看应急预案制定和管理水平，是否有预案是区别现代应急管理与传统应对突发事件的重要标志。制定预案的目的是增强应急决策科学性，明确各处置主体责任，提高处置效率。通过调查和分析，针对突发事件性质、特点和可能造成的社会危害，制定一系列的操作流程，内容一般包括5个方面：组织体系与职责、预防与预警机制、应急响应机制、应急保障机制、恢复与重建措施。要加强预案演练与宣传，增强操作人员应急意识和应急技能，通过演练和实战检验预案成熟度，为下次应对工作做好准备。

2.监测与预警机制

突发事件的监测与预警机制，是指应急管理主体根据有关突发事件过去和现在的数据、情报和资料，运用逻辑推理和科学预测的方法技术，对某些突发事件出现的约束条件、未来发展趋势和演变规律等做出科学的估计与推断，对突发事件发生的可能性及其危害程度进行估量和发布，随时提醒公众做好准备，改进工作，规避危险，减少损失。主要的功能在于突发事件监测、预警信息确认与发布等。

(1)监测预警机制的运行模式构建

从工作流程上把突发事件监测预警分成监测报告、分析评估和预警公告三部分。突发事件监测预警主要包括信息的收集、突发事件隐患的动态监测以及信息的初级整理，分析处理信息并形成评估结论，审核汇总后及时发布。具体操作是：由各个险种防治部门设立的专门监测站、台、所完成原始信息收集和初级处理，随后迅速向专业的突发事件评估机构传输，评估机构对突发事件的危害程度和发生的可能性做出评估结论，以报告或通报的形式上报相关部门，经决策审批后的权威信息由各个险种的防治部门以及政府新闻主管部门进行预警信息发布。这种流程的构建要点在于以下几个方面：

第一，信息收集。信息是影响突发事件应对的控制性因素之一，广泛采集和不断积累大量的突发事件原始信息，进行加工、传递、储存、利用和反馈，及时获取具备决策价值的信息，从而对引发突发事件因素进行防范、控制和疏导，将其控制或消灭在萌芽状态。信息收集既要重视对监控对象信息的直接收集，也要善于通过各种间接方式获取突发事件信息，既要来源于主渠道即应急管理组织体系建立的上下协调、左右衔接的信息系统，又要来源其他非主流渠道包括社会层面收集的信息，以及各种媒体披露的信息等。只有获得多元化的信息收集渠道，才能使服务于应急决策信息更真实更完整，以便使组织做出正确反应。

第二，信息处理专业化。在多元化信息渠道背景下，要发现和利用有价值的信息，就应发挥专家和专业技术人员的作用，剥离多余的、虚假的信息，获取有价值的信息。在获取这类信息以后，进行整理加工，发现问题以及问题背后的根本原因。

第三，预警发布。对如何发布突发事件预警，可以从以下几个方面理解：

其一，发布预警的主体。突发事件预警级别发布的主体毫无疑问是政府或由政府授权的职能部门。影响超过本行政区域范围内的，应当由上级政府或者政府授权的部门发布预警警报。

其二，发布预警的渠道。政府及其应急管理机构根据突发事件管理权限、危害性和紧急程度，及时向社会发布事件预警信息，发布可能受到突发事件危害的警告或者劝告，宣传应急知识和防止、减轻危害的常识。

其三，预警发布后的行动。发布突发事件预警以后，宣布进入低级别预警期，事发地政府应当根据即将发生的突发事件的特点和可能造成的危害，采取一系列措施。这些措施总体上旨在强化日常工作，做好预防、应急准备工作和其他有关的基础工作，是一些强化、预防和警示性的措施。当进入高级别预警期后，事发地政府采取措施就更加有力，更具有约束力。采取法律、法规、规章规定的必要的防范性、保护性措施，更有利于突发事件的应急救援与处置工作的开展。

其四，技术投入与资源整合。预测与预警机制良性运转在很大程度上受投入机制和联动机制制约。目前，在世界范围内，自然灾害频率和灾害程度加大，急需提高针对突发事件的预测与预警技术，特别是地震、气象、环保、公共卫生、安全生产等专业预警预报系统技术。另外，还有一个机制联动问题，灾害的防御与程度的降低单靠某一个部门或者某个地区已经成为过去，需要跨国、跨地区、跨部门联合应对，多边合作。2004 年 12 月 26 日，印度尼西亚苏门答腊岛外的 8.9 级地震引发印度洋海啸，造成 30 多万人死亡，成为全世界死亡人数最多的重大灾难之一。总结其教训就是印度洋各岛国没有建立健全海啸预警预测系统，各国单兵作战，所获取的有限预测预警信息又没有实现共享。因此，对以突发事件各险种专门防治机构为核心的应急管理力量进行整合，建立通畅的预警组织网络体系，疏通信息的纵横传输渠道，共享信息资源十分必要，这样才会保证信息的科学处理、快速传递与及时发布，实现信息价值最大化，为应急处置赢得先机。再者就是预警范围和内容的有效控制。预警范围要依据突发事件潜在受害者进行分类确定，以免造成不必要的恐慌，在内容上要充分考虑潜在受害者的教育水平和心理特点，使他们能够理解和接受管理者发出的预警信息，提高他们的迅速反应能力，从而采取相应行动。

(2)我国目前预警机制建设现状

我国将可以预警的自然灾害、事故灾难和公共卫生事件的预警级别，按照突发事件发生的紧急程度、发展势态和可能造成的危害程度分为一级、二级、三级和四级，分别用红色、橙色、黄色和蓝色标示，一级为最高级别。预警级别的划分标准由国务院或者国务院确定的部门规定。近几年国务院发布的各种突发事件专项应急预案对可以预警的突发事件预警级别规定了统一的划分标准，具体到地方政府，还可以制定本地区本部门应急预案，针对某一类突发事件进行分级确定预警级别标准，但是这些预警级别和标准要和上级政府或者部门预案相衔接，避免造成级别冲突、应急响应的启动程序冲突、实施主体冲突。

3.信息报告机制

信息报告是指灾情发生后，突发事件管理的相关主体针对灾情信息报告的职能规定模式，将突发事件信息及时、准确、全面地报送给突发事件管理决策机构，使突发事件管理的决策指挥机构能够获得信息以及事件发展变化趋势，为科学、正确的决策指挥提供有效保障。信息报告是应急管理运行机制的重要环节，渠道的畅通与否、传递效率的高低、信息研判与加工直接影响到政府应对突发事件应急处置、善后恢复等各项工作。及时、准确、全面地报告信息，有利于掌握突发事件动态发展趋势，采取积极有效措施，最大限度地减少事故和灾害发生及造成的损失，保护人民群众生命财产安全。

(1)信息报告的一般流程

在我国，按照应急管理工作条块结合、属地管理为主的原则，突发事件发生地政府是信息报告的责任主体，各级政府负责向上一级政府报告突发事件信息。具体到运行机构上，则主要由各级政府应急管理办公室和各级突发事件专业险种防治部门承担。各级应急管理办公室是突发事件和灾情信息的综合处理机构，并承担向突发事件应急委员会或者专业应急指挥机构报送信息，辅助决策指挥的职能。

信息报告制度又可分为纵向分级报告制度与横向信息通报制度。

①纵向分级报告制度。是指在纵向上，按照分级报告的原则，灾情信息收集与一线减灾单位在获得灾情信息后，在向该险种上一级专业防治部门报告的同时，向本级政府应急管理办公室报告，各级应急管理办公室主要负责灾情信息的汇总、分析和处理工作，在达到一定级别的突发事件程度时，由本级应急管理办公室向上级应急管理办公室报告，必要时，报国务院应急管理办公室。同时，建立各类突发事件应对机构成员单位与应急管理办公室之间信息传递制度。由各级应急管理办公室与各级专业险种防治部门形成的“双线同报、交互通报”的信息报告模式，能够在第一时间获得灾情信息，从而保证对灾情信息的及时处理，有效保障对突发事件处置的决策指挥；同时，各级政府应急管理办公室可以对各类灾情报告进行指导，形成标准统一的、规范化的、便于操作的灾情报告制度，能够有效提高应急管理的效率。

②横向信息通报制度。是指在横向上，掌握突发事件信息的机构还需向其他的关联机构进行信息通报。当灾情可能对事发地产生较为严重影响的时候，掌握灾情信息的机构除了要向本级政府和上一级主管部门报告外，还要及时通报给事发地政府或其他管理机构，以便尽快做出反应。

(2)信息报告的规范化管理

应急管理的信息报告有着严格的要求、明确的规定和规范的程序。①在报告内容与形式上要求及时、准确、简约、规范。因此，对灾情信息的报告内容、报告形式和格式，以及报告时限等方面要做出统一的、明确的规定，做到灾情信息内容真实、要素完整、重点突出、表述准确、文字精练。同时，要注意做好突发事件的续报，确保信息连续性、完整性。②要建立信息报告通报制度和责任追究制度。对各地各部门各单位报告突发事件的情况，应急管理相关机构要定期或不定期进行综合考核和通报。③结合实际，依据应急预案，研究制定报告突发事件信息的工作程序，把责任落实到岗位、落实到人。加强对基层信息报告工作的指导，认真落实信息报告工作制度，查找薄弱环节，不断总结经验，研究提出改进措施。

4. 应急响应机制

(1)应急响应机制的含义

应急响应机制是指社会组织或公众就发生的突发事件向突发事件管理系统报警,应急管理系统针对社会组织或公众的报警做出反应的有关主体功能的规定及其运行模式。其目的是确保社会公众能够将任何地方发生的突发事件有关信息及时地报送到应急管理系统,同时应急管理系统能够针对突发事件灾情的实际情况做出快速、准确的反应。

(2)应急响应模式

针对目前报警号码多且分散并存的现状,建立合理的响应机制应该以消除众多应急报警中心之间的界限、整合各方面的力量为指导原则,成立应急联动中心或者110接警中心,建立统一接警、分类分级调度、统一监督管理的接警与调度分离的模式。

这种接报警应急响应模式具有以下3个方面的特点:

①统一报警号码。目前,我国有包括110、119、120、122等多个不同类型的报警电话,既不利于公众掌握,也不利于各警种快速协调处置。目前国际上通常采用统一的报警号码,如美国是911、中国台湾地区是119等。在政府或者政府委托的应急联动中心设立接警中心,统一接受各类突发事件的报警,再分流到相应的职能部门处理。这样做,一方面方便了公众报警,只需记住一个号码就可以达到报警的目的,为实施救援节约了宝贵的时间;另一方面有利于不同职能部门之间的信息互通,使突发事件处置能得到最优化配置;同时,一个号码也使得责任主体更加明确,避免了一些不必要的法律纠纷。目前,全国许多地方正在抓紧实现110、119、120、122"四台合一",实现资源整合,统一受理以社会安全事件和事故灾难类突发事件为主体的灾情报警。

②分类分级调度。分类调度是指各灾种防治部门都有自己的应急指挥中心,负责所属灾种的警情应急调度;分级调度是指应急联动中心负有综合调度职能,是一级调度中心,各专业指挥中心是二级调度中心,各专业指挥中心可视情况再延伸出多级调度部门。按照警情性质、类别、紧急程度确定的不同种类、不同等级突发事件灾情,由相应专业、相应等级的指挥调度部门负责应急救援力量的调度。

③跟进协调与实施监督。建立统一的接警中心的目的在于协调与调度,对各责任部门进行监督管理,通过赋予接警中心一定的职权,便于在灾情发生后实施有效的协调与调度,同时对接警中心和接警服务以及各二级调度中心的警情处理情况进行全程的监督、跟踪与控制。

5. 应急处置机制

应急处置机制是指突发事件发生后,政府或者公共组织为了尽快控制和减少事件造成危害而采取的应急措施,主要包括启动应急机制、组建应急工作机构、开展应急救援、适时公布事件进展等。突发事件应急处置是应急管理工作最重要的职能之一,尽管制定了比较完善的应急预案,建立了比较完整的应急管理组织体系,但当突发事件发生后,能否快速有效地控制和处理,尽快战胜突发事件,把突发事件造成的损失控制在最小范围,确保社会秩序正常运行和社会稳定,应急处置阶段则至关重要。如果缺少应急处置机制,就必然导致突发事件失控,甚至扩大升级,酿成更大的灾难。

(1)突发事件应急处置原则

①以人为本。突发事件一旦发生,事发现场指挥者和应急救援人员必须把挽救人的生命和保障人的基本生存条件作为突发事件现场处置的首要任务。突发事件尽管可能造成生产生活设施、基础设施等严重破坏,但这些设施相当一部分是可以恢复重建的,而人的生命只有一次,逝去就不可复生。因此,在突发事件应急处置中,必须牢固树立“先救人后救物”的理念,以确保受害和受灾人员的生命安全为基本前提,千方百计、最大限度地保护和抢救最大多数人包括应急救援人员的生命安全,即使付出再大的成本也在所不惜。当然,在保证人员生命安全的基础上,还应该尽力保障国家和人民群众的财产安全。

②快速反应。由于突发事件具有突发性、不确定性和危害性,尽快调集应急资源,迅速控制事态发展尤其显得重要和紧迫。特别是在第一时间内到达突发事件现场,探明危险源位置,迅速采取现场抢救措施,控制事态发展,就能够挽救更多人的生命,就能够最大限度地减少突发事件造成的损失。如果面对突发事件反应迟钝,优柔寡断,犹豫不决,势必贻误战机,丧失抢救机遇,失去处置突发事件的最佳时机,有可能造成更大的人员伤亡或财产损失,甚至可能出现事件升级扩大。

③统一指挥。突发事件往往超出了某个部门某个地区职责范围,处置突发事件单靠某个部门、某个组织的力量是远远不够的,需要在各级党委、政府统一领导下,发挥应急委员会的作用,需要许多部门、许多社会组织甚至周边地区政府、武装力量、国际组织和志愿者参与应对处置工作,相互之间需要互相支持和协作,形成统一的处置力量,需要借助社会各种力量的共同参与,整合各种资源,形成处置合力,才能实现最优效果。

④依法行政和科学处置。在紧急状态下,政府拥有许多特殊的紧急权力,这是应对突发事件的需要。但这些权力必须慎用,切忌误用、滥用,尤其是涉及公民人身权、财产权的紧急措施时,更需依法行使。《中华人民共和国突发事件应对法》已对紧急状态确认、紧急措施采取和公民权利义务、紧急状态期间法律责任及政府授权等方面做出了明确规定,将突发事件应急处置纳入法治轨道,目的在于提高突发事件应急处置质量。处置中更需注意借助高科技成果,遵循客观科学规律,发挥专家和专业技术人员的决策支持作用,切忌盲目决策。

(2)突发事件应急处置主体

突发事件发生后,事件发生单位、社区、村(居)民委员会和乡镇人民政府、街道办事处必须快速做出反应,指派本单位救援队伍或者本辖区有关力量进行先期处置,迅速救人,控制危险源和现场,疏散现场人员,并组织群众自救互救,立即向当地或者上一级人民政府或者应急机构、专项应急机构及其有关部门报告并随时报告事态发展情况。县以上人民政府或者其应急机构、专项应急机构接到突发事件的报告后,有关领导和人员必须立即赶赴现场,并根据现场紧急救援工作需要,设立现场指挥部,统一指挥现场应急救援工作。现场指挥部由事发地人民政府、主管和责任单位、有关应急救援部门的负责人组成,由当地人民政府负责人任指挥长,抢险工作现场指挥由责任单位、公安、消防等主管和负责人担任,特大、重大突发事件的现场指挥长分别由国务院,省特大、重大突发事件应急指挥部指定。

(3)应急处置主要程序

首先,接报研判。应急管理或者职能部门接到事件报警后,要详细记录,包括报告单位或个人、时间、地点、事件类别和规模、危害程度、可能演变的方向等,值守人员要对以上信息进行分析研判，及时报告领导和上级机关，决策者要有敏感意识和审时度势能力，及时决断。特别是在敏感人群、敏感地带、敏感时间发生的事件以及发生初期情况不明的事件，要给予高度关注，认真研判，界定级别就高不就低，不能麻痹大意。

其次，启动预案。应急决策作为非程序性决策，要求处置者在有限的时间、人力、物力、技术约束条件下，迅速对事件类别级别、严重性紧迫性和变化趋势做出快速决策，成立或启动应急机构，向有关对象发出预警，在确定事件级别以后，启动相应预案，必要时向社会预警，调动应急资源及时开展处置，各种力量立即投入应急状态。如果事件级别升级，事发地人民政府应该及时向上级人民政府报告。

最后，救援处置。事发地人民政府在迅速上报信息同时，要迅速赶到现场实施救援，先期处置，防止事态扩大，要迅速控制危险源，封锁现场，实行交通管制。应急处置措施是事发地政府的一种行政权力，带有强制性和规范性，既要保证在事件发生以后快速高效处置，减少损失和危害，又要不因滥用权力损害公民权利和利益，具体措施的使用一般主要有以下三点：

第一，救人措施。现场指挥部成立后，要组织各种力量开展处置，组织营救和救治受害人员，疏散、撤离并妥善安置受到威胁的人员，应急救援要保障营救工作人员生命安全，确保不发生新的伤亡事故。现场指挥部要科学制定救援或者处置方案，实行谁拍板谁负责，各级各部门必须服从现场指挥部统一指挥，统一调度，专家要参与现场指挥部工作，提出决策建议。

第二，控制措施。事件发生后，指挥部要迅速查出并控制危险源、危险区域，划定警戒线，确定处置重点，控制事态蔓延，消除发生次生灾害的隐患，为事件处置创造有利的外部环境。社会安全事件发生以后，还要维持正常社会秩序，保持大局的稳定。

第三，保护措施。事件发生后，要对重要应急物资、重点单位、重要部位进行保护，合理分配应急资源，防止人为破坏和不可抗力影响。

在应急处置中需要迅速调用各种应急物资，各部门要通力合作，各司其职。要注重发挥解放军、公安干警、武警等力量的突击队作用，发挥综合应急救援队伍和专业应急队伍骨干作用，组织抢修交通、供水、供电、通信等公共设施，提供避难场所、医疗卫生保障等措施。同时还要注意稳定社会秩序，依法严惩垄断资源、哄抬物价、欺行霸市等各类干扰应急处置工作的行为。应急处置结束以后，针对不同类型事件，有关部门要加强对危险源监测，防止衍生灾害发生。如国土部门要对灾后地质隐患点进行登记排除，水利部门要对灾后病险水库进行隐患工程治理，环保部门要对空气和水质进行污染检测，卫生防疫部门要防止疫情灾后爆发流行，公安机关要及时解除警戒等。

6.善后恢复重建与调查评估机制

突发事件的善后恢复和重建与调查评估是指突发事件被控制后，政府及其部门以及社会力量致力于恢复工作，尽力将社会财产、基础设施、社会秩序和社会心理恢复到正常状态的过程。

突发事件善后恢复和重建是整个应急管理运行机制中的重要环节，这里包括以下三个方面的含义：①解决和控制与突发事件问题相关的、可能导致再度发生突发事件的各种问题，巩固处置成果。②对突发事件造成的破坏进行社会的、物质的、心理的和组织的等各方面的重建和恢复。③通过对突发事件发生原因、处理过程进行细致分析，总结经验教训，提出改进意见，不断提高应急管理水平。同时，对涉及责任事故的责任人给予相应处理。

(1)善后恢复和重建

根据各国实践经验，突发事件恢复领域重点放在自然灾害和事故灾难类。在采取必要的应急措施后，突发事件的威胁已经在社会可控范围内，社会秩序已趋于基本稳定后，应急指挥部则要对应急措施做出调整，停止执行或减低执行强度，以结束应急状态，筹备进行事后恢复重建相关事宜。同时，还得注意防止次生、衍生事故发生，不能对事后工作掉以轻心。其中物质方面的恢复与重建工作主要是人们生活和生产等方面各种设施的恢复和重建；社会方面的恢复与重建工作主要是法律和社会秩序的恢复和重建，恢复正常的法律秩序，恢复正常的生活、生产以及工作秩序；精神方面的恢复主要是对社会公众特别是突发事件当事人与受灾者提供精神和心理救助。

1)善后恢复和重建工作流程

①成立恢复小组。这个小组不同于应急小组，其任务就是使社会从破坏性环境中恢复过来并寻求进一步发展。恢复小组成员多来自政府及其资金、项目、技术管理部门，还要有评估专家、利益相关者参加，并明确各自职责。

②确定恢复目标。收集储备事件发生的危害程度、灾后资源需求等资料，进行评估和规划，在此基础上确定恢复目标。目标的确定既要考虑恢复灾前水平，又要考虑抓住机遇，为灾后发展提供有力的措施，乃至实现组织管理结构重组。

③制定恢复计划或规划。恢复目标和对象确定后，就要安排恢复秩序、分配恢复所必需的资源，制定补偿政策和激励机制，建立恢复工作中团队、个人及其相互联动的机制。

④实施。在突发事件事后恢复和重建工作中，地方政府必须承担主要责任。上级人民政府应当根据受影响地区遭受的损失和实际情况，提供资金、物资支持和技术指导，组织其他地区提供资金、物资和人力支援，国务院和省级政府制定扶持有关行业发展的优惠政策，受影响地区的人民政府应组织实施善后工作计划，依据计划或规划，有步骤分阶段恢复灾后生产生活秩序，恢复社会政局稳定。

2)善后恢复应注意的两个问题

①社会心理救助机制。美国“9·11”袭击事件发生后不久所做的抽样调查显示，纽约市附近居民所遭受的心理压力，比其他地区的美国人都要大，美国政府对此事件可能引起的心理问题采取了一定的预防措施，“9·11”事件的现场开设了此事件的心理咨询，纽约州紧急事件处理办公室以及纽约精神卫生中心开始处理灾后的心理救援工作，通过电台、电视台、报纸、网络、热线电话等手段进行了大范围的精神卫生服务宣传。青海玉树地震发生以后，对地震灾区的群众开展社会心理援助显得特别重要，而且这种援助是一个漫长的过程，越来越引起我国政府重视。在我国，可以建立一个由新闻媒体、社会非政府组织以及政府多方力量组成的社会心理救助中心，其日常工作在于通过调查、统计、实验等方法，了解和把握不同群体的心理状况，注意人们心理状态的变化，对于一些消极心理，要积极疏导，对具体社会心理障碍要进行深入分析，找出社会历史根源，找准其产生的具体原因，消除突发事件隐患。突发事件发生后，要通过媒体宣传、电话、面谈、走访等手段合理实施社会心理干预与救助，逐步恢复受众信心，走出突发事件所带来的阴影。

②社会支持系统问题。许多事实证明，社会支持系统对应对突发事件确实能够起到“减

压”或缓冲调节的作用。首先，政府的援助机制。政府作为首要的组织部门，当人们遭遇到重大突发事件时，可以动员各种力量，给受灾的公众强有力的社会支持，这也是公共财政支出的必然要求，对于中国这样一个灾害频发的国家，除了加大财政预备费增长比例和绝对数额外，建立健全独立运行于财政预算之外的应急基金，滚动发展，专门用于处置突发事件十分必要。其次，建立健全社会援助机制。具体指在突发事件结束，特别是自然灾害或事故灾难结束后，政府救助是十分有限的，还得呼吁亲朋好友、同事、工作单位、企业、社会团体、红十字会、工会妇联，以及国际社会等社会各个方面给予精神上、感情上和物质上的支持与援助，妥善解决因突发事件引发的矛盾和纠纷。汶川地震、玉树地震能迅速得到国内外广泛的救援和救助就充分体现了这一点。

(2)调查与评估

突发事件应急处置工作结束后，事故处置主体——政府有关部门应该适时开展事故调查与评估，特别是事故灾难类多为责任事故，必须开展事故责任调查，认定责任，追究当事人责任，作为负激励警示后人。

1)事件调查

事件调查的主要内容是事件的基本情况、应急处置措施及效果、分析事件诱发原因、应急处置的经验教训及启示、事故责任认定及处理意见、改进措施等，依据事件发生级别确定事件调查的牵头政府或部门，相关成员单位参与，设立若干工作组，查阅相关资料、询问调查当事人及利益相关者，固定证据，必要时冻结相关资产。调查结果形成书面报告，作为责任追究、工作改进的重要依据，向处置突发事件的本级政府和上级政府汇报。

2)事件评估

对事件处置工作进行评估的主要内容有：事件发生后应急主体的反应速度、应急资源配置的合理性、信息沟通的有序性、救援措施实用性以及事件可避免性。评估结果的应用意义在于增强社会组织和公众应急意识，提高社会对突发事件的防御能力，改进应急系统，提高政府对突发事件的应对能力。减低灾害脆弱性，为受影响地区制定恢复重建计划，尽快为恢复生产、生活、工作、社会秩序、社会心理提供佐证和参考价值，也可作为应急教育培训案例素材。

3)区别与联系

调查与评估有区别又有联系，两者不可混淆。区别在于主体不同，调查主体是政府及问责部门或者司法机关，评估主体除了政府及其部门外，也可以是中介机构、学术机构。内容侧重不同，调查内容侧重事故灾难类的诱发原因、行政问责及工作建议，评估侧重于应急体系、应急能力的评价。但两者内容可以部分重叠，互为借用。

7.资源配置与监管机制

要确保应急运行机制高效、有序、灵活运转，需要一系列管理机制作为支撑，这些机制贯穿整个应急运行机制全过程，它们的运行具有自身特点或者要求，相互作用，相互影响。

(1)资源配置机制

充分有效利用应急资源是保障应急体系正常运转的必要环节。应急资源管理既要考虑资源数量、质量，还要考虑资源在时间和空间上的规划布局，使资源保持在最佳配置状态，做到有备无患。资源管理机制主要包括人力资源管理机制、资金资源管理机制、物资资源管理机制、信息资源管理机制、技术资源管理机制等。

(2)资源监管机制

监督机制是指组织为了达到所设定的目的而采取的纠偏行为及过程。建立应急监督机制重在对风险防范、应急处置(包括事前、事发、事中、事后)、应急程序等方面责任主体进行全程、全方位监督,目的在于防患于未然,在突发事件来临时能有效控制事态,减低或者消除事件带来的危害,而不是事后总结经验教训。它包括以下两个方面:

①监督内容。主要是对责任主体不作为或乱作为的事前、事发、事中和事后监督。不作为表现在有关单位对事故灾难类风险隐患管理监督失位,对易引发社会安全的矛盾纠纷隐患未能及时排除,从而引发事件发生。在应急处置方面,未能在第一时间开展有效处置,控制事态,引起事态升级,不服从应急指挥和协调,以及未能及时开展灾后恢复等;乱作为主要表现在预防阶段因行为不当加大突发事件的发生风险,应急处置存在重大失误,以及将应急物资、资金截留挪用等。

②监督主体和形式。各级司法机关、行政机关或者监察机关、党的纪检部门、新闻媒体、人民群众都可以成为监督主体。监督形式主要有:司法机关主要对违法构成犯罪的相关单位或者个人依法追究刑事责任;上级人大、行政机关或者监察机关主要针对下级机关和个人不履行职责,按照相关法律法规和程序对相关责任单位和个人进行处分;党的纪检部门对党的领导干部、党员有严重违纪行为但不构成犯罪的做出党内处分;新闻媒体和人民群众对政府及相关部门在应急处置中的行为进行监督。此外,各级职能部门定期或不定期对有关单位、部门和责任人开展检查、听取汇报,促进其改进工作,消除隐患也是一种有效的监督形式。

8. 奖惩机制

奖惩机制是指为了完成应急管理任务,对参与主体设计的管理考核、激励措施并实施过程。针对应急管理活动而言,奖惩机制同样贯穿应急管理工作全过程,激励有正激励即奖励,也有负激励即惩罚。关键环节在于评价体系建设、激励兑现。完善奖惩机制有利于调动各方积极性,完成组织目标,以利于应急管理工作开展。

奖惩机制的一般工作过程:

①制度设计。建立绩效评价体系,对考核对象应急能力进行全面的、综合的反映和考核评价,探索出应急管理绩效提升的有效途径。包括建立绩效考核指标如政府综合实力、应急处置能力、应急处置效果等,确定评价方法如定性、半定量、定量几种方法。

②事中督查。在目标实施过程中,需要对考核对象实施目标出现误差进行纠偏,同时,对出现的新情况进行分析,总结经验教训,以便下个目标实施中重新建立考核体系。

③考核认定。对考核对象考核周期进行全面考核,包括非常态下政府应急管理指标、常态下预防与准备指标等,在此基础上形成考核评价结果。考核要客观公正,尽可能收集到量化指标,去伪存真,以事实为依据,以考核评价体系为准绳,保证考核证据有效性、权威性。要考虑对象在实施目标过程中的特殊性,因为突发事件不可预计,评价体系也在不断完善中,对出现个别情况要灵活处理,防止考核过于刚性化。

④兑现奖惩。根据考评结果,评定等级,对优胜者和特别贡献者进行奖励表彰,以此弘扬典型。对严重没完成任务的给予通报批评,对有重大失误的可以实行一票否决。以上可以采

取媒体刊登、会议总结、文件下发等形式。

9.新闻发布机制

新闻发布是指政府依据法律法规要求，在应急处置过程中和处置结束后，就突发事件基本情况、应急措施及现状等情况，通过主流媒体及时、准确、全面地向社会公众进行发布和报道。事件信息披露（除涉及国家安全、有重大影响公共利益和个人隐私外）是应急工作各主体方信息沟通的主要内容之一。良性沟通可以增进了解，相互支持。只有及时、准确、全面地披露事件信息，才能满足公众知情权，接受社会监督，杜绝谣言产生，避免社会恐慌，才能使社会组织、公众配合政府开展应急工作，协同作战。国外许多国家对信息公开早有相关法律规定，我国法律法规也有相应的条款。如政府信息公开条例规定，县级以上政府及其部门在各自职权范围内确定主动公开的政府信息具体内容，其中涉及突发事件应急管理的两个内容，即突发事件的应急预案、预警信息及应对情况以及环境保护、公共卫生、食品药品、产品质量监督检查情况要向公众披露。

突发事件发生后，应急指挥部应当确定新闻发言人，按照有关规定和程序，统一、及时向社会发布有关信息。对需要动员社会力量参与处置的突发事件信息以及国家机关做出的应急工作指示、决定、命令，必须及时通过媒体公开。在管理与具体责任主体上，应该由相应部门和政府新闻主管部门协同负责信息发布工作。在发布时间上可以根据突发事件处置具体需要而定。

10.合作参与机制

突发事件处置范围、危害程度难以确定，带来处置工作难度，在某些情况下需要外在力量协同作战。它包括常态和非常态下的协作。常态下合作主要是工作交流、信息共享等。突发事件发生以后，各方相互支持，良性互动。

（1）周边合作机制

它是指突发事件发生或者可能发生时，承担主体处置职能的一方与其周边各方共同应对的形成机制。它具有以下特性：

①主体性。即在一定范围内处置突发事件必须明确处置主体，建立统一指挥体系。各级应急委员会和专项应急指挥机构履行组织指挥职能，依法行使紧急状态处置权力，充分调动和配置各种资源应对突发事件。

②协同性。各方协同参与，从组织体系、职责、运行方式、资源获取等方面明确任务，确保高效运转。

③互补性。参与各方在资源上，如应急队伍能力、救援装备、技术手段等有一定差别，因此在资源备份上必须具有互补性，而且要保持资源共享的畅通性，理顺关系。

周边合作机制建立要注意以下三点：第一，建立战略合作关系。每个地方要有战略眼光和合作意向，摸清本地方本系统应急资源，主动加强多边合作，通过定期磋商等方式，形成各方协同应对突发事件共识，在此基础上，邀请各方参与，达成公共安全框架协议。第二，建立合作机构。合作机构可以是临时的，也可以是专门机构，但不论何种形式，都要定期研究具体问题，保持良好信息沟通。第三，合作实施。突发事件没发生时，各方要相互交往，共同培训等，必要时开展定期应急演练和交流。当突发事件来临时，采取周边联动，迅速调集应急资源，统一处置，协同应对。

(2)社会参与机制

社会参与机制是指组织、引导社会力量共同参加应对工作所遵循的措施和程序。在预防阶段，可以增强参与主体的应急意识和防患意识，某些特定主体如安全责任单位既是参与者，又是被管理者。在处置阶段，社会动员在突发事件应急管理中具有不可替代的作用，完善的社会动员体系，有助于形成应急管理合力和快速有效处置突发事件，更有助于形成政府与社会公众协调互动的良性关系。社会参与机制具有以下特点：

①广泛性。突发事件的应急处置不是政府一家的事情，国内外应急实践表明社会组织和公众的参与也是有效应急的重要因素，配合政府采取的应急处置措施，积极参加应急救援工作，协助维护社会秩序。

②秩序有序性。突发事件的突发性，更需要政府在处置中高效、有序。社会动员也应该是有组织、有秩序地进行的，而不是杂乱无章、失去控制地进行。公民在应急处置中应当主动接受政府和有关部门的各项应急部署和措施，特别是各项管制的义务。

③目的明确性。一方面，应急管理社会动员是为了实现特定的目标而进行的一种社会群体性行为。另一方面，政府作为应急管理的主体，为了与公众建立起良好的社会关系，必须充分发挥自己的主体性，按照既定目标积极地、主动地、有创造性地组织各种旨在影响和引导公众参与应急管理的活动，从而使政府的应急管理工作得到公众的认同、理解、支持与合作。

建立社会参与机制要注意以下三个方面：

①制度设计。各类突发事件参与主体要建立应急管理工作制度，自觉接受政府以及社会各界监督，政府在政策支持、资源保障、舆论导向等方面要给予社会参与主体应有的政策支持和合法地位，这些都要通过制度设计逐步完善，通过法律法规、政策等形式明确下来。

②培训提高。政府应该在法律法规、应急知识宣教普及、应急演练、应急培训等方面对参与主体给予指导，提高社会公众应急素质和能力。

③紧急动员。发生突发事件以后，各类主体要按照各自职责和应急预案开展工作，积极发挥各类群众团体、红十字会等民间组织、基层自治组织乃至国际社会力量在灾害防御、紧急救援、救灾捐赠、医疗救助、卫生防疫、恢复重建、灾后心理支持等方面的作用，不失时机地做好公益捐赠工作。例如，汶川地震应急救援引发了一次真正意义上的、大规模的社会动员，万众一心，众志成城，充分显示了我国政府社会动员的强大威力。

当前，我国突发事件社会合作参与要在政府主导、社会参与的大原则下，构建一个覆盖全过程的应急治理结构，建立有序有力的社会参与机制和评价激励机制，不断完善以下内容：

①军队、武警部队与政府应急管理联动机制。将军队、武警部队参与应急管理工作纳入规范化、制度化、法制化轨道，促进军队与地方应急管理工作的落实。依托公安消防队伍建立应急救援专业队伍，建立公安消防部队与地方专业机构的应急合作机制，发挥公安消防部队的突击作用，提高应急处置和救援水平。

②应急志愿服务机制。为志愿者提供救援基础设施和专用救援设备，志愿者则按照国家标准参与培训，掌握各种救援技能，接受政府调遣，实施各类应急救援。建立社会力量公益捐赠机制，规范捐赠行为，强化款项管理，为应急处置和灾后重建提供必要的保障。

4.3.3 应急预案

1. 应急预案的概念

应急预案指面对突发事件如自然灾害、重特大事故、环境公害及人为破坏的应急管理、指挥、救援计划等。它一般应建立在综合防灾规划上。其几大重要子系统为:完善的应急组织管理指挥系统;强有力的应急工程救援保障体系;综合协调、应对自如的相互支持系统;充分备灾的保障供应体系;体现综合救援的应急队伍等。从文体角度看,应急预案是应用写作学科研究的重要文体之一。

总体预案是全国应急预案体系的总纲,明确了各类突发公共事件分级分类和预案框架体系,规定了国务院应对特别重大突发公共事件的组织体系、工作机制等内容,是指导预防和处置各类突发公共事件的规范性文件。

应急预案应形成体系,针对各级各类可能发生的事故和所有危险源制定专项应急预案和现场处置方案,并明确事前、事发、事中、事后的各个过程中相关部门和有关人员的职责。生产规模小、危险因素少的生产经营单位,综合应急预案和专项应急预案可以合并编写。

综合应急预案是从总体上阐述事故的应急方针、政策,应急组织结构及相关应急职责,应急行动、措施和保障等基本要求和程序,是应对各类事故的综合性文件。

专项应急预案是针对具体的事故类别(如煤矿瓦斯爆炸、危险化学品泄漏等事故)、危险源和应急保障而制定的计划或方案,是综合应急预案的组成部分,应按照应急预案的程序和要求组织制定,并作为综合应急预案的附件。专项应急预案应制定明确的救援程序和具体的应急救援措施。

现场处置方案是针对具体的装置、场所或设施、岗位所制定的应急处置措施。现场处置方案应具体、简单、针对性强。现场处置方案应根据风险评估及危险性控制措施逐一编制,做到事故相关人员应知应会,熟练掌握,并通过应急演练,做到迅速反应、正确处置。

应急预案的类型有以下四类:

①应急行动指南或检查表。针对已辨识的危险制定应采取的特定的应急行动。指南简要描述应急行动必须遵从的基本程序,如发生情况向谁报告,报告什么信息,采取哪些应急措施。这种应急预案主要起提示作用,对相关人员要进行培训,有时将这种预案作为其他类型应急预案的补充。

②应急响应预案。针对现场每项设施和场所可能发生的事故情况,编制的应急响应预案。应急响应预案要包括所有可能的危险状况,明确有关人员在紧急状况下的职责。这类预案仅说明处理紧急事务的必需的行动,不包括事前要求(如培训、演练等)和事后措施。

③互助应急预案。相邻企业为在事故应急处理中共享资源,相互帮助制定的应急预案。这类预案适合于资源有限的中、小企业以及高风险的大企业,需要高效的协调管理。

④应急管理预案。应急管理预案是综合性的事故应急预案,这类预案详细描述事故前、事故过程中和事故后何人做何事、什么时候做,如何做。这类预案要明确制定每一项职责的具体实施程序。应急管理预案包括事故应急的四个逻辑步骤:预防、预备、响应、恢复。

2. 应急预案的主要内容

主要包括恐怖袭击事件、经济安全事件、涉外突发事件等。

按照各类突发公共事件的性质、严重程度、可控性和影响范围等因素，总体预案将突发公共事件分为四级，即Ⅰ级(特别重大)、Ⅱ级(重大)、Ⅲ级(较大)和Ⅳ级(一般)，依次用红色、橙色、黄色和蓝色表示。重大事故应急预案可根据2004年国务院办公厅发布的《国务院有关部门和单位制定和修订突发公共事件应急预案框架指南》进行编制。应急预案主要内容应包括：

①总则：说明编制预案的目的、工作原则、编制依据、适用范围等。

②组织指挥体系及职责：明确各组织机构的职责、权利和义务，以突发事故应急响应全过程为主线，明确事故发生、报警、响应、结束、善后处理处置等环节的主管部门与协作部门；以应急准备及保障机构为支线，明确各参与部门的职责。

③预警和预防机制：包括信息监测与报告，预警预防行动，预警支持系统，预警级别及发布(建议分为四级预警)。

④应急响应：包括分级响应程序(原则上按一般、较大、重大、特别重大四级启动相应预案)，信息共享和处理，通信，指挥和协调，紧急处置，应急人员的安全防护，群众的安全防护，社会力量动员与参与，事故调查分析、检测与后果评估，新闻报道，应急结束11个要素。

⑤后期处置：包括善后处置、社会救助、保险、事故调查报告和经验教训总结及改进建议。

⑥保障措施：包括通信与信息保障，应急支援与装备保障，技术储备与保障，宣传、培训和演习，监督检查等。

⑦附则：包括有关术语、定义，预案管理与更新，国际沟通与协作，奖励与责任，制定与解释部门，预案实施或生效时间等。

⑧附录：包括相关的应急预案、预案总体目录、分预案目录、各种规范化格式文本，相关机构和人员通讯录等。

3. 应急预案的编制

应急预案的编制包括以下步骤：

(1)组建编制队伍

预案从编制、维护到实施都应该有各级各部门的广泛参与，在预案实际编制工作中往往会由编制组执笔，但是在编制过程中或编制完成之后，要征求各部门的意见，包括高层管理人员，中层管理人员，人力资源部门，工程与维修部门，安全、卫生和环境保护部门，邻近社区，市场销售部门，法律顾问，财务部门等。

(2)危险与应急能力分析

1)法律法规分析

分析国家法律、地方政府法规与规章，如安全生产与职业卫生法律、法规，环境保护法律、法规，消防法律、法规与规程，应急管理规定等。

调研现有预案内容包括政府与本单位的预案，如疏散预案、消防预案、工厂停产关闭的规定、员工手册、危险品预案、安全评价程序、风险管理预案、资金投入方案、互助协议等。

2)风险分析

通常应考虑下列因素：

①历史情况。本单位及其他兄弟单位、所在社区以往发生过的紧急情况，包括火灾、危险物质泄漏、极端天气、交通事故、地震、飓风、龙卷风等。

②地理因素。单位所处地理位置，如邻近洪水区域，地震断裂带和大坝；邻近危险化学品的生产、贮存、使用和运输企业；邻近重大交通干线和机场，邻近核电厂等。

③技术问题。某工艺或系统出现故障可能产生的后果，包括火灾、爆炸和危险品事故，安全系统失灵，通信系统失灵，计算机系统失灵，电力故障，加热和冷却系统故障等。

④人的因素。人的失误可能是因为下列原因造成的：培训不足、工作没有连续性、粗心大意、错误操作、疲劳等。

⑤物理因素。考虑设施建设的物理条件，危险工艺和副产品、易燃品的贮存，设备的布置，照明，紧急通道与出口，避难场所邻近区域等。

⑥管制因素。彻底分析紧急情况，考虑如下情况的后果：出入禁区、电力故障、通信电缆中断、燃气管道破裂；水害、烟害、结构受损、空气或水污染、爆炸、建筑物倒塌、化学品泄漏等。

4.应急预案的培训演习

(1)应急预案培训的原则和范围

应急救援培训与演习的指导思想应以加强基础、突出重点、边练边战、逐步提高为原则。

应急培训的范围应包括：

①政府主管部门的培训。

②社区居民的培训。

③企业全员的培训。

④专业应急救援队伍的培训。

(2)应急培训的基本内容

基本应急培训主要包括以下几方面：

①报警。

②疏散。

③火灾应急培训。

④不同水平应急者培训。

在具体培训中，通常将应急者分为5种水平，即初级意识水平应急者、初级操作水平应急者、危险物质专业水平应急者、危险物质专家水平应急者、事故指挥者水平应急者。

(3)训练和演习类型

根据演习规模可以分为桌面演习、功能演习和全面演习。根据演习的基本内容不同可以分为基础训练、专业训练、战术训练和自选科目训练。

5.应急预案的启动终止

在出现突发事件的情况下，当实际的灾害情况满足预案中给出的启动条件时，应急预案才可以启动。

国家的总体应急预案中对于启动的规定是:“突发公共事件发生后,事发地的省级人民政府或者国务院有关部门在报告特别重大、重大突发公共事件信息的同时,要根据职责和规定的权限启动相关应急预案,及时、有效地进行处置,控制事态。”这个规定就相对有原则性,而有些具体的预案可能会规定得非常细致。例如,“在24小时内的降雨超过45mm时,启动城市排水应急预案”,或“降水量超过每小时20mm,即启动城区道路排水应急预案”。

根据对以往预案启动情况的了解与分析,可以发现有时候尽管没有达到预案启动的物理条件,但事件却已经造成了很严重的破坏性后果,此时,如果按照预案启动条件的要求,是不能够启动预案的,但事情却又非常紧急。因此,应该在预案中设置不同的启动条件,包括定量化的条件和很难定量化的后果条件,满足启动的条件之一,即可启动应急预案。

预案也应该在适当的时候予以终止。终止条件一般在预案中有事先的规定,通常会是当前的灾害发展态势已经被遏制,或者已被限制在一定的范围内,此时,一般性的应对措施就足以完成对事件的控制,并有望在比较短的时间内消除事件,进入全面恢复阶段。特别重大突发公共事件应急处置工作结束,或者相关危险因素消除后,现场应急指挥机构也应该予以撤销。

4.4 C市PX项目危机应对措施分析

4.4.1 项目概况

S省石化项目是国家能源发展战略布局的重大项目,国务院正式批准PX项目在C市开展。2008年4月21日,国家发改委下发了《关于S省PX项目核准的批复》,正式同意该项目的建设问题。项目所有的环境标准依照我国最高标准设定,采用了最先进的膜回收和烟气脱硫、脱硝等多种工艺,并且厂区内罐区和装置区的防渗处理分别采用了先进的HDPE膜和防渗混凝土技术,循环水、生产及生活污水等管线全部地上化,在环保设施上该项目已投资了380亿元。中国石油1000万吨/年炼油项目拟建于S省C市P石化基地内。P石化基地由中国石油天然气股份有限公司(国有控股企业)和S省C市石油化工有限公司共同出资建设,按照股份制企业模式进行管理和经营,合作年限为50年。80万吨/年乙烯工程和1000万吨/年炼油工程项目规划在同一地点建设,为项目的二期工程。其中炼油项目总占地面积为1.6407km^2,土地性质为规划的工业用地,目前为河滩荒地。本项目总投资合计169.2605亿元人民币;中国石油天然气股份有限公司占75%,S省C石油化工有限公司占25%,其中环境保护方面投资约需31.7724亿元,建设投资158.4665亿元,环保投资比例约占20.05%。项目建设期为3年,预期2010年投产。炼油装置及公用工程、辅助工程年操作时数8400h,化工装置年操作时数8000h。2008年C市民众反对PX项目事件是指:2008年5月4日,为抵制PX项目,约200位C市民在市区的抗议游行。参加抗议游行的人员都戴着口罩,默不作声。整个游行过程持续约2小时。2013年5月C市再次发生反对PX项目危机事件。2013年5

月4日至5日，C市民针对P化工企业PX项目进行了一系列反对活动。民间部分人士号召于5月4日在C市中心和重要路段举行游行活动，市民5月4日在市区游行，原因是为了抵制一个待建大型化工项目。整个游行持续近两小时，其中人数最多时近200人，但游行的整个过程中没有发生混乱局面，也没有拉横幅、喊抵制的口号的情况出现。加之C市即将举办某国际论坛会议，所以，5月3日晚，C市公安局宣布将于周末(5月4日和5日)举行"支援抗震救灾创建平安C市"实战演练，此举被媒体和民众认为是防范5月4日可能出现的游行示威活动。当天晚上，C市PX项目公司连发三次声明，称选址地点科学无害。

抗议活动只是有少部分人参与，由于警方的及时疏导和控制，抗议活动没有按照组织者预先安排好的模式进行。介于此，C市民就在网络上表达了自己对此次项目建立的愤怒情绪和不满意愿，而且早期网民也在网络上表达了对于该化工厂建设项目的不满情绪，并有一些人借此机会在网络上煽动广大人民群众，出于其他政治和经济目的，错误引导民众的注意点，借机造成社会恐慌扰乱人民正常生活秩序。从2013年5月4日早晨开始，大量图片在新浪微博上传播，这些图片大多摄于市中心及一些重点路段，从图片中可以看到，C市重点路段戒备森严。很多微博在此段时间内就被转发上百次。与此同时，C市政府官方微博"平安C城"遭遇网民围攻。C市公安局在10日下午召开新闻发布会宣布，宣布对于此次事件的一个处理决定，对通过互联网编造、散布谣言，恶意蛊惑人心，蓄意煽动、组织和策划非法游行的组织者进行了行政拘留。面对这些无视国家有关法律法规的行为举止，政府严格依据《中华人民共和国治安管理处罚法》等相关法律法规，使不法分子得以惩处，并引以为戒。

4.4.2 C市PX项目危机事件网络舆情应急处置的基本特点

1. PX项目立项后公众在网络上表现出对环境问题的关注

石化项目将建立在C市的消息一出，公众在网络上对环保的争议就没有停息过。因为石化工业是重污染型工业，对环境会造成一定的危害和污染，废水、废气和固体废弃物将大量地在其生产过程中产生，如果不能够控制与处理好生产所产生的污染物，环境将受到极大的污染。环境容量首先引起了争议。C市PX项目位于S石化基地内，准备修建在C市西北方向的两个小镇之间，与C市区直线距离约5km。项目主要由80万吨/年乙烯、1000万吨/年炼油"炼化一体化"工程组成，其环境容量的问题是导致公共危机事件的一个导火索。经过查阅《S石化基地控制性详细规划》，规划书中也提到："石化基地位于C市区的上风上水方向，石化工业属于重污染型工业，生产过程中将产生大量的废水、废气和固体废弃物，如不加妥善控制与处理，易导致环境污染。"主流媒体网站上可查询到，也有专家提出了反对的意见，称C市平原地形的核心区域建立石化，但是C市并不具备支撑石化存在的"环境容量"。PX项目负责人则在网络上向媒体解释道"达标排放并不等于无污染排放，环境容量如果已经饱和，那么达标排放也是不允许的"。沱江是C市所在地区一条较大的河流，但近几年沱江已经变成了S省水污染最严重的河流之一，经过对沱江支流的水质进行环境监测，结果水质等级都为劣Ⅴ类水，干流在枯水期也以Ⅳ类和劣Ⅴ类水为主，这从某种角度上证明了环境容量已达饱和程度。在政府相关网站上可以查阅到《S石化基地规划环境影响评价信息公告》中公告沱江的现状是已经没有环境容量,必须采取有效的环境保护措施,政府对污染进行强化性治理,在大大降低了污染排放总量后,S石化基地的建设才具备环境可行性,才可以建立和投产。PX项目产生了民间十分担忧自己赖以生存环境即将受到威胁的局面,因此在C市建立石化项目的时候,政府、企业、专家对立项问题进行深入的讨论,导致立项经历了一个漫长的等待过程,这也体现了在谋求发展的同时,环境问题也是政府需要思考和重视的问题。《S石化基地控制性详细规划》是C市规划设计研究院参与编制的,从项目的规划背景来看,S省及周边地区(甘肃和新疆除外)长期以来一直受到原油资源的制约,并且以石油为主体的有机化学工业发展相当落后。《S石化基地控制性详细规划》中写道:"在工业发达国家有机化学品在化工产业的比重约为60%以上,我国为30%左右,S省仅为4.4%,其周边地区(如云南、陕西等)更低,甚至为空白。"早在1993年,中国石油天然气总公司就计划开展S1000万吨/年炼油厂选址工作。1999年,由于国家有意向在我国西部地区建立石化基地,S省再次启动相关申请工作。2005年,国家发改委核准了在S省建设80万吨/年乙烯项目。2006年,石化基地工程建设项目着手动工,但是炼油项目因为不断的在探测和进行环境安全评价,以及按照国家有关方针政策进行调整和考虑,建立炼油厂的工程迟迟没有被国家批准,因此炼油厂项目一再被搁置,导致两个项目不能同时进行建设。中石油要求乙烯和炼油项目一旦在C市建立起来,对S省经济的影响将是巨大的。根据规划预测,石化基地建设的总投资约为762亿元,建成以后预计实现销售收入约744亿元,可实现利税约152.4亿元。因此此项目的建立,对于此地区的经济效益是非常可观的,可以拉动经济的增长。综合考虑之后,1000万吨/年炼油项目在2008年最终获得国家核准。在核准之后,问题接踵而来。同年,生活在C市的高校教师彭某写了一篇题为《从S石化项目看政府与民间沟通机制的欠缺》的论文,此篇论文得到广泛关注并受邀在2008年C市平原环境与可持续发展研究会上分享。这位老师作为一位普通市民,虽然只是写了一篇论文,但是也从某种程度体现了广大人民群众的呼声,从另一个角度看,政府也依然重视群众的诉求,给人们一个合法合理的平台把想要表达的表达出来,形成一个良好沟通的局面。PX项目使得C市平原的生态环境安全成为社会各界广泛担忧的问题,民众在网络上呼吁政府是否可以停止建设相关项目,由于经济发展和环境治理之间的矛盾,PX项目成了当时一个敏感的话题。

由于在项目立项之前的沟通不畅问题,民间在网络各种平台上都有很多质疑和不放心,政府没有第一时间在政府相关网站和讨论平台上给予正式的回应,而采取了消音的办法,问题暂时被掩藏起来,政府刚开始在网络舆情发生的时候并没有意识到要正视问题的重要性。在这段敏感的日子里,在我们能够看到的地方,特别是网络平台上,人们在讨论这个关于政府和企业即将建立的石化项目。由于群众在家庭、单位、公共场所、网络上都在谈论此事,特别是网民使用最多的微博、微信、QQ等网络交流平台,说明了公众对政府管理的关注和对环境保护的意识越来越强,大家都在担忧PX项目对公民赖以生存的自然环境污染的问题,这种现象对于地方政府管理和环境治理方面也起到了监督和促进的良好作用。随后,国内媒体报道PX项目负责人在回答记者时,针对项目排放的大气污染物挤压当地的环境容量,让C市的自然环境变得更加脆弱的问题,提到了在项目顺利投产后,该企业可以向市场提供高质量油品,从这个方面看,高质量油品可以减少汽车尾气中的有害物质。目前C市机动车保有量310万辆计算,私家车占有量比例非常大,如果能够降低尾气的污染,那么就能在空气质量方面使环境得到改善。另一个方面，从此事的本质来看，按照国家对于环境保护的相关法律法规建设项目，地方政府只要大力清理那些不按照国家要求建立生产的企业，关闭大量的落后和污染严重的企业，就能够为该项目腾出更多的环境容量。看问题要多方面、多角度思考。政府在发现网络舆情后，开展科学积极的安抚和劝导工作。联合针对研究该问题的专家及企业科技人员宣传对于环境保护的问题，不是关闭一个企业、不发展经济，而是要通过科学的手段来提高环境容量利用率，政府正好可以通过此次的项目建立及投产，加强对环境的治理，加大力度查处和关闭那些不符合国家标准的、污染大的企业，以保证本地区的环境生态。如果处理得好，是一个良性循环的状态。由于此前西南地区没有大型炼油厂，高质量的国Ⅳ品质汽油、柴油都要依靠外地供应，C市场的汽油、柴油大多属于国Ⅲ品质。汽车尾气中主要的污染物为SO_2，按照国家标准，如果全都换成国Ⅳ油品的话，那就相当于整个城市至少减少了三分之二的SO_2排放量。因为国Ⅳ品质汽油的含硫量比国Ⅲ少66.67%，这相当于将200万辆车排放的SO_2污染物给减少了。按照规划，该企业的汽油产品还将升级为国Ⅴ标准，那时汽油的SO_2含量还会更低，空气质量也会随之受到良性影响。

2.政府发现网络舆情后积极回应质疑

2008年和2013年的网络舆情监测中，网友通过微博、论坛、博客、贴吧等形式发表了自己对PX项目的理解和看法，地方政府使用网络舆情监测系统针对以上各类网站进行实时监测，在敏感时期隔几分钟扫描一次，做到相关信息的实时入库。包括关键词抽取、要素采集、全文索引等，然后进行智能分析，包括对类别、人名、地域进行识别，对正负消息进行预判。新浪微博中，针对PX项目专门开通了C市相关PX项目的官方微博号，里面发布了官方对于网民们对PX项目疑问的解答，设立了问题解答的关键词，最早一条微博图片上传时间为2013年5月2日，43条评论中43条都是带有负面情绪的回复。随后5月23日同一天，官方微博将市发改委就PX项目的战略布局意义以及审批程序以及对于S省的产业布局、产业结构调整，加快城市化进程的相关内容公布，以及公布石化管委会对为什么PX项目选址在C市的解释，公布到了PX项目的官方微博，同月相继发布了9条关于解答PX项目建设、生产、环保措施等问题。人民网调查了网民对中国石油回应PX项目做法的意见进行了倾向性分析。

如图4-2所示，17%的网民认为公告内容太傲慢，背景深、实力强在当地行不通；16%的网民对项目投产持反对态度；14%的网民认为几个公告就想过关实在不把民意当回事；12%则认为企业、政府、民意表达应该在一个公开平台平等谈判等。可见，超过50%的网民认为对于此事件政府和企业没有事先做好沟通协商的工作，没有一个科学畅通的沟通交流渠道和意见平台，没有让公众参与到地方公共治理的环节中。公共参与理论中提到，社会的管理格局应该有三个特点，分别是政府负责、社会协同、公众参与。中国共产党第十八次全国代表大会上的报告中提出，要全面建成小康社会和全面深化改革开放的目标之一就是“人民民主要不断扩大。民主制度更加完善，民主形式更加丰富，人民积极性、主动性、创造性进一步发挥。依法治国基本方略全面落实，法治政府基本建成，司法公信力不断提高，人权得到切实尊重和保障”。网民在互联网上主要的舆论观点，其内容可归纳为六类：一是空气及水污染，其中，网民对“上风上水”颇为不满；二是产能信息不透明；三是水土污染影响农作物；四是项目选址于地震带上；五是项目公示时间短，渠道单一；六是此项目或影响C市的人文环境，导致未来投资下降。

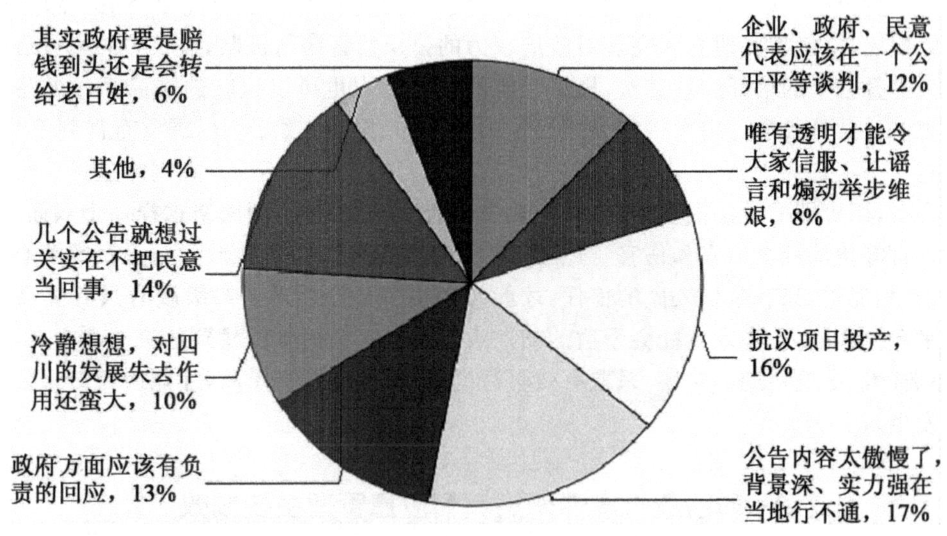

图 4-2　网民对中国石油回应在 S 地区 PX 项目做法的意见进行了倾向性分析

3. 网络舆情汇总分析后发现公众对政府缺乏信任

我们可以看到的不仅是中国眼热 PX 项目，亚洲其他地区对 PX 项目的热衷度也异常高涨，但为什么偏偏中国公众普遍质疑 PX 的环境污染和毒性？原因在于一些地方政府的操作不透明和企业的环保意识淡薄，在公众中缺乏公信力，导致大家对未来环境恶化的过分担忧。C 市政府 PX 项目引发公共危机事件中的特点反映出由于项目的具体申报和细节，政府虽然做了很多工作，但是并没有以正式的公告和宣传，避免敏感话题的过多传播，反而导致民众对政府采取措施的误解。2012 年人民论坛政论在网络上发布的人民论坛问卷调查中心对三类不良作风最伤民心进行了问卷调查。调查结果证明地方政府的信任度不容乐观，只有 45.1％的民众选择了信任度在 60％以上的选项，而 54.9％的参与调查民众选择了 50％以下的选项。从这样的结果看来，说明民众对地方政府的信任不容乐观。是什么原因导致了这样的结果？可能有以下几个原因：我国近年来，不断的发生了很多公共危机事件，媒体对负面事件的报道给公众留下了负面的印象，而负面的东西是最容易让人记忆犹新的，由此在民众的内心积累下了对地方政府不信任、很失望的心理态度。如贵州瓮安事件、云南“躲猫猫”事件、上海“钓鱼执法”事件等，对于政府公信度的建立是有影响的。公众的从众心理导致很多人一旦看到公共事件的发生和相关报道，就会从众认为政府在故意隐瞒或者包庇，政府的形象大打折扣。在调查一些公众看法时，他们表示对政府的不作为很失望，或者一些地方政府没有严格按照法律、行政程序办事，所以由于小面积的负面消息，导致整个政府的大局形象被破坏。因此地方政府严格执法、尽职履责在这一时期显得尤为重要，不仅是保证了自己的工作质量，还为政府的形象及公信度提供了保障。对于这一现象，政府需要加大监督检查的力度，对政府各个系统的公务人员的一言一行都要监督到位，这样才能避免不必要的误会和损失。另外，公众的民主意识在不断的提升，政府作为权力部门，对政府的不信任就意味着对权力的不信任和怀疑，这样的现象在西方国家常常出现。因此,如何扭转公众对权力的警惕心态,是政府需要深入研究的一个大问题。减少公众对政府的不断质疑和反抗,也便于建立和谐稳定的社会环境。随着经济社会的不断发展,关键需要建立和完善对政府权力的公众监督参与机制,对权力的有效透明监督才能有效提升公众的信任度。其次,提高政府的执政能力也可以扭转这一局面。近些年之所以发生很多公共危机事件很大一部分原因是由于住房、医疗、教育等难题没有得到解决,弱势群体没有一个良好的心态,从而滋生出对社会、对政府的愤恨与不满。在网络这样一个自由言论的平台上,用极端的方法报复社会,蓄意攻击政府和执法部门,用网络这样一个双面工具,传播恶意谣言等扰乱社会治安和伤害身边无辜的人民群众的事件。执政党与人民的关心应该互相依存、互相促进,只有重拾人民的信任,才能缓和很多社会矛盾。各级政府只有提高自己的管理水平和执政能力,在发生社会矛盾的初期通过网络舆情的分析找到危机的爆发点,有效预防,在矛盾已经爆发初期的时候,采取有效可行的措施,缓和社会矛盾,才能避免严重公共危机事件的发生。

4.4.3 C市PX项目危机事件网络舆情应急管理主要成效

1.政府建立了网络舆情监控平台完善危机预警机制

政府在网络舆情监控应对上坚持“统一领导,分工负责”的原则,采用“专人巡查,提早发现,合理研判,积极应对,消除隐患”的方法,进行新闻采访报道,发布企业新闻通告,网评跟帖及时处理,召开新闻发布会的手段,保证危机预警机制的有序运行。按照C市网络舆情监控及应对管理办法的要求,成立网络舆情监控应对工作领导小组,确保了舆情监控和应对工作的监督与决策。同时,建立了网络舆情预警机制,要求网络监控平台24小时不间断采集信息,舆情监控工作人员设置检测主题和关键词,利用监控平台采集与群体性事件相关的网络舆情。发生公共危机等突发性事件是影响社会稳定的一个重要问题所在,如果不能在危机初期做好网络舆情的监控与引导工作,就会使事态扩大。C政府在网络管理把关上下了大工夫,严格按照国家相关法律《关于维护互联网安全的决定》《互联网信息服务管理办法》《互联网站从事登载新闻业务管理暂行规定》《互联网电子公告服务管理规定》《互联网出版管理暂行规定》等。对网络媒体的准入许可严格监管,在发现有违法违规情况时,严格处罚,实时监控网络媒体和信息传播。政府在全市各个国家企事业单位都要求建立了网络舆情信息搜集、分析管理部门,对一手网络舆情进行基础分析、核实、筛选。在合理合法的情况下,严格筛查信息,避免出现由于网络舆情引发的影响公共安全的各类突发事件。发生突发事件时,宣传相关管理部门对网络舆情进行不间断跟踪监控,及时、全面掌握舆情走向,为正确研判和决策提供有力支撑。对网络舆情的分类、分级应对处置,有效地预防了公共群体性突发事件的发生,遏制了公共危机事件的萌芽。PX项目正式投产后,公共危机还是可能爆发。虽然地方政府表示PX项目需在社会各方参观、深入了解PX项目一系列设备、生产过程、污染物处理问题后再投入生产。但现在全国环境污染严重,C市出现重度雾霾的天气情况。2015年1月15日C市气象台将霾黄色预警信号更新为橙色预警信号,C市大部分地方霾天气维持。预计未来24小时内将出现重度霾,易形成重度空气污染。空气质量差,人员需适当防护;一般人群减少户外活动,儿童、老人及易感人群应尽量避免外出。雾霾天气的形成原因是多方面因素所导致,但是网站上不少网友将原因归结到P化工厂PX项目。不少网友在微博、博客、论坛等网络平台上发表了不满的呼声。因此,虽然反对C市PX项目的危机事件过去了很长一段时间,虽然地方政府做了一些与公众的互动,为更多民众了解PX项目的建设提供了更多的平台,但反对的声音和疑虑依然存在。在PX项目民众游行结束后,看似矛盾已经平息,各级政府也做了相应的维稳手段和措施,但是政府和媒体没有对PX项目投产及投产后的具体生产操作情况及环境问题进行后续跟踪和报道、网络平台上也没有更新更多的相关信息。新的公共治理改革在现在的信息化时代中可以得以实现,而先进的网络技术为新型治理提供了技术基础,通过改变政府处理事务的方式,增强政府管理的开放性和透明度。

2.通过网络平台呼吁社会组织的参与

社会组织的参与保证了公共治理的有效运行。在公共危机中,特别是对信息发达的当下群体性事件的有效控制,掌握突发群体性事件的治理工作不及时、政府在民众心中公信度不足、建立民主、法制、充满正能量的政府形象都是值得我们考虑的重要问题。本文的PX项目事件中,部分不良分子利用C市PX项目,蓄意编造各种谣言,蛊惑人心,通过互联网散播谣言,一些有组织的非法组织借此机会利用广大人民群众的激动情绪,组织、怂恿其参与非法游行、示威活动,这样的行为已经违反了国家相关的法律法规,有少数人员或组织还涉嫌煽动颠覆国家政权。对于这样可能危害到国家安全和人民群众切身利益的非法活动是需要进行劝说和控制的。但是此次群体性事件的预防和处置中,政府在网络平台上建立了专门的官方信息收集平台,向政府、专家、企业、网民提供一个沟通交流的渠道,并呼吁更多的人关注此类事件的发展,通过网络发布了整个项目及事件的审批、规划建设、后期环境治理和处置的相关程序流程及专家意见。同时,在预测监控到有不良网络舆情出现的时候,政府呼吁各企事业单位积极配合政府的统一指挥,参与到公共危机群体性事件的共同治理中来,确保了此次群体游行事件的安全进行,在给予公民合法表达诉求的同时,维护了社会的稳定,避免了群体性事件可能带来的暴力事件、破坏人民安全财产的事件发生。找到最佳的合作和沟通机制,才能约束强制管理带来的危害,实现供应型治理,解决由于各种社会矛盾所产生的问题。为了处理PX项目与民间关系的问题,C市委市政府于2013年4月29日表态:“对PX项目,政府坚持在法定的正式验收之前,不允许企业生产,验收过程将对社会公开,邀请公众参与。”但是公民参与的整个过程对于大部分的公民来说,有一定的不透明性,媒体报道也不够充分。

4.4.4 C市PX项目危机事件网络舆情应急管理典型性分析

1.政府实行集中管理为主、多元互动为辅

目前,环境和节能减排的问题是政府和公民都共同关注的问题,是每个国家,乃至全球最受关注的一个问题。在人类历史上,经济的发展大部分都是以对环境的破坏为代价的。在当今自然资源逐渐匮乏的情况下,经济发展和环境可持续性发展的问题成了人们面临的最严峻的问题之一。C市政府对PX项目危机事件的妥善处理,正是针对解决经济和环境这一个问题引发社会矛盾的典型案例。在政府不损害人民和企业双方利益的同时，妥善满足双方的需求。在不引起社会公共秩序混乱的同时，协商沟通解决问题。政府在网络舆情发现的初期就已经开始行动，从多方协同管理的方向出发，从公共事业单位、企业、社会组织入手，解释在网络舆情发生时来自公众的质疑，在初期就开始解决可能恶化的社会矛盾。在以往发生的类似案例中，没有采用这次案例中透明公开的方式解决社会矛盾。本文的应急管理案例是在筛选和查找了类似相关资料和新闻报道后，资料较齐全并且政府、企业和媒体都十分关注的事件之一。

2. 公共危机群体事件中网络舆情应对的独特性

本案例是在政府采取了措施后，得到良性后果的成功案例，对今后的此类理论和案例研究有很好的借鉴意义，且在网络舆情应急管理方面也是少数成功案例之一。在我国网络舆情研究尚浅的情况下，此次案例也是在公共危机管理中网络舆情研究基础资料之一。在本文案例的网络舆情应对中，政府不仅仅是停留在技术检测来预警可能存在的危机和风险，在使用技术的同时，政府也重视了在发现舆情之后的对群众和网民的安抚及劝导工作，加强对民众意见和情绪的重视。在监控舆情回落的同时，政府的公信力也得以适当修复。公共危机事件中自然灾害的应急管理研究比较多，笔者以自己所在城市亲身经历的一次公共危机群体性事件为研究对象，采用了此次典型性事件，即 C 市 PX 项目危机事件网络舆情应急管理案例为研究对象主体，因此具有研究的典型性。

第5章　工程项目安全管理

5.1　安全生产管理体系的概念

为贯彻“安全第一、预防为主”的方针，建立健全安全生产责任制和群防群治制度，确保工程项目施工过程的人身和财产安全，减少一般事故的发生，必须结合工程的特点，建立施工项目安全管理体系。

5.1.1　基本术语

①安全策划：确定安全以及采用安全管理体系条款的目标和要求的活动。

②安全体系：为实施安全管理所需的组织结构、程序、过程和资源。安全体系的内容应以满足安全目标的需要为准。

③安全审核：确定安全活动和有关结果是否符合计划安排，以及这些安排是否有效地实施并适合于达到预定目标的、系统的、独立的检查。

④事故隐患：可能导致伤害事故发生的人的不安全行为，物的不安全状态或管理制度上的缺陷。

⑤业主：以协议或合同形式将其拥有的建设项目交与建筑业企业承建的组织，业主的含义包括其授权人，业主也是标准定义中的采购方。

⑥项目经理部：受建筑业企业委托，负责实施管理合同项目的一次性组织机构。

⑦分包单位：以合同形式承担总包单位分部分项工程或劳务的单位。

⑧供应商：以合同或协议形式向建筑业企业提供安全防护用品、设施或工程材料设备的单位。

⑨标识：用文字、印鉴、颜色、标签及计算机处理等形式表明某种特征的记号。

5.1.2　安全管理体系的建立

①施工项目安全管理体系必须由总承包单位负责策划建立，分包单位应结合分包工程的特点，制定相适宜的安全保证计划，并纳入接受总承包单位安全管理体系的管理。

②建立起来的安全管理体系必须包括基本要求和内容，并适用于建设工程施工安全管理和控制的全过程。

③建筑业施工企业应加强对施工项目的安全管理，指导、帮助项目经理部建立、实施并保持安全管理体系。项目经理部应结合各自实际加以充实，建立安全生产管理体系，确保项目的施工安全。

④安全生产管理体系应符合建筑业企业和本工程项目施工生产管理现状及特点，使之符合安全生产法规的要求。

⑤建立安全管理体系应形成文件。体系文件包括安全计划，企业制定的各类安全管理标准，相关的国家、行业、地方法律和法规文件、各类记录、报表和台账。

5.1.3 安全管理体系建立目标

①使员工面临的安全风险减少到最低限度，最终实现预防和控制工伤事故、职业病及其他损失的目标；帮助企业在市场竞争中树立起一种负责的形象，从而提高企业的竞争能力。

②直接或间接获得经济效益。通过实施“职业安全卫生管理体系”，可以明显提高项目安全生产管理水平和经济效益。通过改善劳动者的作业条件，提高劳动者身心健康和劳动效率。对项目的效益具有长时期的积极效应，对社会也能产生激励作用。

③实现以人为本的安全管理。人力资源的质量是提高生产率水平和促进经济增长的重要因素，而人力资源的质量是与工作环境的安全卫生状况密不可分的。职业安全卫生管理体系的建立，将是保护和发展生产力的有效方法。

④提升企业的品牌和形象。在市场中的竞争已不再仅仅是资本和技术的竞争，企业综合素质的高低将是开发市场最重要的条件，是企业品牌的竞争。而项目职业安全卫生则是反映企业品牌的重要指标，也是反映企业素质的重要标志。

⑤促进项目管理现代化。管理是项目运行的基础。随着全球经济一体化的到来，对现代化管理提出了更高的要求，必须建立系统、开放、高效的管理体系，以促进项目大系统的完善和整体管理水平的提高。

⑥增强国家经济发展的能力。加大对安全生产的投入，有利于扩大社会内部需求，增加社会需求总量；同时，做好安全生产工作可以减少社会总损失。而且，保护劳动者的安全与健康也是国家经济可持续发展的长远之计。

5.1.4 安全管理体系的管理职责

1.确定安全管理人员

建筑公司要设专职安全管理部门，配备专职人员。公司安全管理部门是公司的一个重要施工管理部门，是公司经理贯彻执行安全施工方针、政策和法规，实行安全目标管理的具体工作部门，是领导的参谋和助手。

安全施工管理工作技术性、政策性、群众性很强，因此安全管理人员应挑选责任心强、有一定的经验和相当文化程度的工程技术人员担任。建筑公司施工队以上的单位，要设专职安全员或安全管理机构，公司的安全技术干部或安全检查干部应列为施工人员，不能随便调动。根据《建筑施工企业资质等级标准》规定，建筑一、二级公司的安全员，必须持有中级岗位合格证书；三、四级公司的安全员全部持有初级岗位合格证书。

施工项目对从事与安全有关的管理、操作和检查人员，特别是需要独立行使权力开展工作的人员，规定其职责、权限和相互关系，并形成文件。这些文件应包括：安全计划，安全生产管理体系实施的监督、检查和评价资料，纠正和预防措施的验证等。

2.确立安全管理目标

工程项目实施施工总承包的，由总承包单位负责制定施工项目的安全管理目标并确保：

①项目经理为施工项目安全生产第一责任人，对安全生产应负全面的领导责任，实现重大伤亡事故为零的目标。

②应采用适合于工程项目规模、特点的安全技术，并形成全体员工所理解的文件，保持实施。确定的安全管理目标应符合国家安全生产法律、行政法规和建筑行业安全规章、规程及对业主和社会要求的承诺。

3.安全管理资源

项目经理部应确定并提供充分的资源，以确保安全生产管理体系的有效运行和安全管理目标的实现。安全管理资源包括：配备与施工安全相适应并经培训考核持证的管理、操作和检查人员；施工安全技术及防护设施；用电和消防设施；施工机械安全装置；必要的安全检测工具；安全技术措施的经费等。

4.安全生产策划

针对工程项目的规模、结构、环境、技术含量、施工风险和资源配置等因素进行安全生产策划。策划内容包括：

①配置必要的设施、装备和专业人员，确定控制和检查的手段、措施。

②确定整个施工过程中应执行的文件、规范。如脚手架工作、高处作业、机械作业、临时用电、动用明火、沉井、深挖基础施工和爆破工程等作业规定。

③冬期、雨期、雪天和夜间施工时安全技术措施及夏季的防暑降温工作。

④确定危险部位和过程，对风险大和专业性较强的工程项目进行安全论证。同时采取相适应的安全技术措施，并得到有关部门的批准。

⑤因本工程项目的特殊需求所补充的安全操作规定。

⑥制定施工各阶段具有针对性的安全技术交底文本。

⑦制定安全记录表格，确定搜集、整理和记录各种安全活动的人员和职责。

根据安全生产策划结果，单独编制安全保证计划，也可在项目施工组织设计中独立体现。

安全保证计划实施前，按要求报项目业主或企业确认审批。

确认要求：

①项目业主或企业有关负责人主持安全计划的审核。

②执行安全计划的项目经理部负责人及相关部门参与确认。

③确认安全计划的完整性和可行性。

④各级安全生产岗位责任制得到确认。
⑤任何与安全计划不一致的事宜都应得到解决。
⑥项目经理部有满足安全保证的能力并得到确认。
⑦记录并保存确认过程。
⑧经确认的项目安全计划，应送上级主管部门备案。

5.1.5 建筑施工安全管理策划

1.安全管理策划的原则

科学性施工项目的安全策划应能代表最先进的生产力和最先进的管理方法，承诺并遵守国家的法律法规，遵照地方政府的安全管理规定，执行安全技术标准和安全技术规范，科学指导安全生产。

预防性施工项目安全管理策划必须坚持“安全第一、预防为主”的原则，体现安全管理的预防和预控作用，针对施工项目的全过程制定预警措施。

可操作性施工项目安全策划的目标和方案应尊重实际情况，坚持实事求是的原则，其方案具有可操作性，安全技术措施具有针对性。

全过程性项目的安全策划应包括由可行性研究开始到设计、施工，直至竣工验收的全过程策划，施工项目安全管理策划要覆盖施工生产的全过程和全部内容，使安全技术措施贯穿至施工生产的全过程，以实现系统的安全。

实效的最优化施工项目安全策划应遵循实效最优化的原则，既不盲目地扩大项目投入，又不得以取消和减少安全技术措施经费来降低项目成本，而是在确保安全目标的前提下，在经济投入、人力投入和物资投入上坚持最优化的原则。

2.安全管理策划的基本内容

建筑施工安全管理策划应根据国家、地方政府和主管部门的有关规定，依据建筑施工安全技术规范、规程、标准及其他规定进行编制，其基本内容应包括以下几方面：

(1)工程概述
①本项目设计所承担的任务及范围。
②工程性质、地理位置及特殊要求。
③改建、扩建前的职业安全与卫生状况。
④主要工艺、原料、半成品、成品、设备及主要危害概述。
(2)建筑及场地布置
①根据场地自然条件预测的主要危险因素及防范措施。
②工程总体布置中如锅炉房、氧气、乙炔等易燃易爆、有毒物品造成的影响及防范措施。
③临时用电变压器周边环境。
④对周边居民出行是否有影响。

(3)生产过程中危险因素的分析

①安全防护工作如脚手架作业防护、洞口防护、临边防护、高空作业防护和模板工程、起重及施工机具机械设备防护。

②关键特殊工序如洞内作业、潮湿作业、深基开挖、易燃易爆品、防尘、防触电。

③特殊工种如电工、电焊工、架子工、爆破工、机械工、起重工、机械司机等，除一般教育外，还要经过专业安全技能培训。

④临时用电的安全系统管理如总体布置和各个施工阶段的临电(电闸箱、电路、施工机具等)的布设。

⑤保卫消防工作的安全系统管理如临时消防用水、临时消防管道、消防灭火器材的布设等。

(4)主要安全防范措施

①根据全面分析各种危害因素确定的工艺路线、选用的可靠装置设备，按照生产、火灾危险性分类设置的安全设施和必要的检测、检验设备。

②按照爆炸和火灾危险场所的类别、等级、范围选择电气设备的安全距离及防雷、防静电及防止误操作等设施。

③对可能发生的事故做出的预案、方案及抢救、疏散和应急措施。

④危险场所和部位(如高空作业、外墙临边作业等)、危险期间(如冬期、雨期、高温天气等)所采用的防护设备、设施及其效果等。

(5)预期效果评价

施工项目的安全检查包括安全生产责任制、安全保证计划、安全组织机构、安全保证措施、安全技术交底、安全教育、安全持证上岗、安全设施、安全标识、操作行为、违规管理、安全记录。

(6)安全措施经费

①主要生产环节专项防范设施费用。

②检测设备及设施费用。

③安全教育设备及设施费用。

④事故应急措施费用。

5.1.6　建筑施工安全生产保证体系

1.安全生产责任保证体系

施工项目是安全生产工作的载体，具体组织和实施项目安全生产工作，是企业安全生产的基层组织，对工程安全施工负有全面责任。

(1)安全生产责任

建筑施工项目安全生产过程中，应履行以下安全生产责任：

①贯彻落实各项安全生产的法律、法规、规章、制度，组织实施各项安全管理工作，完成上级下达的各项考核指标。

②建立并完善项目经理部安全生产责任制和各项安全管理规章制度，组织开展安全教育、

安全检查，积极开展日常安全活动，监督、控制分包队伍执行安全规定，履行安全职责。

③建立安全生产组织机构，设置安全专职人员，保证安全技术措施经费的落实和投入。

④制定并落实项目施工安全技术方案和安全防护技术措施，为作业人员提供安全的生产作业环境。

⑤发生伤亡事故及时上报，并保护好事故现场，积极抢救伤员，认真配合事故调查组开展伤亡事故的调查和分析，按照“四不放过”原则，落实整改防范措施，对责任人员进行处理。

(2)安全生产责任保证体系层次的划分

建设工程施工项目安全生产责任保证体系可划分为以下三个层次：

①项目经理作为本施工项目安全生产第一负责人，由其组织和聘用施工项目安全负责人、技术负责人、生产调度负责人、机械管理负责人、消防管理负责人、劳动管理负责人及其他相关部门负责人组成安全决策机构。

②分包队伍负责人作为本队伍安全生产第一责任人，组织本队伍执行总包单位安全管理规定和各项安全决策，组织安全生产。

③作业班组负责人(或作业工人)作为本班组或作业区域安全生产第一责任人，贯彻执行上级指令，保证本区域、本岗位安全生产。

2.安全生产组织保证体系

(1)安全生产组织的设置

根据工程施工特点和规模，设置项目安全生产最高权力机构——安全生产委员会或安全生产领导小组。

①建筑面积在50000m^2(含50000m^2)以上或造价在3000万元人民币(含3000万元)以上的工程项目，应设置安全生产委员会。

②大型工程项目可在安全生产委员会下按栋号或片区设置安全生产领导小组。建筑面积在50000m^2以下或造价在3000万元人民币以下的工程项目，应设置安全领导小组。

③安全生产委员会(或安全生产领导小组)主任(或组长)由工程项目经理担任：

安全生产委员会由工程项目经理、主管生产和技术的副经理、安全部负责人、分包单位负责人以及人事、财务、机械、工会等有关部门负责人组成，人员以5～7人为宜。

安全生产领导小组由工程项目经理、主管生产和技术的副经理、专职安全管理人员、分包单位负责人以及人事、财务、机械、工会等负责人组成，人员3～5人为宜。

④安全生产委员会或领导小组应设置安全部，作为安全生产专职管理机构。安全管理人员应根据建筑面积的大小进行设置：

施工项目10000m^2(建筑面积)及以下设置1人；施工项目10000～30000m^2设置2人；施工项目30000～50000m^2设置3人；施工项目在50000m^2以上按专业设置安全员，成立安全组。

(2)安全生产委员会的职责

①安全生产委员会(或小组)是工程项目安全生产的最高权力机构，负责对工程项目安全生产的重大事项及时做出决策。

②认真贯彻执行国家有关安全生产和劳动保护的方针、政策、法令以及上级有关规章制

度、指示、决议,并组织检查执行情况。

③负责制定工程项目安全生产规划和各项管理制度,及时解决实施过程中的难点和问题。

④每月对工程项目进行至少一次全面的安全生产大检查,并召开专门会议,分析安全生产形势,制定预防因工伤亡事故发生的措施和对策。

⑤协助上级有关部门进行因工伤亡事故的调查、分析和处理。

(3)安全部的职责

安全部是工程项目安全生产专职管理机构,安全生产委员会或领导小组的常设办事机构设在安全部。安全部的职责如下:

①协助工程项目经理开展各项安全生产业务工作。

②定时准确地向工程项目经理和安全生产委员会或领导小组汇报安全生产情况。

③组织和指导下属安全部门和分包单位的专职安全员(安全生产管理机构)开展各项有效的安全生产管理工作。

④行使安全生产监督检查职权。

(4)安全生产总监的职责

在安全部内应设置安全生产总监(工程师)职位,其职责如下:

①协助工程项目经理开展安全生产工作,为工程项目经理进行安全生产决策提供依据。

②每月向项目安全生产委员会(或小组)汇报本月工程项目安全生产状况。

③定期向公司(厂、院)安全生产管理部门汇报安全生产情况。

④对工程项目安全生产工作开展情况进行监督。

⑤有权要求有关部门和分部分项工程负责人报告各自业务范围内的安全生产情况。

⑥有权建议处理不重视安全生产工作的部门负责人、栋号长、工长及其他有关人员。

⑦组织并参加各类安全生产检查活动。

⑧监督工程项目正、副经理的安全生产行为。

⑨对安全生产委员会或领导小组做出的各项决议的实施情况进行监督。

⑩行使工程项目副经理的相关职权。

(5)分包单位安全组织保证体系

①工程分包单位应按规定建立安全组织保证体系,接受工程项目安全部的业务领导,参加工程项目统一组织的各项安全生产活动,并按周向项目安全部传递有关安全生产的信息。

②分包单位安全管理机构及管理人员必须纳入工程项目安全生产保证体系:

分包自身管理体系的建立:分包单位100人以下设兼职安全员;100～300人必须有专职安全员1名;300～500人必须有专职安全员2名,纳入总包安全部统一进行业务指导和管理。

班组长、分包专业队长是兼职安全员,负责本班组工人的健康和安全,负责消除本作业区的安全隐患,对施工现场实行目标管理。

3.安全生产资源保证体系

施工项目安全生产必须有充足的资源做保障。安全资源投入包括人力资源、物资资源和资金的投入。其中,安全人力资源投入包括专职安全管理人员的设置和高素质技术人员、操作工人的配置,以及安全教育培训投入。现对安全资金投入和物资资源投入作详细阐述。

(1)安全资金的投入

安全投资包括主动投资和被动投资、预防投资与事后投资、安全措施费用、个人防护品费用、职业病诊治费用等。安全投资的政策应遵循“谁受益谁整改;谁危害谁负担;谁需要谁投资”的原则。

现阶段我国一般企业的安全投资应该达到项目造价的0.8%～2.5%,每一个施工项目在资金投入方面必须认真贯彻执行国家、地方政府有关劳动保护用品的规定和防暑降温经费规定,做到职工个人防护用品费用和现场安全措施费用的及时提供。特别是部分工程具有自身的特点,如建筑物周边有高压线路或变压器需要采取防护,建筑物临近高层建筑需要采取措施临边进行加固等。

资源保证体系中对安全技术措施费用的管理非常重要,要求如下:

①规范安全技术措施费用管理,保证安全生产资源基本投入。公司应在全面预算中专门立项,编制安全技术措施费用预算计划,纳入经营成本预算管理;安全部门负责编制安全技术措施项目表,作为公司安全生产管理标准执行;项目经理部按工程标的总额编制安全技术措施费用使用计划表,总额由经理部控制,须按比例分解到劳务分包,并监督使用。公司须建立专项费用用于抢险救灾和应急。

②加强安全技术措施费用管理,既要坚持科学、实用、低耗,又要保证执行法规规范,确保措施的可靠性。编制的安全技术措施必须满足安全技术规范、标准,费用投入应保证安全技术措施的实现,要对预防和减少伤亡事故起到保证作用;安全技术措施的贯彻落实要由总包方负责;用于安全防护的产品性能、质量应达标并检测合格。

③编制安全技术措施费用项目目录表。包括基坑、沟槽防护、结构工程防护、临时用电、装修施工、集料平台及个人防护等。

安全投资所产生的效益可从事故损失测算和安全效益评价来估算。事故损失的分类包括:直接损失与间接损失、有形损失与无形损失、经济损失与非经济损失等。

(2)安全物资资源投入

安全物资资源投入包括进入现场材料的把关和料具的现场管理以及机电、起重设备、锅炉、压力容器及自制机械等资源的投入。

①物资资源系统人员对机、电、起重设备、锅炉、压力容器及自制机械的安全运行负责,按照安全技术规范进行经常性检查,并监督各种设备、设施的维修和保养;对大型设备设施、中小型机械操作人员定期进行培训、考核,持证上岗;负责起重设备、提升机具、成套设施的安全验收。

②安全所需材料应加强供应过程中的质量管理,防止假冒伪劣产品进入施工现场,最大限度地减少工程建设伤亡事故的发生。首先是正确选择进货渠道和材料的质量把关。一般大型建筑公司都有相对的定点采购单位,对生产厂家及供货单位要进行资格审查,内容如下:要有营业执照、生产许可证、生产产品允许等级标准、产品监察证书、产品获奖情况;应有完善的检测手段、手续和实验机构,可提供产品合格证和材质证明;应对其产品质量和生产历史情况进行调查和评估,了解其他用户使用情况与意见,了解生产厂方(或供货单位)的经济实力、担保能力、包装储运能力等。质量把关应由材料采购人员做好市场调查和预测工作,通过“比质量、比价格、比运距”的优化原则,验证产品合格证及有关检测实验等资料,批量采购并应签订

合同。

③安全材料质量的验收管理。在组织送料前由安全人员和材料员先行看货验收;进库时由保管员和安全人员一起组织验收方可入库。必须是验收质量合格,技术资料齐全的材料才能登录进料台账,发料使用。

④安全材料、设备的维修保养工作。维修保养工作是施工项目资源保证的重要环节,保管人员应经常对所管物资进行检查,了解和掌握物资保管过程中的变化情况,以便及时采取措施,进行防护,从而保证设备出场的完好。如用电设备,包括手动工具、照明设施必须在出库前由电工全面检测并做好记录,只有保证是合格设备才能出库,避免工人有时盲目检修而形成的事故隐患。

4.安全生产管理制度

建筑工程施工项目应建立完善的安全生产管理制度,一般包括:安全生产责任制度,安全生产检查制度,安全生产验收制度,安全生产教育培训制度,安全生产技术管理制度,安全生产奖罚制度,安全生产值班制度,工人因工伤亡事故报告、统计制度,重要劳动防护用品定点使用管理制度,消防保卫管理制度。

5.2　安全管理体系运行机制——戴明环

5.2.1　戴明环的定义

戴明环是在国内外得到广泛应用的一种管理工作方法,它是由美国著名的质量管理专家E·戴明博士(Dr. W. E. Deming)(图5-1)提出的。戴明环的核心思想是PDCA循环,P、D、C、A分别是英文的Plan(计划)、Do(执行)、Check(检查)、Action(处理)四个单词的第一个字母,PDCA循环认为质量管理工作必须顺序经过。

图5-1　戴明博士(Dr. W. E. Deming)

Plan——计划(P)阶段,明确所要解决的问题或所要实现的目标,并提出实现目标的措施或方法。

Do——执行(D)阶段,贯彻落实上述措施和方法。

Check——检查(C)阶段,对照计划方案,检查贯彻落实的情况和效果,及时发现问题和总结经验。

Action——处理(A)阶段,把成功的经验加以肯定,变成标准,分析失败的原因,吸取教训。

这四个阶段相互联系,组成周而复始的循环,称为PDCA循环,又广泛称为戴明环。戴明环成功用于质量管理领域,后又推广到其他管理体系特别是安全与环境管理体系,已经成为各种管理体系运行机制的标准方法之一。

5.2.2 戴明环的内容

戴明环的内容可以简单用图5-2进行表示。

- 分析现状,找出安全问题(P)。
- 分析影响安全的因素(P)。
- 找出主要影响因素(P)。
- 拟定控制措施(P)。
- 实施控制计划(D)。
- 检查控制效果,发现问题(C)。
- 总结经验,持续改进(A)。
- 对发现的问题实施纠正、预防措施,转入下一循环(A)。

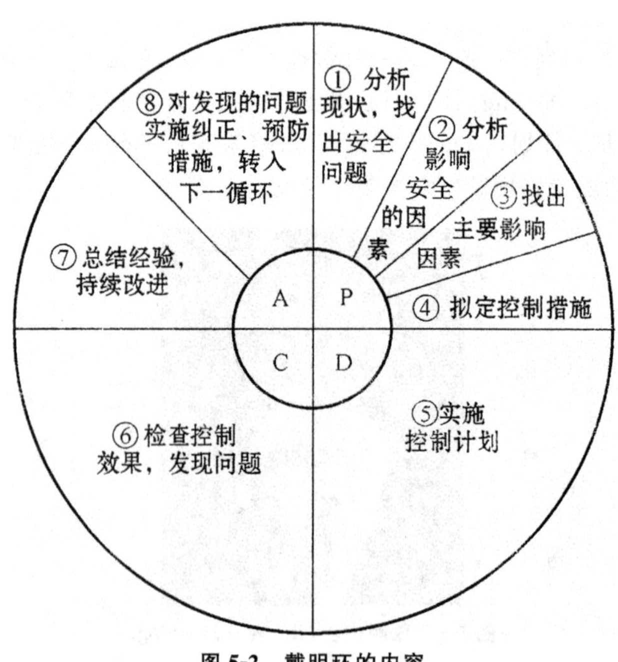

图5-2 戴明环的内容

5.2.3　戴明环的特点

戴明环具有以下几个方面的特点：

①科学性。PDCA循环符合管理过程的运行规律，它是在准确可靠的数据资料的基础上，通过分析、控制处理安全过程中的问题而运转的。

②系统性。PDCA循环过程是大环套小环，环环相扣，各项工作紧密结合，形成一个系统（见图5-3）。

上一循环是下一循环的依据，下一循环是上一循环的组成部分和保证，且都朝着管理目标方向转动。

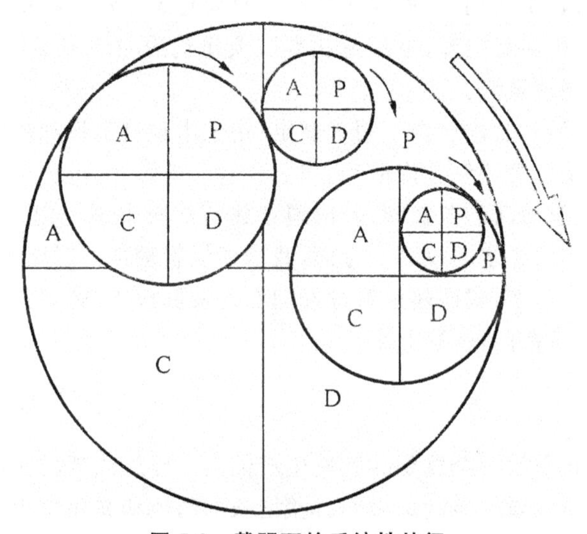

图5-3　戴明环的系统性特征

③有效性。PDCA循环每转动一次，必须解决一个问题，提高一步，遗留的和新出现的问题在下一个循环中去解决，再转一次……循环不止，不断提高，如图5-4所示。

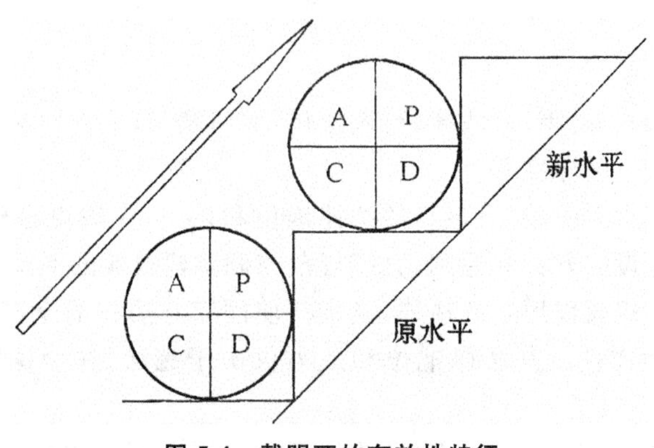

图5-4　戴明环的有效性特征

5.3 我国安全生产工作的法律法规体系

5.3.1 建筑法规

1.建筑法的适用范围

在中华人民共和国境内从事建筑活动，实施对活动的监督管理，应遵守建筑法。

①在中国境内从事建筑活动，应遵守建筑法。只要建筑活动是在中国境内发生，不论该建设工程的资金来自于国内还是国外，也不论从事该项建筑活动的施工作业人员来自于国内还是国外，都应当遵守我国建筑法。

我国建筑法对建筑活动的内容作了明确规定：指土木建筑工程和线路管道、设备安装工程的新建扩建、改建活动及建筑装修装饰活动。

②在中国实施对建筑活动的监督管理，应遵守建筑法对中国境内的建筑活动实施监督管理，是我国建设管理部门的法定职权。一方面，我国建设管理部门对建筑活动行使的监督管理权是建筑法赋予的；另一方面，我国建设管理部门在行使职权、实施监督管理时，必须严格遵守建筑法规定的权限和职责范围，依法办事。

2.建筑法规的作用

在国民经济中，建筑业是一个重要的物质生产部门。建筑法规的作用是保护、巩固和发展社会主义的经济基础，最大限度地满足人们日益增长的物质和文化生活的需要。具体来讲，建筑法规的作用主要有以下三点：

①规范指导建筑行为。

②保护合法建筑行为。

③处罚违法建筑行为。

3.建筑法规的表现形式

建筑法规的表现形式有：宪法，法律，行政法规，部门规章，地方性法规与规章，技术法规以及国际公约、国际惯例、国际标准等。

①宪法是国家的根本大法，具有最高的法律地位和效力，宪法也是建筑业的立法依据，同时又是确定国家基本建设的方针和原则，直接规范与调整建筑业的活动。

②法律作为建筑法规表现形式的法律，是指行使国家立法权的全国人民代表大会及其常务委员会制定的规范性文件。其法律地位和效力仅次于宪法，在全国范围内具有普遍的约束力。

③行政法规是指作为国家最高行政机关的国务院制定颁布的有关行政管理的规范性文件。行政法规在我国立法体制中具有重要地位，其效力低于宪法和法律，在全国范围内有效。

行政法规的名称一般为“管理条例”,如《建设工程勘察设计管理条例》《建设工程安全生产管理条例》等。

④部门规章是指国务院各部门(包括具有行政管理职能的直属机构)根据法律和国务院的行政法规、决定、命令在本部门的权限范围内按照规定的程序所制定的规定、办法、暂行办法、标准等规范性文件的总称。部门规章的法律地位和效力低于宪法、法律和行政法规。

⑤地方性法规是指省、自治区、直辖市以及省级人民政府所在地的市和经国务院批准的较大的市的人民代表大会及其常委会制定的,只在本行政区域内具有法律效力的规范性文件。

地方政府规章是指由省、自治区、直辖市以及省级人民政府所在地的市和经国务院批准的较大的市人民地方政府制定颁布的规范性文件。

⑥技术法规是国家制定或认可的,在全国范围内有效的技术规程、规范、标准、定额、方法等技术文件。它们是建筑业工程技术人员从事经济技术作业、建筑管理监测的依据。

⑦我国已经加入WTO,我国参加或外国签订的调整经济关系的国际公约和双边条约,还有国际惯例、国际上通用的建筑技术规程都属于建筑法规的范畴,都应当遵守与实施。

5.3.2 建筑安全法规和行业标准

作为国民经济的重要支柱产业之一,建筑业的发展对于推动国民经济发展,促进社会进步,保障人民生活,具有重要意义。建设工程安全是建筑施工的核心内容之一。建设工程安全既包括建筑产品自身安全,也包括其毗邻建筑物的安全,还包括施工人员人身安全。而建设工程质量最终是通过建筑物的安全和使用情况来体现的。因此建筑活动的各个阶段、各个环节都必须紧扣建设工程的质量和安全加以规范。我国的立法部门和相关行业结合国情和行业特点制定了许多有关建筑安全的法规和行业标准,主要名称见表5-1。

表5-1 建筑安全相关法规和行业标准

类别	编号	名称	备注
法规		《中华人民共和国劳动法》	1994年7月5日第八届全国人大第8次会议通过
		《中华人民共和国建筑法》	1997年11月1日第八届全国人大第28次会议通过
		《中华人民共和国安全生产法》	2002年6月29日第九届全国人大第28次会议通过
		《建设工程安全生产管理条例》	2003年11月12日国务院第28次常务会议通过
国家标准	GB50 194—1993	《建设工程施工现场供用电安全规范》	1994年8月1日实施

续表

类别	编号	名称	备注
行业标准	JGJ 65—1989	《液压滑动模板施工安全技术规程》	1990年5月1日实施
	JGJ 80—1991	《建筑施工高处作业安全技术规范》	1992年8月1日实施
	JGJ 88—1992	《龙门架及井架物料提升机安全技术规范》	1993年8月1日实施
	JGJ 59—1999	《建筑施工安全检查标准》	1999年5月1日实施
	JGJ 128—2000	《建筑施工门式钢管脚手架安全技术规范》	2000年12月1日实施
	JGJ 130—2001	《建筑施工扣件式钢管脚手架安全技术规范》	2001年6月1日实施
	JGJ 33—2001	《建筑机械使用安全技术规程》	2001年11月1日实施
	JGJ/T 77—2003	《施工企业安全生产评价标准》	2003年12月1日实施
	JGJ 146—2004	《建筑施工现场环境与卫生标准》	2005年3月1日实施
	JGJ 147—2004	《建筑拆除工程安全技术规范》	2005年3月1日实施
	JGJ 46—2005	《施工现场临时用电安全技术规范》	2005年7月1日实施

5.3.3 劳动安全卫生法规

劳动安全卫生法规是指国家为了保护劳动者在劳动过程中的安全和健康所制定的各种法律规范的总称。包括各级人民代表大会通过的有关劳动安全卫生法律、规定、条例等;国务院及有关政府部门制定的有关规程、规定、通知、决定、办法等;国家标准局颁布的有关技术标准和管理规程。

1. 劳动安全卫生法规的主要内容

劳动安全卫生法规包括安全管理法规、安全技术法规和劳动卫生法规。

(1)安全管理法规主要内容

①确定安全生产方针、政策、原则;②明确安全生产体制;③明确安全生产责任制;④制定和实施劳动安全卫生措施计划及安全经费的来源;⑤“三同时”“五同时”规定;⑥安全检查制定;⑦安全教育制定;⑧事故管理制定;⑨女职工和未成年工的特殊保护;⑩ 工时、休假制定;⑪个人防护用品用具、保健食品管理等非技术性管理规定。

(2)安全技术法规主要内容

工矿企业设计、建设的安全技术;机器设备的安全装置;特种设备的安全措施;防火、防爆安全规则;锅炉压力容器安全技术;工作环境的安全条件;劳动者的个体防护等。某些行业还有一些特殊的安全技术问题,如建筑安装工程主要应解决立体高空作业中的高空坠落、物体打击,以及土石方工程和拆除工程等方面的安全技术问题等,国家有关部门都制定了专门的安全技术法规。

(3)劳动卫生法规主要内容

工矿企业设计、建设的劳动卫生规定;防止粉尘危害;防止有毒物质的危害;防止物理性危害因素的危害;劳动卫生个体防护;劳动卫生辅助设施等。

2.对违反劳动安全卫生法规的处罚

违反劳动安全卫生法规定应该受到制裁,制裁可分为司法制裁和行政制裁。司法制裁,主要是指由法院做出的刑事制裁和民事制裁。行政制裁,主要是指由国家行政机关对违反行政法规的单位或个人实施的制裁。无论是司法制裁还是行政制裁,必须严格按法律条文和法律程序办事,且必须由法律指定的专门机关执行,其他任何机关不得执行,否则也属违法行为。

处罚的审批权限一般在劳动安全卫生法规中做了详细规定,这是属于法定的权限,不得违反。对不符合批准权限的处罚,被处罚的单位和个人,可以拒绝执行或向发出处罚规定的上一级劳动安全卫生监察机关反映。受罚单位或个人,对按法律规范所给予的处罚必须认真执行。如对所受处罚不服,可在接到处罚后的规定日期内向下达处罚机关的上一级机关申诉,经裁决仍不服的,可在规定的日期内向当地人民法院起诉。逾期不申诉,又不起诉,又拒不执行处罚的,由原发出处罚通知的劳动安全卫生监察机构申请当地人民法院强制执行。

3.按照社会主义法制要求认真贯彻劳动安全卫生法规

社会主义法制的主要要求如下:

①有法可依是健全社会主义法制的根本前提。

②有法必依是加强社会主义法制的中心环节。

③执法必严是社会主义法制权威的体现。

④违法必究是社会主义法制强制力的体现。

⑤实行法律监督是社会主义法制的有力保障。

5.3.4　安全生产法

1.安全生产法的适用范围

(1)空间的适用

按照《中华人民共和国安全生产法》(以下简称《安全生产法》)第九十七条的规定,自2002年11月1日起,所有在中华人民共和国陆地、海域和领空的范围内从事生产经营活动的单位,必须依照《安全生产法》的规定进行生产经营活动,违法者必将受到法律制裁。

(2)主体和行为的适用

法律所谓的“生产经营单位”,是指所有从事生产经营活动的基本生产经营单元,具体包括各种所有制和组织形式的公司、企业、社会组织和个体工商户,以及从事生产经营活动的公民个人。《安全生产法》之所以称为我国安全生产的基本法律,不是指国家法律体系和法学对宪法、基本法律、法律进行分类的概念,而是就其在各个有关安全生产的法律、法规中的主导地位和作用而言的,是指它在安全生产领域内具有适用范围的广泛性、法律制度的基本性、法律规范的概括性,主要解决安全生产领域中普遍存在的基本法律问题。

(3)排除适用

①《安全生产法》确定的安全生产领域基本的方针、原则、法律制度和新的法律规定，是其他法律、行政法规无法确定并且没有规定的，它们普遍适用于消防安全和道路交通安全、铁路交通安全、水上交通安全、民用航空安全。

②消防安全和道路交通安全、铁路交通安全、水上交通安全、民用航空安全现行的有关法律、行政法规已有规定的，不适用《安全生产法》。

③有关法律、行政法规对消防安全和道路交通安全、铁路交通安全、水上交通安全、民用航空安全没有规定的，适用《安全生产法》。

④今后制定和修订有关消防安全和道路交通安全、铁路交通安全、水上交通安全、民用航空安全的法律、行政法规时，也要符合《安全生产法》确定的基本的方针原则、法律制度和法律规范，不应抵触。

2. 安全生产管理方针

(1)安全意识在先

由于各种原因，我国公民的安全意识相对淡薄。关爱生命、关注安全是全社会政治、经济和文化生活的主题之一。重视和实现安全生产，必须有强烈的安全意识。

(2)安全投入在先

生产经营单位要具备法定的安全生产条件，必须有相应的资金保障，安全投入是生产经营单位的“救命钱”。《安全生产法》把安全投入作为必备的安全保障条件之一，要求“生产经营单位应当具备的安全投入，由生产经营单位的决策机构、主要负责人或者个人经营的投资人予以保证，并对安全生产所必需的资金投入不足导致的后果承担责任”。不依法保障安全投入的，将承担相应的法律责任。

(3)安全责任在先

实现安全生产，必须建立健全各级人民政府及有关部门和生产经营单位的安全生产责任制，各负其责，齐抓共管。《安全生产法》突出了安全生产监督管理部门和有关部门主要负责人及监督执法人员的安全责任，突出了生产经营单位主要负责人的安全责任，目的在于通过明确安全责任来促使他们重视安全生产工作，加强领导。

(4)建章立制在先

预防为主需要通过生产经营单位制定并落实各种安全措施和规章制度来实现。建章立制是实现预防为主的前提条件。《安全生产法》对生产经营单位建立健全和组织实施安全生产规章制度和安全措施等问题做出的具体规定，是生产经营单位必须遵守的行为规范。

(5)隐患预防在先

消除事故隐患，预防事故发生是生产经营单位安全工作的重中之重。《安全生产法》从生产经营的各个主要方面，对事故预防的制度、措施和管理都做出了明确规定。只要认真贯彻实施，就能够避免重大、特大事故。

(6)监督执法在先

各级人民政府及其安全生产监督管理部门和有关部门强化安全生产监督管理，加大行政执法力度，是预防事故、保证安全的重要条件。安全生产监督管理工作的重点、关口必须前移，放在事前、事中监管上。要通过事前、事中监管，依照法定的安全生产条件，把住安全准入“门槛”，坚决把那些不符合安全生产条件或者不安全因素多、事故隐患严重的生产经营单位排除在“安全准入门槛”之外。

5.4　安全生产责任制度

所谓安全生产责任制度，是指将各项保障生产安全的责任具体落实到各有关管理人员和不同岗位人员身上的制度。安全生产责任制是建筑企业岗位责任制的一个组成部分，是建筑企业中最基本的一项安全制度，也是建筑企业安全生产、劳动保护管理制度的核心。根据我国“安全第一、预防为主、综合治理”的安全生产方针，安全生产责任制综合各种安全生产管理、安全操作制度，对建筑企业各级领导、各职能部门、有关工程技术人员和生产工人在生产中应负的安全责任加以明确规定。

5.4.1　安全生产责任制的目的

最近几年我国建筑安全事故频发，其中一个主要原因就是建设工程各方责任主体安全生产责任落实不到位。特别是有些建筑施工企业对安全生产缺乏应有的重视，不按照规定建立健全安全生产责任制度，安全生产管理工作薄弱。一旦发生安全事故，就会出现相关人员职责不清、相互推诿，以及安全生产、劳动保护工作无人负责，致使工伤事故与职业病的发生。因此，建立建筑企业安全生产责任制的目的，一方面是增强建筑企业各级负责人员、各职能部门及其工作人员和各岗位生产人员对安全生产的责任感；另一方面是明确他们在安全生产中应履行的职责和应承担的责任，以充分调动各级人员和各部门在生产方面的积极性和主观能动性，确保安全生产。

5.4.2　安全生产责任制的要求

安全生产责任制作为保障安全生产的重要组织手段，通过明确规定各级领导、各职能部门和各类人员在施工生产活动中应负的安全职责，把“管生产必须管安全”的原则从制度上固定下来，把安全与生产从组织上统一起来，从而强化建筑企业各级安全生产责任，增强所有管理人员的安全生产责任意识，使安全管理纵向到底、横向到边、专管成线、群管成网，做到责任明确、协调配合，共同努力去实现安全生产。

因此，建立安全生产责任制的总要求是横向到底，纵向到边。具体还应该满足以下五项要求：

①必须符合国家安全生产法律法规和政策、方针的要求。

②与建筑企业管理体系协调一致。

③要根据本企业、部门、班组和岗位的实际情况制定，既明确、具体，又具有可操作性，防止形式主义。

④必须由专门的人员与机构制定和落实安全生产责任制，并应适时修订。

⑤应有配套的监督、检查等制度，以保证安全生产责任制真正落实到位。

5.4.3 安全生产责任制的制定

安全生产责任制度应对建筑生产经营单位和建筑企业安全生产的职责要求、职责权限、工作程序以及安全管理目标的分解落实、监督检查、考核奖罚做出具体规定，形成文件并组织实施，确保每个职工在自己的岗位上，认真履行各自的安全职责，实现全员安全生产。

安全生产责任制在制定过程中必须覆盖以下人员、部门和单位：

①企业主要负责人(即在日常生产经营活动中具有决策权的领导人，如企业法定代表人、企业最高行政管理人员等)。

②企业技术负责人(总工程师)。

③企业分支机构主要负责人。

④项目经理与项目管理人员。

⑤作业班组长。

⑥企业各层次安全生产管理机构与专职安全生产管理人员。

⑦企业各层次承担生产、技术、机械、材料、劳务、经营、财务、审计、教育、劳资、卫生、后勤等职能部门与管理人员。

⑧分包单位的现场负责人、管理人员和作业班组长。

就建筑施工企业而言，企业的安全生产责任制度，是本企业内部各个不同层次的安全生产责任制度所构成的保障生产安全的责任体系，主要包括：

①建筑施工企业主要负责人的安全生产责任制。企业的法定代表人应对本企业的安全生产负全面责任。

②企业各职能机构的负责人及其工作人员的安全生产责任制。就建筑施工企业来讲，企业中的生产、技术、材料供应、设备管理、财务、教育、劳资、卫生等各职能机构，都应在各自业务范围内，对实现安全生产的要求负责。

③岗位人员的安全生产责任制。岗位人员必须对安全负责，从事特种作业的人员必须经过安全培训，考试合格后方能上岗作业。

5.4.4 安全生产责任制的具体内容

安全生产责任制度是施工企业所有安全规章制度的核心。下面以某大型建筑企业安全生产责任制的具体内容为例，通过制定各级管理人员和作业人员的安全生产责任制度，建立一种分工明确，奖罚分明，运行有效，责任落实，能够充分发挥作用的、长效的安全生产机制，把安全生产落实到实处。

1. 企业各级管理人员安全生产责任

(1)企业法定代表人的安全生产责任

①作为企业安全生产的第一责任者，认真贯彻执行国家和地方有关安全的方针政策和法

规、规范、掌握本企业安全生产动态，定期研究安全工作，对本企业安全生产负全面领导责任。

②领导编制和实施本企业中、长期整体规划及年度、特殊时期安全工作实施，建立健全和完善本企业的各项安全生产管理制度及奖惩办法。

③建立健全安全生产工艺保证体系，保证安全技术措施经费的落实。

④领导并支持安全管理人员或部门的监督检查工作，赋予安全生产部门管理权力，定期听取安全生产工作汇报。

⑤在事故调查组织的领导下，领导、组织本企业有关部门或人员，做好特大、重大伤亡事故调查处理的具体工作，监督防范措施的制定和落实，预防类似事故再次发生。

(2)企业经理的安全生产责任

①认真贯彻执行安全生产方针政策和法规，掌握本企业安全生产动态。每季度研究本企业安全生产工作，根据实际情况制定本企业安全生产方针和目标，领导本企业安全生产活动，对本企业安全生产负主要领导责任。

②领导制定和实施本企业中、长期整体规划和年度生产经营工作计划的同时，制定和实施本企业中、长期安全生产规划和年度的安全生产工作计划。

③建立健全本企业安全生产目标管理责任制，明确考核指标，组织本企业安全生产目标管理考核工作，并将安全生产考核指标与经济承包指标挂钩，实行安全生产一票否决制度。

④领导本企业安全生产委员会，健全安全生产保证体系，并将安全生产工作纳入重要议事日程，严格执行企业领导安全值班制度。

⑤建立健全本企业安全生产监督管理机构，配备足够的监督管理力量，完善安全生产监督管理手段，并将安全生产综合管理与监督的经费列入企业财务预算。

⑥健全和完善本企业安全生产管理制度和奖惩办法，保证企业安全生产工作有计划、有目标、有检查、有落实、有考核、有奖罚。

⑦本企业发生伤亡事故后，要亲临事故现场，组织事故的调查处理工作，研究制定防范措施并组织实施。

(3)企业主管安全生产副经理的安全生产责任

①认真贯彻执行安全生产的方针政策和法规，掌握本企业安全生产动态，协助经理落实本企业各项安全生产管理制度，对本企业安全生产工作负直接领导责任。

②组织实施本企业生产工作计划的同时，组织实施安全生产工作计划，组织落实安全生产责任制。

③在计划、布置、检查、总结、评比生产工作的同时，计划、布置、检查、总结、评比安全生产工作。

④审批施工组织设计与重点工程、特殊工程及专业性工程项目施工方案时，审核安全技术管理措施，制定本企业安全技术措施经费的使用计划。

⑤领导组织本企业安全生产活动和安全生产宣传教育工作，领导组织本企业外省市施工队伍的审查与安全生产培训教育、考核工作。

⑥领导本企业安全生产监督管理机构开展工作，每月召开安全生产例会，研究企业安全生产工作，领导组织本企业安全生产检查工作，及时解决生产过程中的安全生产问题。

⑦本企业发生伤亡事故后，要亲临事故现场，领导组织因工伤亡事故调查、分析和处理过

程中的具体工作。

(4)企业总工程师的安全生产责任

①认真贯彻执行安全生产方针政策和法规,协助本企业经理做好安全生产方面的技术领导工作,对本企业安全生产工作负技术领导责任。

②在组织编制或审批施工组织设计以及重点工程、特殊工程或专业性工程项目施工方案时,同时审查安全技术措施。

③领导本企业安全技术攻关活动,确定企业职业安全卫生科研项目,并组织鉴定验收。

④对本企业使用的新材料、新技术、新工艺从技术上负责,组织审查其使用和实施过程中的安全性,组织编制或审定相应的安全技术操作规程。

⑤参与本企业伤亡事故的调查工作,从技术上分析事故原因,制定防范措施。

(5)企业总经济师的安全责任

①按照企业和上级有关规定,编制安全生产技术措施费的规定和使用方案。

②提出安全生产工作的经济可行性、重要任务和实施方案,起到经济杠杆作用,使安全生产经费被合理利用,产生出更好、更多、更积极的安全生产效益。

③根据企业实际和有关规定,编制安全生产的各项经济政策和奖罚条例。

④加强经济核算,统筹安排安全生产经费的筹集和使用。

⑤总结和调查、研究安全生产工作各项措施和经费的实施情况,提出新的可行性方案。

(6)企业总会计师的安全责任

①根据本企业规章制度,统筹落实安全生产材料、设备、技术经费。

②按财务制度对审定的经费列入年度预算,确定各项经费需要并进行统一资金调度。

③设立专项资金项目,随时调查、监督使用安全经费的情况,杜绝各类占用经费的现象。

④年终进行安全经费使用情况的审计和总结。

⑤及时向企业经理汇报安全经费使用情况,以利于领导正确决策。

2.企业各职能部门安全生产责任

(1)生产计划部的安全生产责任

①树立“安全第一”的思想,在编制年、季、月生产计划时,应保障安全与生产工作协调一致,组织均衡生产。

②对于改善劳动条件以及为施工生产提供安全防护设施设备的工作项目,应作为正式工序,纳入生产计划优先安排。

③检查生产计划实施情况的同时,要检查安全防护设施设备是否按照生产工序正常施工,并检查施工现场管理是否符合文明安全工地标准。

④在生产与安全发生矛盾时,生产应服从安全工作的需要,在保证安全的前提下组织生产。

(2)技术管理部的安全生产责任

①认真贯彻执行安全技术规范和安全操作规程,保障施工生产中安全技术措施的制定与实施。

②在编制和审查施工组织设计或方案的过程中,应将安全技术措施贯穿于每个环节中,对

确定的施工方案，要检查实施过程。当方案变更时，应及时组织修订安全技术措施。

③在检查施工组织设计或施工方案实施情况时，要同时检查安全技术措施的实施情况。对施工中涉及安全方面的技术性问题，应及时提出解决办法。

④对新技术、新材料、新工艺，应制定相应的安全技术措施和安全操作规程。

⑤对改善劳动条件，减轻笨重体力劳动、消除噪声等职业安全卫生的技术治理方案负责研究解决。

⑥参与事故中技术性问题的调查，分析事故原因，从技术上提出防范措施。

(3)劳务管理部的安全生产责任

①对外地施工队伍严格审查施工资格，并进行定期的教育考核，将安全技术知识列为务工人员培训、考核的内容之一，对新进场的务工人员组织入场教育和资格审查，保证提供的劳务人员具有一定的安全生产素质。

②严格执行特种作业人员持证上岗的有关规定，适时组织特种作业人员参加省市的培训取证工作。

③认真落实劳动保护的法律规定，严格执行有关务工人员的劳动保护待遇，并监督实施情况。

④参与伤亡事故的调查，从用工方面分析事故原因，提出防范措施。

(4)机械设备管理部的安全责任

①对机械设备、锅炉压力容器及自制机械设备的安全运行负责，认真执行《建筑机械使用安全技术规程》和质量技术监督局关于特种设备、锅炉压力容器的相应规程，并监督各种设备的维修、保养管理工作。

②建立定期设备检查制度。公司每季度、分公司每月组织检查。

③按主管部门要求，按时完成建筑起重机械租赁、维修、拆装资质和锅炉压力容器安装资质审查申报工作，定期组织特种设备及锅炉压力容器安全检测工作。

④对租赁的机械设备，要建立安全管理制度，确保租赁机械设备手续齐全、状况完好、安全可靠。

⑤对新购进的机械设备、锅炉压力容器及大修、维修、外租回厂后的设备应严格检查和验收。新购进的设备要有完整的技术资料和出厂合格证，使用前制定安全操作规程，组织专业培训，向有关人员交底并进行鉴定验收；大修后的设备要保存好修理清单和验收资料。

⑥参加施工组织设计、施工方案的会审，提出涉及机械安全的具体意见，同时负责监督实施。

⑦参与机械设备伤亡事故及未遂事故的调查，分析事故原因，提出处理意见，制定防范措施。

(5)材料管理部的安全生产责任

①凡购置各种机械设备、电气设施、脚手架、新型建筑装饰、防水材料等涉及人身安全的料具及设备，必须执行国家、省市及集团公司的有关规定，严格审查其产品合格证明资料，并同时做抽样检验。

②施工现场购置各类建筑材料，应符合省市和集团公司有关文明施工和环境保护的要求。

③采购劳动保护用品时，应严格审查其生产资质和产品合格证明材料，并抽样送交省市有

关部门进行检测。对集团公司专控劳动保护用品，应按集团公司有关规定执行，接受安全管理部门和市质量技术监督部门的监督检查。

④认真执行省市文明安全施工有关标准，做好施工现场料具管理，保证安全生产。

(6)财务管理部的安全生产责任

①根据本企业实际情况及安全技术措施经费的需要，在资金安排上优先考虑安全技术措施经费、劳动保护经费及其他安全生产所需经费。

②按照国家、省市以及企业对劳动保护用品的有关标准和规定，负责审查购置劳动保护用品的合法性。

③协助安全主管部门办理安全生产奖金、罚款的手续。

(7)人事教育部的安全生产责任

①根据国家、省市的有关要求及企业实际情况，配备具有一定文化程度、技术和实践经验的安全干部，保证安全干部的素质。

②组织对新调入、转岗的工人及管理人员的安全生产培训教育工作。

③按照上级有关规定，负责审查安全管理人员资格，有权向主管领导建议调整和补充安全管理人员。

④参与伤亡事故的调查，认真执行对事故责任者的处理意见。

⑤组织与施工生产有关的培训班时，要安排安全生产教育课程。

⑥企业开办的专业学校，要设置劳动保护课程(课时不少于总课时的2%)。

⑦将安全教育纳入职工教育计划，负责组织职工的安全技术培训和教育。

(8)消防保卫部的安全生产责任

①贯彻执行上级有关消防保卫的法规、规程，协助领导做好消防保卫工作。

②制定年、季消防保卫工作计划和消防安全管理制度，并对执行情况进行监督检查，参加施工组织设计方案的审批，提出具体建议并监督实施。

③经常对职工进行消防安全教育，会同有关部门对特种作业人员进行消防安全教育考核工作；负责对冬季取暖炉的消防安全进行监督检查。

④组织消防安全检查，督促有关部门消除火灾隐患。

⑤负责调查火灾事故，提出处理意见。

⑥参与新建、改建、扩建工程项目的设计审查和竣工验收。

⑦负责施工现场的保卫，对新招收人员进行暂住证等资格审查，并将情况及时通知安全管理部门。

⑧对剧毒、易燃易爆的物品应按有关规定进行严格管理。

(9)生产安全管理部的安全生产责任

①贯彻执行安全生产方针政策和法规，宣传贯彻企业各项安全生产规章制度，并监督检查执行情况。

②制定安全生产工作计划和方针目标，并负责贯彻实施。

③协助领导研究企业安全动态，组织调查研究活动，编制研究报告，制定或修改安全生产管理制度，负责审查本企业制定的安全操作规程，并对执行情况进行监督检查。

④协助领导组织本企业安全生产活动，宣传安全生产法规，提高全体施工生产人员的安全

生产意识。

⑤组织本企业安全生产培训教育工作，定期对各单位主管生产的负责人、项目经理、外省市施工队伍负责人和外省市施工队伍务工人员进行安全生产培训教育和考核。组织违章人员学习班，负责审查特种作业人员培训教育和持证上岗情况，负责组织复工和转岗人员的安全教育。

⑥建立定期安全检查制度。企业每季度组织一次安全生产和文明施工检查。

⑦安全生产和文明施工检查中，发现重大事故隐患或违章指挥、违章作业时，有权制止并停止施工作业，或勒令违章人员撤出施工区域。遇有重大险情时，有权指挥危险区域内的人员撤离现场，并及时向上级报告。

⑧安全生产管理人员有权随时进入所辖范围内的施工现场进行检查，任何单位和个人不得拒绝接受检查，检查人员发现事故隐患均应签发"隐患通知单"，并由受检查单位项目负责人签字确认，组织整改，按时限要求及时反馈整改情况。

⑨安全生产监督管理人员有权对进入施工现场的单位或个人进行监督检查，发现不符合安全管理规定的情况应立即予以纠正。

⑩参加施工组织设计（或施工方案）的会审，对其中的安全技术措施签署意见，由编制人负责修改，并对安全技术措施的执行情况进行监督检查。

⑪参加生产例会，掌握施工生产信息，预测事故发生的可能性并提出防范建议，参加新建、改建、扩建工程项目的设计、审查和竣工验收。

⑫参加暂设电气工程的设计和验收，提出具体意见，并监督执行。

⑬参加各种脚手架的安装验收，及时发现问题，监督有关部门和人员解决。

⑭审核鉴定专控劳动保护用品，并监督使用情况。

⑮参加伤亡事故的调查，进行事故统计、分析，按规定及时上报，对伤亡事故和未遂事故的责任者提出处理意见。

3.项目经理部各级人员安全责任

(1)项目经理的安全生产责任

①认真贯彻执行安全生产方针政策和法规，落实企业安全生产各项规章制度，结合工程项目的特点及施工生产全过程，组织制定本工程项目安全生产管理办法，并监督实施。作为工程项目安全生产第一责任者，对工程项目生产全过程中的安全负全面领导责任。

②在组织工程项目管理体系时，必须根据工程项目特点、施工面积和参与施工的人员数量，成立安全生产委员会或安全生产领导小组，明确本工程项目专（兼）职安全管理人员。支持安全管理人员工作，不得阻挠安全管理人员行使职权。

③在组织工程项目施工前，必须明确各专业管理部门和关键岗位人员的安全生产责任考核指标和考核办法，每月组织实施考核，工程项目安全生产责任制的考核要与经济效益挂钩。

④健全完善用工管理制度，适时组织施工生产人员上岗前的安全生产教育，保证施工现场安全生产教育不少于规定学时，并保证施工人员劳动防护用品的配备。

⑤组织落实施工组织设计（或施工方案）中的安全技术措施，组织并监督工程项目中安全技术交底和设施设备验收制度的实行。

⑥每月组织两次本项目的安全生产检查，及时组织相关人员消除事故隐患，对上级安全生产检查中提出的事故隐患和管理上存在的问题，定人、定时间、定措施予以解决，并按时将解决情况向上级反馈。

⑦领导组织本项目文明施工管理，贯彻落实安全施工管理标准、企业识别系统标准和国家有关环境保护工作的规定。

⑧本项目发生伤亡事故时，必须做到迅速抢救伤员，妥善保护现场，及时向上级报告事故情况。并配合有关部门进行事故调查，认真落实防范措施。

(2)项目技术负责人的安全生产责任

①认真贯彻执行安全生产方针政策和法规，落实企业安全生产各项规章制度，结合项目工程特点，主持项目工程安全技术交底工作，作为项目工程技术负责人，对本项目安全生产负有技术管理责任。

②参加或组织编制施工组织设计(或施工方案)的同时，制定安全技术措施，并保证其可行性和针对性，随时检查、监督和落实。

③主持制定技术措施计划和季节性施工方案的同时，制定相应的安全技术措施并监督执行，及时解决执行中出现的问题。

④项目工程应用新材料、新技术和新工艺时要及时上报，经上级批准后方可实施，同时要组织操作人员进行相应的安全技术培训，组织编制相应的安全操作规程、安全技术措施，进行安全技术交底，并进行监督。

⑤主持安全防护设施设备的验收工作，并做出结论性意见，严禁不符合安全要求的设施设备进入施工现场。

⑥参加本项目安全生产检查，对施工中存在的不安全因素，从技术方面提出整改意见，消除隐患。参加伤亡事故和未遂事故的调查，从技术上分析事故原因，提出防范措施。

(3)施工员的安全生产责任

①直接执行上级有关安全生产规定，对所辖班组(特别是外包工队)的安全生产负直接领导责任。

②认真执行安全技术措施及安全操作规程，针对生产任务特点，向班组(包括外包工队)进行书面安全技术交底，履行签字认可手续，对规程、措施和交底要求执行情况经常检查，随时纠正作业违章。

③经常检查所辖班组(包括外包工队)作业环境及各种设施、设备的安全状况，发现问题及时纠正解决，对重点、特殊部位施工，必须检查作业人员及各种设备、设施技术状况是否符合安全要求，严格执行安全技术交底，落实安全技术措施，并监督其执行，做到不违章指挥。

④定期和不定期组织所辖班组(包括外包工队)学习安全操作规程，开展安全教育活动，接受安全部门或人员的安全监督检查，及时解决提出的不安全问题。

⑤对分管工程项目应用的新材料、新技术、新工艺严格执行申报、审批制度，发现问题，及时停止使用，并上报有关部门或领导。

⑥发生因工伤亡及重大未遂事故要保护现场，立即上报。

(4)安全员的安全生产责任

①贯彻安全生产的各项规定，并模范遵守。

②参与施工组织设计中的安全技术措施的制定及审查。

③经常深入现场检查、监督各项安全规定的落实，消除事故隐患，分析安全动态，不断改进安全管理的安全技术措施。

④对职工进行安全生产的宣传教育，对特种人员进行考核。

⑤正确行使安全否决权，做到奖罚分明、处事公正，同时做好各级职能部门对本工程安全检查的配合工作。

⑥参与企业伤亡事故的调查和处理，及时总结经验，防止类似事故再次发生。

(5)质量员的安全生产责任

①遵守国家法令，执行上级有关安全生产规章制度，熟悉安全生产技术措施。

②在质量监控的同时，顾及安全设施的完善与使用功能和各部位洞边的防护状况，发现不佳之处，及时通知安全员，落实整改。

③悬空结构的支撑，应考虑安全系数，防止由于支撑质量不佳而引起坍塌，造成安全事故发生。

④在施工中，严格控制与验收结构安装的预制构件质量，避免因构件不合格造成断裂，造成安全事故的发生。

⑤在质量监控过程中，发现安全隐患，立即通知安全员和项目经理，同时有权责令暂停施工，待消除安全隐患后方可继续施工。

(6)材料员的安全生产责任

①学习熟悉安全技术规范，遵守国家法令，执行上级部门关于安保方面的有关规定。

②采购安全设施、材料物品及劳动保护用品时，应保证设施与物品的质量，不能以次充好，不允许劣质产品采购入库。

③购买安全设施和劳保用品及防护材料时，应认准国家批准的设施和物品，同时取得合格品证书。

④对于上门销售的安全设施劳保防护物品，除国家与有关部门认可外，一律不准采购，以防止劣质产品危害安全。

4.生产班组长的安全生产责任

①认真遵守有关安全生产法律法规，根据本班组人员的技术任务、思想等情况合理安排工作，严肃认真地做好技术交底工作，对本班组成员在生产中的安全、健康负责。

②树立“安全第一”的思想，认真学习和钻研安全生产知识。采取多方面的方式、方法，努力提高自身的安全素质。

③做好班组的“三级安全教育”，并与被教育对象相互签字备查，开好班前班后安全会，支持安全员的督促、检查工作。对新工人进行现场安全教育，并在新工人未熟悉工作环境前，指定专人监护其人身安全。

④组织安全活动日。每周对工地进行一次周密检查，并结合工人思想情况开展针对性的安全活动。除了现场设备、防护设施之外，对工作环境、生活环境、生活卫生及班组职工个人卫生都要检查。

⑤教育本班组人员均能正确使用“安全三宝”。组织本班组职工学习安全制度和操作规

程，大力提高本班职工的安全意识和自我保护能力，相互检查执行情况，使其懂得在任何情况下，均不得违章蛮干，不得冒险作业，不得擅自动用机械、电气设备，不得擅自拆除安全保护装置和安全防护设备，发现安全隐患时能主动排除、整改或报告领导。

⑥经常检查施工现场的安全、生产情况，发现问题及时解决之后才允许施工；对不能解决的问题，必须采取"监控"措施，并立即上报；高空作业、夜间作业、特殊场合作业，都要首先考虑安全生产的有关问题，做好充分准备然后才能生产。

⑦上班前，对所有使用的机具、设备、防护用具作安全检查，发现问题立即整改；专业机具由专业人员予以处理，使安全设施和劳保防护设置全部齐全有效，并听从安全员指导，接受改进意见，保证班组工作环境内的一切机具和设备达到完好率百分之百。

⑧做好上下班时安全事务的交接手续，本班职责必须本班完成，有特殊情况的交代下一班整改，待顺利交接后方可下班。班组有权拒绝违章指令，特殊情况可以越级报告。

⑨发生工伤事故，要及时上报并详细记录事故情况；组织全班组成员认真分析，提出防范措施并落实整改；发生重大伤亡事故要保护好事故现场，并立即上报。

⑩总结安全生产经验。为改善安全生产工艺与劳动条件，提出合理化建议，将好的做法和成功经验及时上报工地安全员，并转交企业安全管理部门，便于统一提高。

5.4.5 安全生产责任的考核

为明确建筑企业项目管理人员在施工生产活动中应负的安全职责，进一步贯彻落实安全生产责任制，建筑企业应对施工项目部管理人员的安全生产责任制落实情况实行定期考核。

考核对象一般包括项目经理、项目技术负责人、项目施工员、项目安全员、项目质量员、项目材料员和各班组长等。其中，项目经理安全生产责任考核内容包括：

- 贯彻安全生产制度规程、规定。
- 项目安全技术审查与贯彻。
- 安全制度落实。
- 安全专题会议。
- 三级教育、日常教育。
- 生活设施。
- 文明施工。
- 隐患整改。
- 安全经费。
- 工伤事故处理。

安全员生产责任考核内容包括：

施工现场安全员主要任务是负责施工现场安全工作的监督检查，对项目经理部及其专业管理岗位人员安全生产责任的教育及监督：

- 各工种安全操作规程的完善与执行。
- 安全文明施工的日巡查。

• 事故隐患的报告、整改及验收。
• 安全防护用具及机械设备的达标检查。
• 对违纪、违规人员的处理。
• 安全警示标志的设置及班前安全活动的督导。
• 特种工上岗前的审验。

其他专业管理人员安全生产责任制的考核，按其分管工作中涉及安全生产内容应承担的责任进行考核：

• 安全生产、文明施工是否纳入本职工作。
• 管辖范围内人员、物资、机械安全、文明状况。
• 涉及安全、文明施工问题的及时处置情况。

考核人和考核期一般如下：企业负责考核项目经理，每季度考核一次；项目经理负责考核项目技术负责人、项目施工员、项目安全员、项目质量员、项目材料员、各班组长等，每月考核一次。

考核形式可采用考核表评分。考核评价以最后的得分为依据。

5.5 职业健康安全管理体系国家标准 GB/T 280001 简介

5.5.1 GB/T 280001 的特点

与国际标准 BS OHSMS 18001：2007 一致，借鉴 ISO 9001，ISO 14001(对应的国标 GB/T 19001，GB/T 24001)建立与实施质量管理体系和环境管理体系的成功经验，通过建立与实施健康安全管理体系对组织的安全进行管理，也可与这两个管理体系整合在一起。

本标准采用“策划—实施—检查—改进(PDCA)”的运行模式。

——策划：建立所需的目标和过程，以实现组织的职业健康安全方针所期望的结果。

——实施：对过程予以实施。

——检查：依据职业健康安全方针、目标、法规和其他要求，对过程进行监测和测量，并报告结果。

——改进：采取措施以持续改进职业健康安全管理绩效。

标准由五大板块构成：职业健康安全方针—策划—实施和运行—检查和纠正措施—管理评审，为持续改进提供了结构化的有效运行机制，如图 5-5 所示。

强调预防为主，持续改进及动态管理。组织通过危险源辨识、确定风险状况；通过目标、管理方案、运行控制、应急准备与响应、监测与测量等要素的实施，将预防为主、持续改进的思想贯穿在体系建立、运行与改进之中。

遵守法律、法规的要求贯穿职业健康安全管理体系始终，是建立与实施此体系的基本要求，组织的方针中对此要有明确的承诺。组织识别、获取并及时更新法律法规和其他要求，据此确立改进目标，通过运行控制及管理方案的实施来满足这些要求，并对满足的情况进行监测。

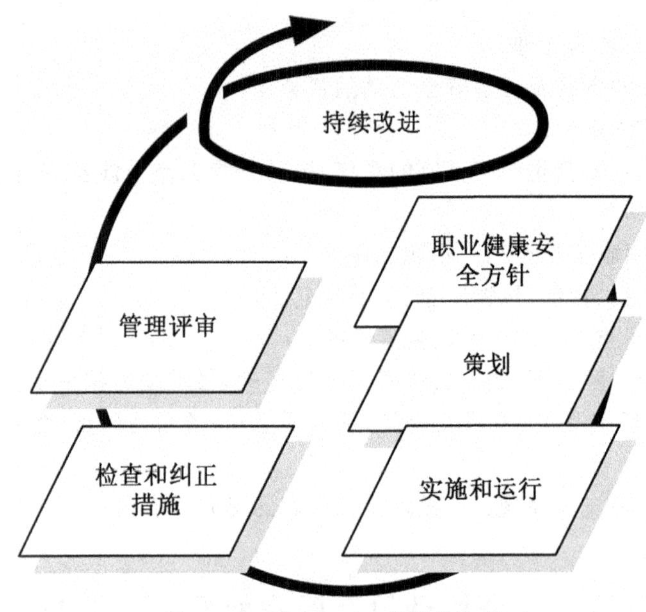

图 5-5 GB/T 280001 的版块构成

本标准适用于各行各业,并作为认证的依据。标准提出了组织职业健康安全管理体系认证注册的要求,也作为职业健康安全管理体系建立和认证的最终依据,但标准未对组织的职业健康安全绩效提出绝对的要求。实施标准能帮助组织加强优化管理机制,改善绩效,但优化结果的取得还需要组织根据自身状况、经济技术能力来实现。

本标准是推荐性标准,遵循自愿性原则。组织是否实施标准,取决于组织自身意愿,而非强制执行,且实施该标准并不要求改变组织的职业健康安全法律责任。

5.5.2 GB/T 280001 的适用范围

本标准规定了对职业健康安全管理体系的要求,旨在使组织能够控制其职业健康安全风险,并改进其职业健康安全绩效。它既不规定具体的职业健康安全绩效准则,也不给出详细的管理体系设计规范。

本标准适用于任何有下列愿望的组织:

• 建立职业健康安全管理体系,以消除或尽可能降低员工和其他相关方所面临的风险,这些员工和其他相关方可能暴露于与组织活动相关的职业健康安全危险源中。

• 实施、保持和持续改进职业健康安全管理体系。

• 确保自身符合所阐明的职业健康安全方针。

通过下列方式证实符合本标准:

• 做出自我评价和自我声明。

• 寻求与组织有利益关系的一方(如顾客等)对其符合性的确认。

• 寻求组织外部一方对其自我声明的确认。

• 寻求外部组织对其职业健康安全管理体系的认证。

• 本标准旨在针对职业健康安全，而非其他方面的健康和安全，如员工健身或健康计划、产品安全、财产损失或环境影响等。

5.5.3　GB/T 280001 的总体结构

标准的主要内容包含一级条款6条，二级条款15条，如下表：

表5-2　GB/T 280001 的标准结构

<table>
<tr><th>项目</th><th>一级条款</th><th>二级条款</th></tr>
<tr><td rowspan="6">条款名称</td><td>(一)总要求</td><td></td></tr>
<tr><td>(二)职业健康安全方针</td><td></td></tr>
<tr><td>(三)策划</td><td>1.危险源辨识、风险评价和确定控制措施
2.法律法规和其他要求
3.目标和方案</td></tr>
<tr><td>(四)实施和运行</td><td>1.资源、作用、职责、责任和权限
2.能力、培训和意识
3.沟通、参与和协商
4.文件
5.文件控制
6.运行控制
7.应急准备和相应措施</td></tr>
<tr><td>(五)检查和纠正措施</td><td>1.绩效测量和监测
2.合规性评价
3.事件调查、不符合、纠正措施和预防措施
4.记录控制
5.内部审核</td></tr>
<tr><td>(六)管理评审</td><td></td></tr>
</table>

1.职业健康安全管理体系总要求

组织应根据本标准的要求建立、实施、保持和持续改进职业健康安全管理体系，确定如何满足这些要求，并形成文件。

组织应界定职业健康安全管理体系的范围，并形成文件。

2.职业健康安全管理体系要素

如总体结构表所示，职业健康安全体系要素共包括17个方面，分别是：职业健康安全方针

(No:1);策划包含的3个二级条款(No:2～4);实施和运行的7个二级条款(No:5～11);检查和纠正措施的5个二级条款(No:12～16);管理评审(No:17)。

以下对其中8项要素作简要介绍:

(1)职业健康安全方针

最高管理者应确定和批准本组织的职业健康安全方针,并确保职业健康安全方针在界定的职业健康安全管理体系范围内:

适合于组织的职业健康安全风险的性质和规模。

包含关于防止受伤与健康损害和持续改进职业健康安全管理与职业健康安全绩效的承诺。

包含关于至少遵守与职业健康安全危险源有关的适用法规要求及组织接受的其他要求的承诺。

为设定和评审职业健康安全目标提供框架。

形成文件,付诸实施,并予以保持。

传达到所有在组织控制下工作的人员,旨在使其认识到各自的职业健康安全义务。

可为相关方所获取。

定期评审,以确保其与组织保持相关和适宜。

(2)法律法规和其他要求

组织应建立、实施和保持程序,以识别和获取适用于本组织的法律法规和其他职业健康安全要求。

在建立、实施和保持职业健康安全管理体系时,组织应确保对适用法律法规要求和组织同意的其他要求加以考虑。

组织应保持这些信息最新。

组织应向其控制下工作的人员和其他有关的相关方传达相关法规和其他要求的信息。

(3)目标和方案

组织应在其内部相关职能和层次建立、实施和保持形成文件的职业健康安全目标。

可行时,目标应可测量。目标应符合职业健康安全方针,包括对防止受伤与健康损害、符合适用法律法规要求与组织同意的其他要求以及持续改进的承诺。

在建立和评审目标时,组织应考虑法律法规要求和组织同意的其他要求及其职业健康安全风险。组织也应考虑其可选技术方案,财务、运行和经营要求,以及有关的相关方的观点。

组织应建立、实施和保持实现其目标的方案。方案至少应包括:组织相关职能和层次实现目标的职责和权限的指定;实现目标的方法和时间表。

组织应定期和按计划的时间间隔对方案进行评审,必要时进行调整,以确保目标得以实现。

(4)应急准备与响应

组织应建立、实施并保持程序,用于识别紧急情况的潜在后果和对紧急情况做出响应。

组织应对实际的紧急情况做出响应,防止和减少相关的职业健康安全不良后果。

组织在策划应急响应时,应考虑有关相关方的需求,如应急服务机构和邻居。

组织也应定期测试其响应紧急情况的程序,可行时,使有关相关方适当地参与其中。

组织应定期评审其应急准备和响应程序，必要时对其进行修订，特别是在定期测试和紧急情况发生后。

(5)绩效测量和监测

组织应建立、实施并保持程序，对职业健康安全绩效进行例行监测和测量。程序应规定：

▶适合组织需要的定性和定量测量。

▶对组织的职业健康安全目标的满足程度的监测。

▶监测控制措施的有效性(既针对健康也针对安全)。

▶主动性的绩效测量，即监测是否符合职业健康安全管理方案、控制措施和运行准则。

▶被动性的绩效测量，即监测健康损害、事件(包括事故、"未遂事故"等)和其他不良职业健康安全绩效的历史证据。

▶记录充分的监测和测量的数据和结果，以便于后面的纠正措施和预防措施的分析。

(6)不符合、纠正措施和预防措施

组织应建立、实施并保持程序，以处理实际和潜在的不符合，并采取纠正措施和预防措施。程序应明确下述要求：

▶识别和纠正不符合，采取措施减少其职业健康安全后果。

▶调查不符合，确定其产生原因，并采取措施以避免再度发生。

▶评价预防不符合的措施需求，并实施适当措施，以避免不符合的发生。

▶记录和沟通所采取的纠正措施和预防措施的结果。

▶评审所采取的纠正措施和预防措施的有效性。

▶对于纠正措施或预防措施中识别出的新的或变化的危险源，或者对新的或变化的控制措施的需求的情况，程序应要求对拟定的措施在实施之前经过风险评价。

▶为消除实际和潜在不符合的原因而采取的任何纠正或预防措施，应与问题的严重性相适应，并与面临的职业健康安全风险相匹配。

▶对因纠正措施和预防措施而引起的任何必要变化，组织应确保反映在职业健康安全管理体系文件中。

(7)内部审核

组织应确保按照计划的时间间隔对职业健康安全管理体系进行内部审核。目的是：

确定职业健康安全管理体系是否满足下面几个要求：

①是否符合组织对职业健康安全管理的策划安排和本标准的要求。

②是否得到了正确地实施和保持。

③是否有效满足组织的方针和目标。

以及向管理者报告审核结果的信息。

组织应基于组织活动的风险评价结果和以前的审核结果，策划、制定、实施和保持审核方案。

应建立、实施和保持审核程序，以确定：

①关于策划和实施审核、报告审核结果和保存相关记录的职责、能力和要求。

②审核准则、范围、频次和方法。

审核员的选择和审核的实施均应确保审核过程的客观性和公正性。

(8)管理评审

最高管理者应按计划的时间间隔,对组织的职业健康安全管理体系进行评审,以确保其持续适宜性、充分性和有效性。评审应包括评价改进的机会和对职业健康安全管理体系进行修改的需求,包括职业健康安全方针和职业健康安全目标的修改需求。应保存管理评审记录。

管理评审的输入应包括:

▶内部审核和合规性评价的结果。

▶参与和协商的结果。

▶来自外部相关方的相关沟通信息,包括投诉。

▶组织的职业健康安全绩效。

▶目标的实现程度。

▶事件调查、纠正措施和预防措施的状况。

▶以前管理评审的后续措施。

▶客观环境的变化,包括与职业健康安全有关的法律法规和其他要求的发展。

▶改进建议。

管理评审的输出应符合组织持续改进的承诺,并应包括与如下方面可能的更改有关的任何决策和措施:

▶职业健康安全绩效。

▶职业健康安全方针和目标。

▶资源。

▶其他职业健康安全管理体系要素。

管理评审的相关输出应可供沟通和协商。

第6章 建设工程安全生产管理

6.1 安全教育与培训

虽然建筑工程中发生工伤事故的因素众多，极其复杂，但可归结为两大因素，即直接因素（人—机—环境三者匹配上的缺陷）和间接因素（安全管理和安全教育存在问题）。事故间接因素是产生事故直接因素的原因，由此，事故间接因素是事故发生的根本因素。所以，加强安全管理和安全教育是实现安全生产的根本措施。

安全教育又称安全生产教育，是企业为提高职工安全技术水平和防范事故能力而进行的教育培训工作。安全教育是企业安全管理的重要内容，与消除事故隐患，创造良好劳动条件相辅相成，二者缺一不可。

6.1.1 安全教育的类别及形式

1. 按教育的内容分类

按教育的内容分类，安全教育主要有五个方面的内容，即安全法制教育、安全思想教育、安全知识教育、安全技能教育和事故案例教育，这些内容是互相结合、互相穿插、各有侧重的，形成安全教育生动、触动、感动和带动的连锁效应。

(1)安全法制教育

对职工进行安全生产、劳动保护方面的法律、法规的宣传教育，从法制的角度去认识安全生产的重要性，明确遵章守法、遵章守纪是每个职工应尽的职责，而违章违规的本质是违法行为，轻则会受到批评教育，造成严重后果的，还将受到法律的制裁。

安全法制教育首先要使每个劳动者懂得遵章守法的道理，通过学法、知法来守法；其次是要同一切违章违纪和违法的不安全行为做斗争，以制止并预防各类事故的发生，实现安全生产的目的。

(2)安全思想教育

安全思想教育要从安全生产意义、安全意识教育和劳动纪律教育三方面进行。通过安全教育提高领导和职工对安全生产重要性及社会意义、经济意义的认识，提高各级管理人员和职工的安全意识，从而加强劳动纪律教育。

对职工进行深入细致的思想政治工作。其一，端正思想，提高对安全生产重要性的认识；

其二，帮助理解和贯彻执行党和国家的安全生产方针、政策。

各级管理人员，特别是领导干部要加强对职工的安全思想教育，要从关心人、爱护人、保护人的生命与健康出发，重视安全生产，做到不违章指挥。工人要增强自我保护意识，施工过程中要做到互相关心、互相帮助、互相督促，共同遵守安全生产规章制度，做到不违章操作。

(3)安全知识教育

让职工了解施工生产中的安全注意事项和劳动保护要求，掌握一般安全基础知识。安全知识教育是一种最基本、最普通和经常性的安全教育活动。安全知识是生产知识的一个重要组成部分，在进行安全知识教育时，要结合生产知识交叉进行教育。可分为一般生产技术知识教育、一般安全技术知识教育、专业安全技术知识教育。

安全知识教育的主要内容是：本企业生产的基本情况，施工流程及施工方法，施工中的主要危险区域及其安全防护的基本常识，施工设施、设备、机械的有关安全常识，电气设备安全常识，车辆运输安全常识，高处作业安全知识，施工过程中有毒有害物质的辨别及防护知识，防火安全的一般要求及常用消防器材的使用方法，特殊类专业（如桥梁、隧道、深基础、异形建筑等）施工的安全防护知识，工伤事故的简易施救方法和报告程序及保护事故现场等规定，个人劳动防护用品的正确穿戴、使用常识等。

(4)安全技能教育

安全技能教育是在安全知识教育的基础上，进一步开展的安全操作技术教育，其侧重点是在安全操作技术方面使受教育者达到“应该会”的程度。它是通过结合本工种特点、要求，以培养安全操作能力为目标而进行的一种专业安全技术教育。主要内容包括安全技术、安全操作规程和劳动卫生规定等。

根据安全技能教育的对象不同，主要可分为以下两类：

①对一般工种进行的安全技能教育。即除国家规定的特种作业人员以外，对其余所有工种，如钢筋工、木工、混凝土工和瓦工等的教育。

②对特殊工种作业人员的安全技能教育。根据国家标准《特种作业人员安全技术考核管理规则》(GB 5306—85)的规定，特种作业共分十一种类别，与建筑行业有关的主要有：电工作业、锅炉司炉、超重机械作业、爆破作业、金属焊接（气割）作业、机动车辆驾驶、建筑登高架设作业等。

特种作业人员需要专门机构进行安全技术培训教育，并对受教育者进行考试，合格后方可持证从事该工种的作业，同时还必须按期进行审证复训。因此，安全技能教育也是对特殊工种进行上岗前及定期培训教育的主要内容。

(5)事故案例教育

对一些典型事故的发生原因进行分析，总结事故教训及预防事故发生所采取的措施，引以为戒，不蹈覆辙。事故案例教育是一种独特的安全教育方法，它是通过运用反面事例，从正面宣传遵章守纪，确保安全生产。因此，进行事故案例宣传教育时，应注意以下几点：

①事故应具有典型性。要注意收集具有典型教育意义的事故，对职工进行安全生产教育。典型事故一般是施工现场常见的、有代表性的又具有教育意义的，这些事故往往是因违章引起的。如进入现场不戴安全帽、翻爬脚手架、高空抛物等。从这些事故中说明一个

道理,“不怕一万,只怕万一”,违章作业不出事故是偶然性的,而出事故是必然性的,侥幸心理要不得。

②事故应具有教育性。选择事故案例应当以教育职工遵章守纪为主要目的,指出违纪违章必然导致事故;不要过分渲染事故的恐怖性和不可避免性,减少事故的负面影响,从而真正起到用典型事故教育人的积极作用和警钟长鸣的效果。

当然,以上安全教育的内容往往不是单独进行的,而是根据对象、要求和时间等不同情况,有机结合开展。

2. 按教育的对象分类

安全教育按受教育者的对象分类,可分为领导干部的安全培训教育、一般管理人员的安全教育、新工人的三级安全教育、变换工种的安全教育、特种作业人员培训、班前安全活动及“五新”和复工的安全教育。

(1)领导干部的安全培训教育

通过对企业领导干部的安全培训教育,全面提高其安全管理水平,使其真正从思想上树立起安全生产意识,增强安全生产责任心,摆正安全与生产、安全与进度、安全与效益的关系,为进一步实现安全生产和文明施工打下基础。

(2)一般管理人员的安全教育

一般管理人员应了解国家的安全生产方针、政策和相关规定,从思想上认识到安全生产的重要性,增强安全生产的法制观念,熟悉刑法的有关条款,明确自己的安全生产职责、任务及实施方法,熟悉工艺流程,掌握预防事故的方法和急救措施,另外每年必须按要求参加规定学时的安全培训。

(3)新工人的三级安全教育

对新工人(包括合同工、临时工、学徒工、实习和代培人员)必须按规定进行安全教育和技术培训,经考核合格,方准上岗。

三级安全教育是每个刚进企业的工人必须接受的首次安全生产方面的基本教育,三级安全教育是指公司(即企业)、项目(或工程处、工区)、班组三级。对新工人或调换工种的工人,必须按规定进行安全教育和技术培训,经考核合格,方准上岗。

①公司级。新工人在分配到项目之前,必须进行初步的安全教育。

②项目(或工程处、施工队及工区)级。项目级教育是新工人被分配到项目以后进行的安全教育。

③班组级。岗位教育是新工人分配到班组后、开始工作前的一级教育。

④三级教育的要求

▶三级教育一般由企业的安全、教育、劳动和技术等部门配合进行。

▶受教育者必须经过考试合格后才准予进入生产岗位。

▶建立职工劳动保护教育卡,记录三级教育、变换工种教育等教育考核情况,并由教育者与受教育者双方签字后入册,如表6-1和表6-2所示。

表 6-1　三级安全教育制度表

<table>
<tr><td colspan="2">三级安全教育内容</td><td>教育人</td><td>受教育人</td></tr>
<tr><td rowspan="2">公司教育</td><td rowspan="2">进行安全基本知识、法规、法制教育，主要内容是：
(1)党和国家的安全生产方针、政策
(2)安全生产法规、标准和法制观念
(3)本单位施工过程及安全生产规章制度、安全纪律
(4)本单位安全生产形势、历史上发生的重大事故及应吸取的教训
(5)发生事故后如何抢救伤员、排险、保护现场和及时进行报告</td><td>签名：</td><td>签名：</td></tr>
<tr><td colspan="2">年　月　日</td></tr>
<tr><td rowspan="2">工程项目部教育</td><td rowspan="2">进行现场规章制度和遵章守纪教育，主要内容是：
(1)本单位施工特点及施工安全基本知识
(2)本单位(包括施工、生产现场)安全生产制度、规定及安全注意事项
(3)本工种的安全技术操作基础知识
(4)高处作业、机械设备、电气安全基础知识
(5)防火、防毒、防爆知识、紧急情况安全处置及安全疏散知识
(6)防护用品发放标准及防护用品、用具使用的基本知识</td><td>签名：</td><td>签名：</td></tr>
<tr><td colspan="2">年　月　日</td></tr>
<tr><td rowspan="2">班组教育</td><td rowspan="2">进行本工种岗位安全操作及班组安全制度、纪律教育，主要内容是：
(1)本班组作业特点及安全操作规程
(2)班组安全活动制度及纪律
(3)爱护和正确使用防护装置(设施)及个人劳动防护用品
(4)本岗位易发生事故的不安全因素及其防范对策
(5)本岗位的作业环境及使用的机械设备、工具的安全要求</td><td>签名：</td><td>签名：</td></tr>
<tr><td colspan="2">年　月　日</td></tr>
</table>

表 6-2　变换工种工人安全教育登记表

<table>
<tr><td>原工种</td><td></td><td>变换工种</td><td></td><td>人数</td><td></td></tr>
<tr><td>安全教育内容要求</td><td colspan="5">1.现场安全生产纪律和文明施工要求
2.危险作业部位及必须遵守的事项
3.本工种安全操作规程要点和易发生事故的地方、部位及其防范措施
4.明确岗位安全职责，个人防护用品及其防护装置的使用，设施的使用和维护
5.其他</td></tr>
<tr><td>具体教育内容</td><td colspan="5"></td></tr>
<tr><td colspan="4">授课人职务：　　　　　　　　签名：</td><td>教育时间</td><td></td></tr>
</table>

续表

受教育者签名	

(4)变换工种的安全教育

根据规定,企业待岗、转岗及换岗的职工,在重新上岗前,必须接受一次安全培训,时间不得少于20学时。工种之间的互相转换,有利于施工生产的需要,如果安全管理工作没有跟上,安全教育不到位,就可能给转岗工人带来伤害事故。因此,必须进行转岗安全教育。安全教育的主要内容有:

①本工种作业的安全技术操作规程。

②本班组施工生产的概况介绍。

③施工区域内各种生产设施、设备、工具的性能、作用、安全防护要求等。

(5)特种作业人员培训

特种作业是指在劳动过程中容易发生伤亡事故,对操作者本人及其周围人员和设施的安全有重大危险因素的作业。从事特种作业的人员即为特种作业人员。

对电工、焊工、架子工、司炉工、爆破工、机操工及起重工、打桩机和各种机动车辆司机等特殊工种工人,除进行一般安全教育外,还要执行《关于特种作业人员安全技术考核管理规划》(GB 5306—85)的有关规定,按国家、行业、地方和企业规定进行本工种专业培训、资格考核,取得"特种作业人员操作证"后上岗。

特种作业人员必须具备的基本条件:

①年满18周岁。

②初中以上文化程度。

③工作认真负责,遵章守纪。

④身体健康,无妨碍从事本工种作业的疾病和生理缺陷。

⑤上岗要求的技术业务理论考核和实际操作技能考核成绩合格。

经考核成绩合格者,发给"特种作业人员操作证";不合格者,允许补考一次。补考仍不合格者,应重新培训。考核与发证工作,由特种作业人员所在单位负责组织申报,地、市级劳动行政部门负责实施。离开特种作业岗位一年以上的特种作业人员,需重新进行安全技术考核,合格者方可从事原作业。考核内容严格按照《特种作业人员安全技术培训考核大纲》进行。考核包括安全技术理论考试与实际操作技能考核,以实际操作技能考核为主。

劳动行政部门及特种作业人员所在单位,均需建立特种作业人员的管理档案。取得"特种作业人员操作证"者,每两年进行一次复审。未按期复审或复审不合格者,其操作证自行失效。复审由特种作业人员所在单位提出申请,由发证部门负责审验。项目部将已培训合格的特种作业人员登记造册,并报公司。特种作业和机械操作人员安全培训,由分公司企管部负责。参加专业性安全技术教育和培训,经考核合格取得市级以上劳动部门颁发的"特种作业人员操作证”后方可独立上岗作业。

(6)班前安全活动

班组长在班前进行上岗交流、上岗检查，做好上岗记录。

①上岗交流。内容包括：当天的作业环境、气候情况、主要工作内容和各个环节的操作安全要求，以及特殊工种的配合等。

②上岗检查。检查内容包括：上岗人员的劳动防护情况，每个岗位周围作业环境是否安全无患，机械设备的安全保险装置是否完好有效，以及各类安全技术措施的落实情况等。

(7)“五新”和复工的安全教育

“五新”是指采用新技术、新工艺、新产品、新设备、新材料时，进行新操作方法和新工作岗位的安全教育。其教育内容包括五个方面：

①“五新”的基础知识。

②“五新”的性能、特点及其可能带来的危害。

③采用“五新”后新的操作方法。

④作业人员避免事故的发生而采取的防范措施，采用正确的劳动防护用品。

⑤采用“五新”后发生异常情况时，应采取的应急措施。

复工教育指职工离岗三个月以上的(包括三个月)和伤后上岗前的安全教育。教育内容及方法和项目工区、班组教育相同，复工教育后要填写“复工安全教育登记表”。

3.按教育的时间分类

按教育的时间分类，可以分为经常性的安全教育、季节性的安全教育和节假日加班的安全教育等。

(1)经常性的安全教育

经常性的安全教育是施工现场开展安全教育的主要形式，可以起到提醒、告诫职工遵章守纪，加强责任心，消除麻痹思想的作用。

经常性安全教育的主要内容有：

①安全生产法规、规范、标准及规定。

②企业及上级部门的安全管理新规定。

③各级安全生产责任制及管理制度。

④安全生产先进经验介绍、最近的典型事故教训。

⑤新技术、新工艺、新设备、新材料的使用及有关安全技术方面的要求。

⑥最近安全生产方面的动态情况，如新的法律、法规、标准、规章的出台，安全生产通报、批示等。

⑦本单位近期安全工作回顾、讲评等。

(2)季节性的安全教育

季节性的安全教育主要是针对夏季与冬季因季节变化、环境不同，人对自然的适应能力的变化，所造成的不安全因素而进行的教育。

1)夏季安全教育

夏季高温、炎热、多雷雨，是触电、雷击、坍塌等事故的高发期。闷热的气候容易造成职工中暑，高温又使得职工夜间休息不好，打乱了人体的"生物钟"，往往容易使人乏力、走神、瞌睡，较易引起伤害事故；南方沿海地区在夏季还经常受到台风暴雨和大潮汛的影响，也容易发生大型施工机械、设施、设备翻倒及施工区域，特别是基坑等的坍塌；多雨潮湿的环境，人的衣着单薄、身体裸露部位多，使人的电阻值减小，导电电流增加，容易引发触电事故。

2)冬季施工安全教育

冬季气候干燥、寒冷且常常伴有大风，受北方寒流影响，施工区域常出现霜冻，造成作业面及道路结冰打滑，既影响生产的正常进行，又给安全带来隐患；同时，为了施工和取暖需要，使用明火、接触易燃易爆物品的机会增多，又容易发生火灾、爆炸和中毒事故；寒冷天气人们衣着笨重、反应迟钝、动作不灵敏，也容易发生事故。

(3)节假日加班的安全教育

节假日期间加班，职工往往因思乡和工作情绪不高，造成思想不集中，注意力分散，给安全生产带来不利影响。

4.安全教育的形式

开展安全教育应当结合建筑施工生产特点，采取多种形式，有针对性地进行，还要考虑到安全教育的对象的文化水平，尽量采用比较浅显、通俗、易懂、印象深、便于记忆的教材及形式。目前安全教育的形式主要有：

①会议形式，如安全知识讲座、座谈会、报告会、先进经验交流会、事故教训现场会、展览会、知识竞赛等。

②报刊形式，订阅安全生产方面的书报杂志，企业自编自印安全刊物及安全知识小册子。

③张挂形式，如安全宣传横幅、标语、标志、图片、黑板报等。

④音像制品，如电视录像片、DVD片、录音磁带等。

⑤固定场所展示形式，如劳动保护教育室、安全生产展览室等。

⑥文艺演出形式。

⑦现场观摩演示形式，如安全操作方法、消防演习、触电急救方法演示等。

6.1.2　安全教育的对象和时间

1.建筑业企业职工每年必须接受一次专门的安全培训

①企业法定代表人、项目经理每年接受安全培训的时间，不得少于30学时。

②企业专职安全管理人员除按照建教[1991]522号文《建设企事业单位关键岗位持证上岗管理规定》的要求，取得岗位合格证书并持证上岗外，每年还必须接受安全专业技术业务培训，时间不得少于40学时。

③企业其他管理人员和技术人员每年接受安全培训的时间，不得少于20学时。

④企业特殊工种(包括电工、焊工、架子工、司炉工、爆破工、机械操作工、起重工、塔吊司机及指挥人员、人货两用电梯司机等)在通过专业技术培训并取得岗位操作证后，每年仍须接受有针对性的安全培训，时间不得少于20学时。

⑤企业其他职工每年接受安全培训的时间,不得少于15学时。

⑥企业待岗、转岗、换岗的职工,在重新上岗前,必须接受一次安全培训,时间不得少于20学时。

2.工人要接受教育以后方能上岗

建筑业企业新进场的工人,必须接受公司、项目、班组的三级安全培训教育,经考核合格后,方能上岗。

①公司安全培训教育的时间不得少于15学时。

②项目安全培训教育的时间不得少于15学时。

③班组安全培训教育的时间不得少于20学时。

6.1.3 安全教育记录资料编制

1.安全教育记录资料编制的内容

安全教育记录资料是施工现场有关安全教育方面的具体资料,安全教育记录资料编制主要有以下几个方面:制定安全教育培训制度(包括农民工、临时工、特种工、变换工种等方面的培训制度);全体进场职工三级安全教育档案的整理;收集各种安全培训记录及施工管理人员年度培训和专职安全员的年度考核评定等资料。

2.安全教育档案

根据《建筑业企业职工安全培训教育暂行规定》要求,建筑业企业职工每年必须接受一次专门的安全培训,并制定形成《建筑业企业职工安全教育档案》,它是记录职工在企业接受安全培训教育的档案材料,建筑施工企业的所有职工(包括临时用工人员),必须一人一册。职工在本企业调动时,其教育档案随本人转移。建筑业企业职工安全教育档案的主要内容包括:

①安全教育培训制度。

②职工安全教育培训名单。

③职工安全教育档案。

④安全教育记录。

⑤转场安全教育记录。

⑥特种作业人员安全教育培训记录。

⑦施工管理人员年度安全培训登记表。

⑧职工劳务合同书。

⑨专职安全员年度考核评定表。

6.2 安全事故处理程序

6.2.1 安全生产事故的分类

安全事故分类方法有很多种，可以按事故性质进行分类，也可以按伤害程度和伤害方式进行分类。我国的工伤事故统计中，主要是按照伤害方式，即导致事故发生的原因进行分类的，各种分类方式介绍如下：

1.按事故的性质分类

按事故的性质可分为责任事故和非责任事故。责任事故是指可以预见、抵御和避免，但由于人为原因没有采取预防措施从而造成的事故。非责任事故包括自然灾害事故和技术事故，如地震、泥石流造成的事故。技术事故是指由于科学技术水平的限制，安全防范知识和技术条件、设备条件达不到应有的水平和性能，因而无法避免的事故。

2.按伤害的程度分类

根据伤害程度的不同，伤亡事故大体分为轻伤事故、重伤事故、死亡事故、重大伤亡事故和特别重大事故几大类。

(1)轻伤事故是指一般伤害不太严重的事故。

(2)凡具下列情况之一的，均为重伤事故：

①经医生诊断为残废或可能成为残废的。

②伤势严重，需要进行较大的手术才能挽救的。

③人体要害部位严重灼伤、烫伤或非要害部位灼伤、烫伤占全身面积1/3以上的。

④严重骨折(胸骨、肋骨、脊椎骨、锁骨、肩胛骨、腕骨和脚骨等因受伤引起骨折)、严重脑震荡等。

⑤眼部受伤较重，有失明可能的。

⑥大拇指轧断一节，食指、中指、无名指、小拇指任何一指轧断两节或任何两指各断一节的，局部肌腱受伤甚剧，引起机能障碍，不能自由伸屈、残废的。

⑦脚趾断两趾以上的，局部肌腱受伤甚剧，引起机能障碍，不能行走的。

⑧内脏损伤，内出血或伤及腹膜等。

⑨凡不在上述范围的伤害，经医生诊断后，认为受伤较重，可根据实际情况参考上述各点，由企业行政部门会同工会提出初步意见，报当地劳动部门审查确定。

(3)死亡事故指死亡3人以下的事故，含伤后一个月内死亡的。

(4)重大伤亡事故是指死亡3人或3人以上、特大事故死亡人数以内的事故。

(5)特别重大事故主要包括：

①民航客机发生的机毁人亡事故(死亡40人及其以上)，专机和外国民航客机在中国境内

发生的机毁人亡事故。

②铁路、水运、矿山、水利、电力事故造成一次死亡50人及其以上,或一次造成直接经济损失1000万元及其以上的事故。

③公路和其他发生一次死亡30人及其以上或直接经济损失在500万元及其以上的事故(其中航空、航天器科研过程中发生的事故除外)。

④一次造成职工居民100人及其以上的急性中毒事故。

⑤其他性质特别严重,产生重大影响的事故。

3. 按伤害方式分类

▶物体打击。
▶车辆伤害。
▶机械伤害。
▶起重伤害。
▶触电。
▶淹溺。
▶灼烫。
▶火灾。
▶高处坠落。
▶坍塌。
▶冒顶片帮。
▶透水。
▶放炮。
▶火药爆炸。
▶瓦斯爆炸。
▶锅炉爆炸。
▶压力容器爆炸。
▶其他爆炸。
▶中毒和窒息。
▶其他伤害。

6.2.2 安全生产事故调查及统计报告

1. 安全生产事故统计报告的目的

职工安全事故统计报告是安全管理的一项重要内容,对安全生产事故进行调查分析、统计报告的目的在于以下几个方面:

①及时反映企业安全生产状态,掌握事故情况,查明事故原因,分清责任,吸取教训,拟定改进措施,防止事故重发生。

②分析比较各单位、各地区之间的安全工作情况，分析安全工作形势，为制定安全管理法规提供依据。

③事故资料是进行安全教育的宝贵材料，对生产、设计、科研工作也都有指导作用，为研究事故规律、消除隐患、保障安全，提供基础资料。

2.安全生产事故的报告程序及内容

①事故报告应当及时、准确、完整，任何单位和个人对事故不得迟报、漏报、谎报或者瞒报。

事故调查处理应当坚持实事求是、尊重科学的原则，及时、准确地查清事故经过、事故原因和事故损失，查明事故性质，认定事故责任，总结事故教训，提出整改措施，并对事故责任者依法追究责任。

②县级以上人民政府应当依照条例的规定，严格履行职责，及时、准确地完成事故调查处理工作。

事故发生地有关地方人民政府应当支持、配合上级人民政府或者有关部门的事故调查处理工作，并提供必要的便利条件。

参加事故调查处理的部门和单位应当互相配合，提高事故调查处理工作的效率。

③工会依法参加事故调查处理，有权向有关部门提出处理意见。

④任何单位和个人不得阻挠和干涉对事故的报告和依法调查处理。

⑤对事故报告和调查处理中的违法行为，任何单位和个人有权向安全生产监督管理部门、监察机关或者其他有关部门举报，接到举报的部门应当依法及时处理。

⑥事故发生后，事故现场有关人员应当立即向本单位负责人报告；单位负责人接到报告后，应于1小时内向事故发生地县级以上人民政府安全生产监督管理部门和负有安全生产监督管理职责的有关部门报告。

情况紧急时，事故现场有关人员可以直接向事故发生地县级以上人民政府安全生产监督管理部门和负有安全生产监督管理职责的有关部门报告。

⑦安全生产监督管理部门和负有安全生产监督管理职责的有关部门接到事故报告后，应当依照下列规定上报事故情况，并通知公安机关、劳动保障行政部门、工会和人民检察院。

第一，特别重大事故、重大事故逐级上报至国务院安全生产监督管理部门和负有安全生产监督管理职责的有关部门。

第二，较大事故逐级上报至省、自治区、直辖市人民政府安全生产监督管理部门和负有安全生产监督管理职责的有关部门。

第三，一般事故上报至设区的市级人民政府安全生产监督管理部门和负有安全生产监督管理职责的有关部门。

安全生产监督管理部门和负有安全生产监督管理职责的有关部门依照前款规定上报事故情况，应当同时报告本级人民政府。国务院安全生产监督管理部门和负有安全生产监督管理职责的有关部门以及省级人民政府接到发生特别重大事故、重大事故的报告后，应当立即报告国务院。

必要时，安全生产监督管理部门和负有安全生产监督管理职责的有关部门可以越级上报事故情况。

⑧安全生产监督管理部门和负有安全生产监督管理职责的有关部门逐级上报事故情况，每级上报的时间不得超过 2 小时。

⑨报告事故应当包括下列内容：

▶事故发生单位概况。

▶事故发生的时间、地点以及事故现场情况。

▶事故的简要经过。

▶事故已经造成或者可能造成的伤亡人数（包括下落不明的人数）和初步估计的直接经济损失。

▶已经采取的措施。

▶其他应当报告的情况。

⑩事故报告后出现新情况的，应当及时补报。

自事故发生之日起 30 日内，事故造成的伤亡人数发生变化的，应当及时补报。道路交通事故、火灾事故自发生之日起 7 日内，事故造成的伤亡人数发生变化的，应当及时补报。

⑪事故发生单位负责人接到事故报告后，应当立即启动事故相应应急预案，或者采取有效措施，组织抢救，防止事故扩大，减少人员伤亡和财产损失。

⑫事故发生地有关地方人民政府、安全生产监督管理部门和负有安全生产监督管理职责的有关部门接到事故报告后，其负责人应当立即赶赴事故现场，组织事故救援。

⑬事故发生后，有关单位和人员应当妥善保护事故现场以及相关证据，任何单位和个人不得破坏事故现场、毁灭相关证据。

因抢救人员、防止事故扩大以及疏通交通等原因，需要移动事故现场物件的，应当做出标志，绘制现场简图并做出书面记录，妥善保存现场重要痕迹、物证。

⑭事故发生地公安机关根据事故的情况，对涉嫌犯罪的，应当依法立案侦查，采取强制措施和侦查措施。犯罪嫌疑人逃匿的，公安机关应当迅速追捕归案。

⑮安全生产监督管理部门和负有安全生产监督管理职责的有关部门应当建立值班制度，并向社会公布值班电话，受理事故报告和举报。

3. 安全生产事故的调查

①特别重大事故由国务院或者国务院授权有关部门组织事故调查组进行调查。

重大事故、较大事故、一般事故分别由事故发生地省级人民政府、设区的市级人民政府、县级人民政府负责调查。省级人民政府、设区的市级人民政府、县级人民政府可以直接组织事故调查组进行调查，也可以授权或者委托有关部门组织事故调查组进行调查。

未造成人员伤亡的一般事故，县级人民政府也可以委托事故发生单位组织事故调查组进行调查。

②上级人民政府认为必要时，可以调查由下级人民政府负责调查的事故。

自事故发生之日起 30 日内（道路交通事故、火灾事故自发生之日起 7 日内），因事故伤亡人数变化导致事故等级发生变化，依照本条例规定应当由上级人民政府负责调查的，上级人民政府可以另行组织事故调查组进行调查。

③特别重大事故以下等级事故，事故发生地与事故发生单位不在同一个县级以上行政区

域的，由事故发生地人民政府负责调查，事故发生单位所在地人民政府应当派人参加。

④事故调查组的组成应当遵循精简、效能的原则。

根据事故的具体情况，事故调查组由有关人民政府、安全生产监督管理部门、负有安全生产监督管理职责的有关部门、监察机关、公安机关以及工会派人组成，并应当邀请人民检察院派人参加。

事故调查组可以聘请有关专家参与调查。

⑤事故调查组成员应当具有事故调查所需要的知识和专长，并与所调查的事故没有直接利害关系。

⑥事故调查组组长由负责事故调查的人民政府指定。事故调查组组长主持事故调查组的工作。

⑦事故调查组履行下列职责：

▶查明事故发生的经过、原因、人员伤亡情况及直接经济损失。

▶认定事故的性质和事故责任。

▶提出对事故责任者的处理建议。

▶总结事故教训，提出防范和整改措施。

▶提交事故调查报告。

⑧事故调查组有权向有关单位和个人了解与事故有关的情况，并要求其提供相关文件、资料，有关单位和个人不得拒绝。

事故发生单位的负责人和有关人员在事故调查期间不得擅离职守，并应当随时接受事故调查组的询问，如实提供有关情况。

事故调查中发现涉嫌犯罪的，事故调查组应当及时将有关材料或者其复印件移交司法机关处理。

⑨事故调查中需要进行技术鉴定的，事故调查组应当委托具有国家规定资质的单位进行技术鉴定。必要时，事故调查组可以直接组织专家进行技术鉴定。技术鉴定所需时间不计入事故调查期限。

⑩事故调查组成员在事故调查工作中应当诚信公正、恪尽职守，遵守事故调查组的纪律，保守事故调查的秘密。

未经事故调查组组长允许，事故调查组成员不得擅自发布有关事故的信息。

⑪事故调查组应当自事故发生之日起 60 日内提交事故调查报告；特殊情况下，经负责事故调查的人民政府批准，提交事故调查报告的期限可以适当延长，但延长的期限最长不超过 60 日。

⑫事故调查报告应当包括下列内容：

▶事故发生单位概况。

▶事故发生经过和事故救援情况。

▶事故造成的人员伤亡和直接经济损失。

▶事故发生的原因和事故性质。

▶事故责任的认定以及对事故责任者的处理建议。

▶事故防范和整改措施。

事故调查报告应当附具有关证据材料。事故调查组成员应当在事故调查报告上签名。

⑬事故调查报告报送负责事故调查的人民政府后，事故调查工作即告结束。事故调查的有关资料应当归档保存。

4.安全生产事故的处理

①重大事故、较大事故、一般事故，负责事故调查的人民政府应当自收到事故调查报告之日起15日内做出批复；特别重大事故，30日内做出批复，特殊情况下，批复时间可以适当延长，但延长的时间最长不超过30日。

有关机关应当按照人民政府的批复，依照法律、行政法规规定的权限和程序，对事故发生单位和有关人员进行行政处罚，对负有事故责任的国家工作人员进行处分。

事故发生单位应当按照负责事故调查的人民政府的批复，对本单位负有事故责任的人员进行处理。

负有事故责任的人员涉嫌犯罪的，依法追究刑事责任。

②事故发生单位应当认真吸取事故教训，落实防范和整改措施，防止事故再次发生。防范和整改措施的落实情况应当接受工会和职工的监督。

安全生产监督管理部门和负有安全生产监督管理职责的有关部门应当对事故发生单位落实防范和整改措施的情况进行监督检查。

③事故处理的情况由负责事故调查的人民政府或者其授权的有关部门、机构向社会公布，依法应当保密的除外。

5.安全生产事故的法律责任

①事故发生单位主要负责人有下列行为之一的，处上一年年收入40%～80%的罚款；属于国家工作人员的，并依法给予处分；构成犯罪的，依法追究刑事责任：

▶不立即组织事故抢救的。

▶迟报或者漏报事故的。

▶在事故调查处理期间擅离职守的。

②事故发生单位及其有关人员有下列行为之一的，对事故发生单位处100万元以上500万元以下的罚款；对主要负责人、直接负责的主管人员和其他直接责任人员处上一年年收入60%～100%的罚款；属于国家工作人员的，并依法给予处分；构成违反治安管理行为的，由公安机关依法给予治安管理处罚；构成犯罪的，依法追究刑事责任：

▶谎报或者瞒报事故的。

▶伪造或者故意破坏事故现场的。

▶转移、隐匿资金、财产，或者销毁有关证据、资料的。

▶拒绝接受调查或者拒绝提供有关情况和资料的。

▶在事故调查中作伪证或者指使他人作伪证的。

▶事故发生后逃匿的。

③事故发生单位对事故发生负有责任的，依照下列规定处以罚款：

▶发生一般事故的，处10万元以上20万元以下的罚款。

▶发生较大事故的,处20万元以上50万元以下的罚款。

▶发生重大事故的,处50万元以上200万元以下的罚款。

▶发生特别重大事故的,处200万元以上500万元以下的罚款。

④事故发生单位主要负责人未履行安全生产管理职责,导致事故发生的,依照下列规定处以罚款;属于国家工作人员的,并依法给予处分;构成犯罪的,依法追究刑事责任:

▶发生一般事故的,处上一年年收入30%的罚款。

▶发生较大事故的,处上一年年收入40%的罚款。

▶发生重大事故的,处上一年年收入60%的罚款。

▶发生特别重大事故的,处上一年年收入80%的罚款。

⑤有关地方人民政府、安全生产监督管理部门和负有安全生产监督管理职责的有关部门有下列行为之一的,对直接负责的主管人员和其他直接责任人员依法给予处分;构成犯罪的,依法追究刑事责任:

▶不立即组织事故抢救的。

▶迟报、漏报、谎报或者瞒报事故的。

▶阻碍、干涉事故调查工作的。

▶在事故调查中作伪证或者指使他人作伪证的。

⑥事故发生单位对事故发生负有责任的,由有关部门依法暂扣或者吊销其有关证照;对事故发生单位负有事故责任的有关人员,依法暂停或者撤销其与安全生产有关的执业资格、岗位证书;事故发生单位主要负责人受到刑事处罚或者撤职处分的,自刑罚执行完毕或者受处分之日起,5年内不得担任任何生产经营单位的主要负责人。

为发生事故的单位提供虚假证明的中介机构,由有关部门依法暂扣或者吊销其有关证照及其相关人员的执业资格;构成犯罪的,依法追究刑事责任。

⑦参与事故调查的人员在事故调查中有下列行为之一的,依法给予处分;构成犯罪的,依法追究刑事责任:

▶对事故调查工作不负责任,致使事故调查工作有重大疏漏的。

▶包庇、袒护负有事故责任的人员或者借机打击报复的。

⑧违反条例规定,有关地方人民政府或者有关部门故意拖延或者拒绝落实经批复的对事故责任人的处理意见的,由监察机关对有关责任人员依法给予处分。

⑨条例规定的罚款的行政处罚,由安全生产监督管理部门决定。

法律、行政法规对行政处罚的种类、幅度和决定机关另有规定的,依照其规定。

6.2.3　安全生产事故的预测和防范

1. 事故的分析与预测

(1)事故分析

进行事故分析必须做到:收集的资料必须准确可靠;资料整理时必须进行科学的分类和汇总;统计图表清晰明了,且便于分析和比较。

分析方法很多，应根据不同的目的和要求，选择分析方法。一般常用以下几种方法：

①数理统计和统计表。把统计调查所得的数字资料，通过汇总整理，按一定的顺序填列在一定的表格之内。通过表中的数字、比例可以进行安全动态分析，研究对策，实现安全生产动态控制。

②图表分析法。它是以统计数字为基础，用几何图形等绘制的各种图形来表达统计结果。

③系统安全分析法。这种方法既能作综合分析，也可作个别案例分析。这种方法科学、逻辑性强，较直观和形象，考虑问题比较系统、全面。

(2)事故预测

事故预测的目的就是为安全技术和安全管理提供决策的依据，进而为工程规划、发展计划提供先决条件。

根据因果论的观点，事故的发生总是由于过去或现在一连串人的操作失误和机器的失效引起的，而这些失误和失效表现的形式也很复杂，有些是显现的，如人的误操作、机器的破损；有些是潜在的，以逐渐量变的形式向危险逼近，如人的识别差错、机器泄漏等。事故预测就是对引发事故的各种因素、各种因素发生的可能性及各种因素对造成事故的危险程度进行预测，从而找出控制事故发生的最佳方案，为安全技术措施确定重点工程，为安全生产管理工作提供系统管理的目标。

目前进行事故预测最成熟的技术就是事故树分析(FTA)，用事故树分析作事故预测可以分以下四个层次：

①系统薄弱环节预测，简称概略性预测。

②基本事件结构重要性预测，简称结构性预测。

③事故发生可能性预测，简称概率性预测。

④事故危险性预测，简称危险性预测。

上述前两个层次的预测是以事故树定性分析为基础，后两个层次的预测是以事故树定量分析为基础。

2.安全事故的防范措施

为了切实达到预防事故和减少事故损失，应采取一些安全技术措施。

(1)改进生产工艺，实现机械化、自动化

随着科学技术的发展，建筑企业不断改进生产工艺，加快了实现机械化、自动化的过程，促进了生产的发展，提高了安全技术水平，大大减轻了工人的劳动强度，保证了职工的安全和健康。如采取机械化的喷涂抹灰，提高了工效2～4倍，不但保证了工程质量，还减轻了工人的劳动强度，保护了施工人员的安全。因此，在编制施工组织设计时，应尽量优先考虑采用新工艺、机械化、自动化的生产手段，为安全生产、预防事故创造条件。

(2)设置安全装置

1)防护装置

防护装置就是用屏保方法与手段把人体与生产活动中出现的危险部位隔离开来的设施和设备。施工活动中的危险部位主要有“四口”(是指楼梯口、电梯井口、预留洞口、通道口)、机具、车辆、暂设电器、高温、高压容器及原始环境中遗留下来的不安全因素等。

防护装置的种类繁多。企业购入的设备应该有严密的安全防护装置，但由于建筑业流动性大、人员繁杂及生产厂家的问题，均可能造成无防护或缺少、遗失的现象。因此，应随时检查增补，做到防护严密。在"四口""五临边"处理上要按部颁标准设置水平及立体防护，使劳动者有安全感；在机械设备上做到轮有罩、轴有套，使其转动部分与人体绝对隔离开来；在施工用电中，要做到"四级"保险；遗留在施工现场的危险因素，要有隔离措施，如高压线路的隔离防护设施等。项目经理和管理人员应经常检查并教育施工人员正确使用安全防护装置并严加保护。不得随意破坏、拆卸和废弃。

2)信号装置

信号装置是应用信号指示或警告工人该做什么、该躲避什么。信号装置的本身无排除危险的功能，它仅是提示工人注意，遇到不安全状况立即采取有效措施脱离危险区或采取预防措施。因此它的效果取决于工人的注意力和识别信号的能力。

信号装置可分为三种：颜色信号，如指挥起重工的红、绿手旗，场内道路上的红、绿、黄灯；音响信号，如塔吊上的电铃、指挥吹的口哨等；指示仪表信号，如压力表、水位表、温度计等。

3)保险装置

保险装置是指机械设备在非正常操作和运行中能够自动控制和消除危险的设施设备，也可以说它是保障设施设备和人身安全的装置，如锅炉、压力容器的安全阀，供电设施的触电保安器，各种提升设备的断绳保险器等。近年来北京地区建筑工人发明的提升架吊盘"门控杠式防坠落保险装置""桥架断绳保险器"等均属此类设备。

4)危险警示标志

危险警示标志是警示工人进入施工现场应注意或必须做到的统一措施。通常它以简短的文字或明确的图形符号予以显示，如"禁止烟火!""危险!""有电!"等。各类图形通常配以红、蓝、黄、绿颜色。红色表示危险禁止，蓝色表示指令，黄色表示警告，绿色表示安全。国家发布的安全标志对保持安全生产起到了促进作用，必须按标准予以实施。

(3)预防性的机械强度试验和电气绝缘检验

1)预防性的机械强度试验

施工现场的机械设备，特别是自行设计组装的临时设施和各种材料、构件、部件均应进行机械强度试验。必须在满足设计和使用功能时方可投入正常使用。有些还须定期或不定期地进行试验，如施工用的钢丝绳、钢材、钢筋、机件及自行设计的吊栏架、外挂架子等，在使用前必须做承载试验，这种试验，是确保施工安全的有效措施。

2)电气绝缘检验

电气设备的绝缘是否可靠，不仅是电业人员的安全问题，也关系到整个施工现场财产、人员的安全。由于施工现场多工种联合作业，使用电器设备的工种不断增多，更应重视电气绝缘问题。因此要保证良好的作业环境，使机电设施、设备正常运转，不断更新老化及被损坏的电气设备和线路是必须采取的预防措施。为及时发现隐患，消除危险源，则要求在施工前、施工中、施工后均应对电气绝缘进行检验。

(4)机械设备的维修保养和有计划的检修

随着施工机械化的发展，各种先进的大、中、小型机械设备进入工地，但由于建筑施工要经常变化施工地点和条件，机械设备不得不经常拆卸、安装。就机械设备本身而言，各零部件也会产生自然和人为的磨损，如果不及时的发现和处理，就会导致事故发生，轻者影响生产，重者将会机毁人亡，给企业乃至社会造成无法弥补的损失。因此要保持设备的良好状态，提高它的使用期限和效率，有效地预防事故就必须进行经常性的维修保养。

1)机械设备的维修和保养

各种机械设备是根据不同的使用功能设计生产出来的，除了一般的要求外，也具有特殊的要求。要严格坚持机械设备的维护保养规则，要按照其操作过程进行保护，使用后需及时加油清洗，使其减少磨损，确保正常运转，尽量延长寿命，提高完好率和使用率。

2)计划检修

为了确保机械设备正常运转，对每类机械设备均应建立档案(租赁的设备由设备产权单位建档)，以便及时地按每台机械设备的具体情况，进行定期的大、中、小修。在检修中要严格遵守规章制度，遵守安全技术规定，遵守先检查后使用的原则，绝不允许为了赶进度，违章指挥、违章作业，让机械设备"带病"工作。

(5)合理使用劳动保护用品

适时地供应劳动保护用品，是在施工生产过程中预防事故、保护工人安全和健康的一种辅助手段。它虽不是主要手段，但在一定的地点、时间条件下确能起到不可估量的作用。不少企业和施工现场曾多次出现有惊无险的事例，也出现了不少因不适时发放和不正确使用劳保用品而丧生的例子。因此统一采购、妥善保管、正确使用防护用品也是预防事故、减轻伤害程度不可缺少的措施之一。

(6)文明施工

当前开展文明安全施工活动，已纳入各级政府及主管部门对企业考核的重要指标之一。一个工地是否科学组织生产，规范化、标准化管理现场，已成为评价一个企业综合管理素质的一个主要因素。

实践证明，一个施工现场如果做到整体规划有序、平面布置合理、临时设施整洁划一，原材料、构配件堆放整齐，各种防护齐全有效，各种标志醒目、施工生产管理人员遵章守纪，那么这个施工企业一定能获得较大的经济效益、社会效益和环境效益。反之，将会造成不良的影响。因此文明施工也是预防安全事故，提高企业素质的综合手段。

6.2.4 安全生产事故的紧急救护

1.现场事故救护知识

(1)严重创伤出血伤员救治

1)止血

①当肢体受伤出血时，先抬高伤肢，然后用消毒纱布或棉垫覆盖在伤口表面，在现场可用清洁的手帕、毛巾或其他棉织品代替，再用绷带或布条加压包扎止血。

②当肢体动脉创伤出血时，一般的止血包扎达不到理想的止血效果。这时，就先抬高肢体，使静脉血充分回流，然后在创伤部位的近心端放上弹性止血带，在止血带与皮肤间垫上消毒纱布棉垫，以免扎紧止血带时损伤局部皮肤。止血带必须扎紧，要加压扎紧到切实将该处动

脉压闭。同时记录上止血带的具体时间，争取在上止血带后2小时以内尽快将伤员转送到医院救治。要注意过长时间地使用止血带，肢体会因严重缺血而坏死。

2）包扎、固定

①创伤处用消毒的敷料或清洁的医用纱布覆盖，再用绷带或布条包扎，既可以保护创口预防感染，又可减少出血帮助止血。

②在肢体骨折时，可借助绷带包扎夹板来固定受伤部位上下两个关节，减少损伤，减少疼痛，预防休克。

③在房屋倒塌、陷落过程中，一般受伤人员均表现为肢体受压。在解除肢体压迫后，应马上用弹性绷带绑绕伤肢，以免发生组织肿胀。这种情况下的伤肢就不应该抬高，不应该局部按摩，不应该施行热敷，不应该继续活动。

3）搬运

经现场止血、包扎、固定后的伤员，应尽快正确地搬运转送医院抢救。不正确的搬运，可导致继发性的创伤，加重病痛，甚至威胁生命。搬运伤员要点如下：

①肢体受伤有骨折时，宜在止血包扎固定后再搬运，防止骨折断端因搬运振动而移位，加重疼痛，再继发损伤附近的血管神经，使创伤加重。

②处于休克状态的伤员要让其安静、保暖、平卧、少动，并将下肢抬高约20°左右，及时止血、包扎、固定伤肢以减少创伤疼痛，然后尽快送医院进行抢救治疗。

③在搬运严重创伤伴有大出血或已休克的伤员时，要平卧运送伤员，头部可放置冰袋或戴冰帽，路途中要尽量避免振荡。

④在搬运高处坠落伤员时，若疑有脊椎受伤可能的，一定要使伤员平卧在硬板上搬运，切忌只抬伤员的两肩与两腿或单肩背运伤员。因为这样会使伤员的躯干过分屈曲或过分伸展，致使已受伤的脊椎移位、甚至断裂造成截瘫，导致死亡。

（2）火灾事故

1）火灾急救

①施工现场发生火灾事故时，应立即了解起火部位、燃烧的物质等基本情况，拨打“119”向消防部门报警，同时组织撤离和扑救。

②在消防部门到达前，对易燃易爆的物质采取正确有效的隔离。如切断电源，撤离火场内的人员和周围易燃易爆物及一切贵重物品，根据火场情况，机动灵活地选择灭火器具。

③救火人员应注意自我保护，使用灭火器材救火时应站在上风位置，以防因烈火、浓烟熏烤而受到伤害。

④必须穿越浓烟逃走时，应尽量用浸湿的衣物披裹身体，用湿毛巾或湿布捂住口鼻，或贴近地面爬行。身上着火时，可就地打滚，或用厚重衣物覆盖压灭火苗。

⑤大火封门无法逃生时，可用浸湿的被褥衣物等堵塞门缝，泼水降温，呼救待援。

⑥在扑救的同时要注意周围情况，防止中毒、坍塌、坠落、触电、物体打击第二次事故的发生。

⑦在灭火后，应保护火灾现场，以便事后调查起火原因。

2）烧伤人员现场救治

①伤员身上燃烧着的衣服一时难以脱下时，可让伤员躺在地上滚动，或用水洒扑灭火焰。

如附近有河沟或水池,可让伤员跳入水中。如为肢体烧伤则可把肢体直接浸入冷水中灭火和降温,以保护身体组织免受灼烧的伤害。

②用清洁包布覆盖烧伤面做简单包扎,避免创面污染。

③伤员口渴时可给适量饮水或含盐饮料。

④经现场处理后的伤员要迅速转送医院救治,转送过程中要注意观察其呼吸、脉搏、血压等的变化。

(3)触电事故

①假如触电者伤势不重,神志清醒,未失去知觉,但有些内心惊慌,四肢发麻,全身无力;或触电者在触电过程中曾一度昏迷,但已清醒过来,则应保持空气流通和注意保暖,使触电者安静休息,不要走动,严密观察,并请医生前来诊治或者送往医院。

②假如触电者伤势较重,已失去知觉,但心脏跳动和呼吸还存在。对于此种情况,应使触电者舒适、安静地平卧;周围不围人,使空气流通;解开他的衣服以利呼吸,如天气寒冷,要注意保温,并迅速请医生诊治或送往医院。如果发现触电者呼吸困难,严重缺氧,面色发白或发生痉挛,应立即请医生做进一步抢救。

③假如触电者伤势严重,呼吸停止或心脏跳动停止,或二者都已停止,仍不可以认为已经死亡,应立即施行人工呼吸或胸外心脏按压,并迅速请医生诊治或送医院。

人工呼吸法是在触电者停止呼吸后应用的急救方法。施行人工呼吸前,应迅速将触电者身上妨碍呼吸的衣领、上衣、裤带等解开,使胸部能自由扩张,并迅速取出触电者口腔内妨碍呼吸的异物,以免堵塞呼吸道。做口对口人工呼吸时,应使触电者仰卧,并使其头部充分后仰,使鼻孔朝上,如舌根下陷,应把它拉出来,以利呼吸道畅通。

胸外心脏按压法是触电者心脏跳动停止后的急救方法。做胸外心脏按压时,应使触电者仰卧在比较坚实的地方,在触电者胸骨中段叩击 1～2 次,如无反应再进行胸外心脏按压。人工呼吸与胸外心脏按压应持续 4～6h,直至病人清醒或出现尸斑为止,不要轻易放弃抢救。当然应尽快请医生到场抢救。

④如果触电人受外伤可先用无菌生理盐水和温开水洗伤,再用干净绷带或布类包扎,然后送医院处理。如伤口出血,则应设法止血。通常方法是:将出血肢体高高举起,或用干净纱布扎紧止血等,同时急请医生处理。

(4)中暑后抢救

夏季,在建筑工地上劳动或工作最容易发生中暑,轻者全身疲乏无力、头晕、头疼、烦闷、口渴、恶心、心慌;重者可能突然晕倒或昏迷不醒。遇到这种情况应马上进行急救,让病人平躺,并移到阴凉通风处,松解衣扣和腰带,慢慢地给患者喝一些凉开(茶)水、淡盐水或西瓜汁等,也可给病人服用十滴水、仁丹、藿香正气片(水)等消暑药。病重者,要及时送往医院治疗。

(5)中毒事故

①施工现场一旦发生中毒事故,均应设法尽快使中毒人员脱离中毒现场、中毒物源,排除吸收的和未吸收的毒物。

②救护人员在将中毒人员脱离中毒现场的急救时,应注意自身的保护,在有毒有害气体发生场所,应视情况,加强通风或用湿毛巾等捂着口、鼻,腰系安全绳,并有场外人控制、应急,如有条件的要使用防毒面具。

③在施工现场因接触油漆、涂料、沥青、外掺剂、添加剂、化学制品等有毒物品中毒时，应脱去污染的衣物并用大量的微温水清洗污染的皮肤、头发以及指甲等，对不溶于水的毒物用适宜的溶剂进行清洗。吸入毒物的中毒人员尽可能送往有高压氧舱的医院救治。

④在施工现场食物中毒，对一般神志清楚者应设法催吐：喝微温水 300～500mL，用压舌板等刺激咽后壁或舌根部以催吐，如此反复，直到吐出物为清亮物体为止。对催吐无效或神志不清者，则送往医院救治。

⑤在施工现场如已发现心跳、呼吸不规则或停止呼吸、心跳的时间不长，则应把中毒人员移到空气新鲜处，立即施行口对口(口对鼻)呼吸法和体外心脏按压法进行抢救。

2.现场急救的步骤

现场急救，就是应用急救知识和最简单的急救技术进行现场初级救生，最大限度地稳定伤病员的伤、病情，减少并发症，维持伤病员最基本的生命体征，现场急救是否及时和正确，关系到伤病员生命和伤害的结果。

现场急救一般遵循下述四个步骤：

①当出现事故后，迅速将伤者脱离危险区，若是触电事故，必须先切断电源；若为机械设备事故，必须先停止机械设备运转。

②初步检查伤员，判断其神志、呼吸是否有问题，视情况采取有效的止血、防止休克、包扎伤口、固定、保存好断离的器官或组织、预防感染、止痛等措施。

③施救同时请人呼叫救护车，并继续施救到救护人员到达现场接替为止。

④迅速上报上级有关领导和部门，以便采取更有效的救护措施。

6.3 建筑施工安全监理

建设工程安全监理是建设工程监理的重要组成部分，也是建设工程安全生产管理的重要保障。建设工程安全监理的实施，是提高施工现场安全管理水平的有效方法，也是建设管理体制改革中加强安全管理、控制重大伤亡事故的一种有效手段。

6.3.1 安全监理的概念

安全监理是指具有相应资质的工程监理单位受建设单位(或业主)的委托，依据国家有关建设工程的法律、法规，经政府主管部门批准的建设工程的建设文件、委托监理合同及其他建设工程合同，对建设工程安全生产实施的专业化监督管理。

安全监理是指监理工程师对建设工程项目施工全过程中的人、材料、机械、环境等是否安全进行监督管理。采取组织、技术、经济和合同措施，保证建设行为符合国家有关安全生产、劳动保护、环境保护、消防等方面的法律法规、标准规范和有关安全工作的方针、政策，有效地将建设工程安全风险控制在允许的范围内，以确保施工安全。

1. 安全监理的行为主体

《中华人民共和国建筑法》规定:“实行监理的建筑工程,由建设单位委托具有相应资质条件的工程监理单位监理。”这是我国建设工程监理制度的一项重要规定。建设工程安全监理是建设工程监理的重要组成部分,因此它只能由具有相应资质的工程监理单位来开展监理,建设工程安全监理的行为主体是工程监理单位。

建设工程安全监理不同于建设行政主管部门安全生产监督管理。后者的行为主体是政府部门,它具有明显的强制性,是行政性的安全生产监督管理,它的任务、职责、内容不同于建设工程安全监理。

2. 安全监理实施的前提

《中华人民共和国建筑法》规定:“建设单位与其委托的工程监理单位应当订立书面监理合同。”同样,建设工程安全监理的实施也需要建设单位的委托和授权。工程监理单位应根据委托监理合同和有关建设工程合同的规定实施建设工程安全监理。

建设工程安全监理只有在建设单位委托的情况下才能进行,并与建设单位订立书面委托监理合同,明确了安全监理的范围、内容、权利、义务、责任等,工程监理单位才能在规定的范围内行使监督管理权,合法地开展建设工程安全监理。工程监理单位在委托安全监理的工程中拥有一定的监督管理权限,是建设单位授权的结果。

6.3.2 安全监理的性质

建设工程安全监理的性质主要体现在科学性、独立性、服务性和公正性等以下四个方面:

①科学性。建设工程安全监理是遵循建设工程建设客观规律进行的建设活动,其科学性主要表现在:监理工程师掌握现代管理及安全管理的理论、方法和手段,具有丰富的建设工程管理和安全管理经验,科学的工作态度和严谨的工作作风。工程监理单位有健全的管理制度和安全管理制度,有管理能力强、经验丰富的监理工程师组成的骨干队伍,积累了足够的技术、经济等数据资料。

②独立性。根据《中华人民共和国建筑法》规定,工程监理单位应当根据建设单位的委托,客观、公正地执行监理任务。《工程建设监理规定》和《建设工程监理规范》要求工程监理单位按照“公正、独立、自主”原则开展监理工作。工程监理单位进行建设工程安全监理时,不得与工程施工承包单位、材料设备供应单位等有隶属关系和其他利害关系,必须依据有关安全生产、劳动保护等的法律法规和标准规范、建设工程批准文件和设计文件、建设工程委托监理合同和有关的建设工程合同,独立地开展工作。

③服务性。建设工程安全监理具有服务性,是从它的业务性质方面定性的,其服务对象是建设单位。建设工程安全监理服务的内容就是按照委托监理合同的规定,通过规划(计划)、控制、协调来管理工程安全生产,特别是施工安全,协助建设单位在计划目标内将建设工程安全建成并投入使用。

④公正性。公正性是社会公认的职业道德准则,也是监理行业的基本职业道德准则。在

实施建设工程安全监理过程中，当建设单位与施工单位双方发生利益冲突或者矛盾时，监理工程师应以事实为依据，以法律和有关合同为准绳，公正地协调解决利益冲突，维护双方的合法权益。

6.3.3 安全监理的意义

建设工程监理制在我国建设领域已推行了十四年，在建设工程中发挥了重要作用，也取得了显著的成效，而建设工程安全监理制在我国刚刚开始，其意义主要表现在以下几方面：

1.有利于建设工程安全生产保证机制的形成

据2003年统计，全国建设系统共设有建设工程安全监督机构1706个，安全生产监督人员0.88万人，而工程质量监督机构3047个，质量监督人员4.0万人，因此政府建设工程安全生产监管力量明显不足。实施建设工程安全监理制，有利于建设工程安全生产保证机制的形成，即施工企业负责、监理中介服务、政府市场监管，从而保证我国建设领域安全生产。

2.有利于提高建设工程安全生产管理水平

实行建设工程安全监理制，通过对建设工程安全生产实施三重监控，即施工单位自身的安全控制、政府的安全生产监督管理、工程监理单位的安全监理。一方面，有利于防止和避免安全事故，另一方面，政府通过改进市场监管方式，充分发挥市场机制，通过工程监理单位、安全中介服务公司等的介入，对施工现场安全生产进行监督管理，改变以往政府被动的安全检查方式，共同形成安全生产监管合力，从而提高我国建设工程安全生产管理水平。

3.有利于规范工程建设参与各方主体的安全生产行为

在建设工程安全监理实施过程中，监理工程师采用事前、事中和事后控制相结合的方式，对建设工程安全生产的全过程进行动态监督管理，可以有效地规范各施工单位的安全生产行为，最大限度地避免不当安全生产行为的发生。即使出现不当安全生产行为，也能够及时加以制止，最大限度地减少事故可能的不良后果。此外，由于建设单位不了解建设工程安全生产等有关的法律法规、管理程序等，也可能发生不当安全生产行为。为避免建设单位发生的不当安全生产行为，监理工程师可以向建设单位提出适当的建议，从而也有利于规范建设单位的安全生产行为。

4.有利于促使施工单位保证建设工程施工安全，提高整体施工行业安全生产管理水平

实行建设工程安全监理制，通过监理工程师对建设工程施工生产的安全监督管理，以及监理工程师的审查、检查、督促整改等手段，促使施工单位进行安全生产，改善劳动作业条件，提高安全技术措施等，保证建设工程施工安全，提高施工单位自身施工安全生产管理水平，从而提高了整体施工行业安全生产管理水平。

5. 有利于防止或减少生产安全事故，保障人民群众生命和财产安全

我国建设工程规模逐步扩大，建筑领域安全事故起数和伤亡人数一直居高不下，个别地区施工现场安全生产情况仍然十分严峻，安全事故时有发生，导致群死群伤的恶性事件，给广大人民群众的生命和财产带来巨大损失。实行建设工程安全监理制，监理工程师是既懂工程技术、经济、法律，又懂安全管理的专业人士，有能力及时发现建设工程实施过程中出现的安全隐患，并要求施工单位及时整改、消除，从而有利于防止或减少生产安全事故的发生，也就保障了广大人民群众的生命和财产安全，保障了国家公共利益，从而维护了社会安定团结。

6. 有利于实现工程投资效益最大化

实行建设工程安全监理制，由监理工程师进行施工现场安全生产的监督管理，防止和减少生产安全事故的发生，保证了建设工程质量，也保证了施工进度和工程的顺利开展，从而保证了建设工程整个进度计划的实现，有利于投资的正常回收，实现投资效益的最大化。

6.3.4 安全监理的任务和职责

1. 任务

安全监理的任务是对道路桥梁工程中的人、机、环境及施工全过程进行预测、评价、监控和督察，并通过法律、经济、行政和技术手段，促使其建设行为符合国家安全生产、劳动保护法律、法规标准，制止建设中的冒险性、盲目性和随意性行为，有效地把道路桥梁工程安全控制在允许的风险度范围之内，以确保安全性。

2. 主要职责

①审查施工单位的安全资质并进行确认，审查施工单位的安全生产管理网络；安全生产的规章制度和安全操作规程；特种作业人员和安全管理人员持证上岗情况以及进入现场的主要施工机电设备安全状况。考核结论意见与国家及各省、自治区、直辖市的有关规定相对照，对施工单位的安全生产能力与业绩进行确认和核准。

②监督安全生产协议书的签订与实施，要求由法人代表或其授权的代理人进行监督安全生产协议书的签订，其内容必须符合法律、法规和行业规范性文件的规定，采用规范的书面形式，并与工程承发(分)包合同同时签订，同时生效。对协议书约定的安全生产职责、双方的权利和义务的实际履行，监理工程师要实施全过程的监督。

③审核施工单位编制的安全技术措施，并监督实施审核施工单位编制的安全技术措施是否符合国家、部委和行业颁发制定的标准规范；现场资源配置是否恰当并符合工程项目的安全需要；对风险性较大和专业较强的工程项目有没有进行过安全论证和技术评审；施工设备及操作方法的改变及新工艺的应用是否采取了相应的防护措施和符合安全保障要求；因工程项目的特殊性而需补充的安全操作规定或作业指导书是否具有针对性和可操作性。监理工程师要对施工安全有关计算数据进行复核，按合同要求所需对施工单位安全费用的使用进行监督，同

时制定安全监理大纲以及和施工工艺流程相对应的安全监理程序，来保证现场的安全技术措施实施到位。

④监督施工单位按规定配置安全设施，对配置的安全设施进行审查；对所选用的材料是否符合规定要求进行验证；对主要结构关键工序、特殊部位是否符合设计计算数据进行专门抽验和安全测试；对施工单位的现场设施搭设的自检、记录和挂牌施工进行监督。

⑤监督施工过程中的人、机、环境的安全状态，督促施工单位及时消除隐患，对施工过程中暴露出的安全设施的不安全状态、机械设备存在的安全缺陷、人的违章操作、指挥的不安全行为，实施动态的跟踪监理并开具安全监督指令书，督促施工单位按照“三定”（定人、定时、定措施）要求进行处理和整改消项，并复查验证。

⑥检查分部、分项工程施工安全状况，并签署安全评价意见，审查施工单位提交的关于工序交接检查和分部、分项工程安全自检报告，以及相应的预防措施和劳动保护要求是否履行了安全技术交底和签字手续，并验证施工人员是否按照安全技术防范措施和规程操作，签署监理工程师对安全性的评价意见。

⑦参与工程伤亡事故调查，督促安全技术防范措施实施和验收，监理工程师对工程发生的人身伤亡事故要参与调查、分析和处理，并监督事故现场的保护，用照片和录像进行记录。同时和事故调查组一起分析、查找事故发生的原因，确定预防和纠正措施，确定实施程序的负责部门和负责人员，并确保措施的正确实施和措施可行性、有效性的验证活动的落实。

6.3.5 建筑工程安全监理的内容

1. 招标阶段的安全监理

招标阶段的安全监理主要实施对施工单位的安全资质审查，协助双方拟定安全生产协议书的各项要款，并确保开工之前安全生产协议书的正式签约。对施工单位的安全资质，主要审查以下内容：

(1)施工承包单位的资质

为了加强对建筑活动的监督管理，维护建筑市场秩序，保证工程质量、安全，保障施工承包单位的合法权益，原建设部在 2007 年 6 月发布了《建筑业企业资质管理规定》(原建设部令第 159 号)，制定了建筑业企业资质等级标准。

建筑企业资质分为施工总承包、专业承包和劳务分包三个序列。

1)施工总承包企业

取得施工总承包资质的企业（以下简称施工总承包企业），可以承接施工总承包工程，施工总承包企业可以对所承接的施工总承包工程各专业工程全部自行施工，也可以将专业工程或劳务作业依法分包给具有相应资质的专业承包企业或劳务分包企业。

2)专业承包企业

取得专业承包资质的企业（以下简称专业承包企业），可以承接施工总承包企业分包的专业工程和建设单位依法发包的专业工程。专业承包企业可以对所承接的专业工程全部自行施工，也可以将劳务作业依法分包给具有相应资质的劳务分包企业。

3)劳务分包企业

取得劳务分包资质的企业(以下简称劳务分包企业),可以承接施工总承包企业或专业承包企业分包的劳务作业。

(2)施工承包单位的安全生产许可证

《安全生产许可证条例》(国务院令第 397 号)已经于 2004 年 1 月 13 日实行,其有关规定如下:

第二条　国家对矿山企业、建筑施工企业和危险化学品、烟花爆竹、民用爆破器材生产企业(以下统称企业)实行安全生产许可制度。

企业未取得安全生产许可证的,不得从事生产活动。

第六条　企业取得安全生产许可证,应当具备下列安全生产条件:

①建立、健全安全生产责任制,制定完备的安全生产规章制度和操作规程。

②安全投入符合安全生产要求。

③设置安全生产管理机构,配备专职安全生产管理人员。

④主要负责人和安全生产管理人员经考核合格。

⑤特种作业人员经有关业务主管部门考核合格,取得特种作业操作资格证书。

⑥从业人员经安全生产教育和培训合格。

⑦依法参加工伤保险,为从业人员缴纳保险费。

⑧厂房、作业场所和安全设施、设备、工艺符合有关安全生产法律、法规、标准和规程的要求。

⑨有职业危害防治措施,并为从业人员配备符合国家标准或者行业标准的劳动防护用品。

⑩依法进行安全评价。

⑪有重大危险源检测、评估、监控措施和应急预案。

⑫有生产安全事故应急救援预案、应急救援组织或者应急救援人员,配备必要的应急救援器材、设备。

⑬法律、法规规定的其他条件。

第九条　安全生产许可证的有效期为 3 年。安全生产许可证有效期满需要延期的,企业应当于期满前 3 个月向原安全生产许可证颁发管理机关办理延期手续。

企业在安全生产许可证有效期内,严格遵守有关安全生产的法律法规,未发生死亡事故的,安全生产许可证有效期届满时,经原安全生产许可证颁发管理机关同意,不再审查,安全生产许可证有效期延期 3 年。

第十三条　企业不得转让、冒用安全生产许可证或者使用伪造的安全生产许可证。

第十九条　违反本条例规定,未取得安全生产许可证擅自进行生产的,责令停止生产,没收违法所得,并处 10 万元以上 50 万元以下的罚款;造成重大事故或者其他严重后果,构成犯罪的,依法追究刑事责任。

第二十条　违反本条例规定,安全生产许可证有效期满未办理延期手续,继续进行生产的,责令停止生产,限期补办延期手续,没收违法所得,并处 5 万元以上 10 万元以下的罚款;逾期仍不办理延期手续,继续进行生产的,依照本条例第十九条的规定处罚。

第二十一条　违反本条例规定,转让安全生产许可证的,没收违法所得,处 10 万元以上

50万元以下的罚款，并吊销其安全生产许可证；构成犯罪的，依法追究刑事责任；接受转让的，依照本条例第十九条的规定处罚。冒用安全生产许可证或者使用伪造的安全生产许可证的，依照本条例第十九条的规定处罚。

(3)安全生产规章制度及安全技术规程

1)施工单位对从业人员施工中安全教育培训

监理工程师要检查督促施工单位按安全教育培训制度的要求，在施工中施工单位应对施工现场的自有和分包方从业人员进行安全教育培训。

施工现场安全教育培训的重点是做好新工人“三级安全教育”、变换工种安全教育、转场安全教育、特种作业安全教育、班前安全活动交底、周一安全活动、季节性施工安全教育、节假日安全教育等。

监理工程师要检查施工单位落实安全教育培训制度、考核的实施情况及实际效果，以及教育培训实施、检查与考核记录的情况等。

2)作业安全技术交底

施工单位做好安全技术交底，是取得施工安全的重要条件之一。安全技术交底是施工单位指导作业人员安全施工的技术措施，是建设工程安全技术方案或措施的具体落实。安全技术交底由施工单位负责项目管理的技术人员根据分部分项工程的具体要求、特点和危险因素编写，是作业人员的指令性文件，因而要具体、明确、针对性强。

安全技术交底实行分级交底制度。

监理工程师检查监督施工单位安全技术交底的重点内容是：

第一，是否按安全技术交底的规定实施和落实。单位工程开工前，施工单位项目技术负责人必须将工程概况、施工方法、施工工艺、施工程序、安全技术措施，向承担施工的责任工长、作业队长、班组长和相关人员进行交底。各分部分项工程、关键工序、专项施工方案实施前，施工单位项目技术负责人、专职安全生产管理人员应会同项目施工员将安全技术措施向参加施工的施工管理人员进行交底。

重点施工工程、结构复杂的分部分项工程等开工前，施工单位技术负责人应向参加施工的施工管理人员进行安全技术方案交底。

总承包单位向分承包单位，分承包单位的安全技术人员向作业班组进行安全技术措施交底；专职安全生产管理人员及各专业管理人员应对新进场的工人实施作业人员对应工种交底。

作业班组应对作业人员进行班前交底。

第二，是否按安全技术交底的要求和内容实施和落实。

①安全技术交底的基本要求如下：

A. 施工单位必须实行逐级安全技术交底制度，纵向延伸到班组全体作业人员。

B. 技术交底必须具体、明确、针对性强。

C. 技术交底的内容应针对分部分项工程施工中给作业人员带来的潜在危险因素和存在的问题。

D. 应优先采用新的安全技术措施。

E. 应将工程概况、施工方法、施工程序、安全技术措施等向工长、班组长、作业人员进行详细交底。

F. 定期向由两个以上作业队和多工种进行交叉施工的作业队伍进行书面交底。

G. 保持书面安全技术交底等签字记录。

②安全技术交底主要内容如下：

A. 本工程项目的施工作业特点和危险点。

B. 针对危险点的具体预防措施。

C. 应注意的安全事项。

D. 相应的安全操作规程和标准。

E. 发生事故后应及时采取的避难和急救措施。

第三，是否按安全技术交底的手续规定实施和落实所有安全技术交底。除口头交底外，还必须有双方签字确认的书面交底记录，交底双方应履行签名手续，交底双方各有一套书面交底。书面交底记录应备案。

第四，是否针对不同工种、不同施工对象，或分阶段、分部分项、分工种进行安全交底施工。单位应对不同工种、不同施工对象，或分阶段、分部分项、分工种进行安全交底时，不准整个工程只交一次底，如混凝土浇捣、支模、拆模、钢筋绑扎等，必须实施分层次交底。

(4)施工现场劳动组织和作业人员的资格

1)施工现场劳动组织

劳动组织涉及从事作业活动的操作者、管理者以及相应的各种制度。

①操作人员。从事作业活动的操作者数量必须满足作业活动的需要，相应工种配置能保证作业合理有序持续地进行。

②管理人员。作业活动的直接负责人(包括技术负责人)，专职安全生产管理人员、施工人员，与作业活动有关的监控人员等必须在岗。

③相关制度要健全，如管理层及作业层各类人员的岗位职责；作业活动现场的安全、劳动保护、消防、环保规定；紧急情况的应急处理规定等。同时，要有相应措施及手段以保证制度、规定的落实和执行。

2)作业人员上岗资格

监理工程师要对施工现场管理和作业人员的执业资格、上岗资格和任职能力进行检查、核对证书，包括项目负责人、安全生产管理人员、项目管理人员、垂直运输机械作业人员、安装拆卸工、爆破作业人员、起重信号工、登高架设作业人员等特种作业人员，木工、混凝土工、钢筋工等一般施工人员。只有对应岗位或工种的证书专业相符合且有效，才能上岗。

2. 施工准备阶段的安全监理

施工准备阶段的安全监理主要是熟悉合同文本及审查施工组织设计中的安全技术措施，了解工程现场附近管线及与施工安全有关的设施和构筑物等，复核相关数据，调查可能导致意外伤害事故发生的原因。掌握新技术、新材料的工艺和标准，制定安全监理大纲和程序，并召开第一次安全监理现场会议。本阶段安全监理的主要工作为审查施工组织设计、接管施工现场、协助签订安全管理协议书、协助执行安全抵押金制度、审查施工单位的安全组织系统及安全教育活动、检验安全设施、检查施工单位进场的施工机械等。

(1)审查施工组织设计

1)施工组织设计(专项施工方案)的审查程序

施工组织设计已包含了安全计划的主要内容,因此,对施工组织设计(专项施工方案)的审批也同时包括了对安全计划的审批。但我国有些地区,如上海市地方规范要求施工单位必须编制安全生产保证计划(小型工程除外),因此监理工程师应审查施工单位的安全生产保证计划。施工组织设计(专项施工方案)的审查程序如下:

①在工程项目开工前约定的时间内,施工承包单位必须完成施工组织设计的编制及内部报审批准工作,填写《施工组织设计(方案)报审表》报送项目监理机构。

②总监理工程师在约定的时间内,组织专业监理工程师审查,提出意见后,由总监理工程师审核签认。需要施工承包单位修改时,由总监理工程师签发书面意见,退回施工承包单位修改后再报审,总监理工程师重新审查。

③已审定的施工组织设计由项目监理机构报送建设单位。

④施工承包单位应按审定的施工组织设计文件组织施工,不准随意变更修改,如需对其内容做较大的变更,应在实施前,按原审核、审批的分工与程序办理。

⑤对于危险性较大的工程,结构复杂、新结构、特种结构的工程,项目监理机构对施工组织设计(专项施工方案)审查后,还应报送工程监理单位技术负责人审查,提出审查意见后由总监理工程师签发,必要时与建设单位协商,组织有关专家会审。

按《建设工程安全生产管理条例》《危险性较大工程安全专项施工方案编制及专家论证审查办法》和《建筑施工安全检查标准》(JGJ 59—99)规定,如基坑支护与降水工程、土方开挖工程、模板工程、起重吊装工程、脚手架工程、拆除与爆破工程以及国务院建设行政主管部门或其他有关部门规定的其他危险性较大的工程,如物料提升机及垂直运输设备的拆装等,施工单位应单独编制专项施工方案,并附安全验算结果。其中涉及深基坑、地下暗挖工程、高大模板工程的专项施工方案,施工单位还应组织专家进行论证、审查,经施工单位技术负责人签字,报总监理工程师审查签字后组织实施。

⑥规模大的工程、群体工程和分期出图的工程,经建设单位批准,可分阶段报项目监理机构审查施工组织设计。

2)施工组织设计(专项施工方案)审查的原则

①施工组织设计(专项施工方案)的编制、审核和审批应符合规定的程序。

②施工组织设计(专项施工方案)应符合国家的技术政策,充分考虑施工承包合同规定的条件、施工现场条件及法规条件的要求,突出"安全第一,预防为主"的原则。

③施工组织设计(专项施工方案)的针对性:充分掌握本工程的特点及难点,施工条件的分析等。

④施工组织设计(专项施工方案)的可操作性:是否有能力执行并保证施工安全,实现安全目标;该施工组织设计是否切实可行。

⑤安全技术方案的先进性:施工组织设计采用的安全技术方案、安全技术措施是否先进适用,安全技术是否成熟。

⑥安全管理体系、安全保证措施是否健全且切实可行。

⑦劳动保护、环保、消防和文明施工措施是否切实可行并符合有关规定。

3)施工组织设计审查的重点内容

在施工组织设计中关于平面图的布置中,有诸多对生产安全不利的因素,从一般的工程实际出发,主要有如下几点:

①塔吊等大型机械设备的位置。

②泵车的布置。

③场内道路的布置。

④临建房屋规划时要符合安全防火的要求。

⑤材料的堆放和加工车间的布置。

⑥施工排水与基坑维护。

⑦关于卷扬机的布置。

安全生产组织保证体系和制度的审核在施工组织设计中,必须明确提出安全生产的组织保证体系和一系列的规章制度。

①组织管理体系。对于施工单位,在一个单位工程施工中,从项目管理部到工人班组,要建立一系列安全生产组织管理体系。

②安全工作管理的规章制度。有了安全工作组织管理体系,还必须有相应的规章制度,其应齐全、细致并为施工安全管理人员牢牢掌握。

在安全管理制度方面,监理人员要注意审核以下几个方面:

①安全目标管理制度。监理工程师应检查并督促施工单位建立健全安全目标管理制度。施工单位要制定总的安全目标(如伤亡事故控制目标,安全达标、文明施工目标),以便于制定年、月达标计划,使目标分解到人,责任落实,考核到人。

②安全生产管理机构和安全生产管理人员。监理工程师应检查并督促施工单位建立健全安全生产管理机构和专职安全生产管理人员。施工单位安全生产管理机构和专职安全生产管理人员是指协助施工单位各级负责人执行安全生产法律法规和方针、政策,实现安全目标管理的具体工作部门和人员。《建设工程安全生产管理条例》规定:"施工单位应设立各级安全生产管理机构,配备专职安全生产管理人员。"施工单位应设立各级安全生产管理机构,配备与其经营规模相适应的、具有相关技术职称的专职安全生产管理人员。施工单位还应在相关部门设兼职安全生产管理人员,在班组设兼职安全员。专兼职安全生产管理人员数量应符合国务院或各级地方人民政府建设行政主管部门的规定。

施工现场应建立以施工单位项目经理为组长的安全生产管理小组,按工程规模设安全生产管理机构或配专职安全生产管理人员。

③安全生产责任制度监理工程师应检查并督促施工单位建立健全安全生产责任制度。安全生产责任制度作为保障安全生产的重要组织手段,施工单位应明确规定各级领导、各职能部门和各类人员在施工生产活动中应负的安全职责,把"管生产必须管安全"的原则从制度上固定下来。通过建立安全生产责任制度,有利于强化各级安全生产责任,增强各级管理人员和作业人员的安全生产责任意识,使安全管理纵向到底、横向到边,做到责任明确、协调配合,共同努力去实现建设工程安全生产。

④安全生产资金保障制度。监理工程师应检查并督促施工单位建立健全安全生产资金保障制度。安全生产资金是指建设单位在编制建设工程概算时,为保障安全施工确定的资金。

建设单位根据工程项目的特点和实际需要，在工程概算中要确定安全生产资金，并全部、及时地将这笔资金划转给施工单位。安全生产资金保障制度是指施工单位对安全生产资金必须用于施工安全防护用具及设施的采购和更新、安全施工措施的落实、安全生产条件的改善等。

安全生产资金保障制度有利于改善劳动条件、防止工伤事故、消除职业病和职业中毒等危害，保障从业人员生命安全和身体健康，确保正常安全生产措施的需要，也是促进施工生产发展的一项重要措施。

⑤安全教育培训制度监理工程师应检查并督促施工单位建立健全安全教育培训制度。安全教育培训制度是安全管理的重要环节，是提高从业人员安全素质的有效途径和基础性工作。按规定，施工单位从业人员必须定期接受安全培训教育，坚持先培训、后上岗的制度。实行总分包的工程项目，总包单位负责统一管理分包单位从业人员的安全教育培训工作，分包单位要服从总包单位的统一领导。

安全教育培训有利于提高施工单位各层次从业人员搞好安全生产的责任感和自觉性，增强安全意识，提高人员安全素质；有利于各层次从业人员掌握安全生产的科学知识，提高安全管理业务水平和安全操作技术水平，增强安全防护能力，减少伤亡事故的发生。

⑥安全检查制度。监理工程师应检查并督促施工单位建立健全安全检查制度。施工单位必须建立完善安全检查制度。安全检查是指施工单位对贯彻国家安全生产法律法规的情况、安全生产情况、劳动条件、事故隐患等所进行的检查，其作用是发现并消除施工过程中存在的不安全因素，宣传、贯彻、落实安全生产法律法规与规章制度，纠正违章指挥和违章作业，提高各级负责人与从业人员安全生产自觉性与责任感，掌握安全生产状态和寻找改进需求的重要手段。

施工单位进行安全检查应配备必要的设备或器具，确定检查负责人和检查人员，并明确检查内容及要求。安全检查人员应对检查结果进行分析，找出安全隐患部位，分析原因并制定相应整改防范措施。施工单位项目经理部应编写安全检查报告。

⑦生产安全事故报告制度。监理工程师应检查并督促施工单位建立健全生产安全事故报告制度。施工单位必须建立健全生产安全事故报告制度，防止事故扩大，减少伤害和损失，吸取教训，制定措施，防止同类事故的再次发生。

⑧三类人员考核任职制度和特种人员持证上岗制度。监理工程师应检查并督促施工单位建立健全三类人员考核任职制度和特种人员持证上岗制度。施工单位三类人员是指施工单位的主要负责人、项目负责人和专职安全生产管理人员。

⑨安全技术管理制度。监理工程师应检查并督促施工单位建立健全安全技术管理制度。施工单位安全技术管理的主要内容是：危险源控制、施工组织设计（方案）、专项安全技术方案、安全技术交底、安全技术标准规范和操作规程、安全设备和工艺的选用等。

安全技术措施是施工组织设计的重要组成部分。安全技术措施是指为防止工伤事故和职业病的危害，从技术上采取的措施。在工程施工中，安全技术措施是指施工单位针对工程特点、环境条件、劳力组织、作业方法、施工机械、供电设施等制定的确保安全施工的措施。

施工单位在编制建设工程施工组织设计或施工方案的同时，必须编制安全技术措施。

安全技术措施一般包括：防火、防毒、防爆、防洪、防尘、防雷击、防触电、防坍塌、防物体打击、防机械伤害、防溜车、防高空坠落、防交通事故、防寒、防暑、防疫、防环境污染等方面的措施。

⑩设备安全管理制度。监理工程师应检查并督促施工单位建立健全设备安全管理制度。施工单位应当根据国家、地方建设行政主管部门有关机械设备管理规定，建立健全设备安全管理制度。设备安全管理制度应包括设备及应急救援设备的安装拆卸、设备验收、设备检测、设备使用、设备保养和维修、设备改造和报废等各项设备管理制度。设备安全管理制度中还应明确相应管理的要求、职责权限、工作程序、监督检查、考核方法等内容的具体规定和要求，并组织实施。

⑪安全设施和防护管理制度。监理工程师应检查并督促施工单位建立健全安全设施和防护管理制度。根据《建设工程安全生产管理条例》第二十八条规定："施工单位应当在施工现场危险部位，设置明显的安全警示标志。"施工单位应建立施工现场正确使用安全警示标志和安全色的相应规定，在规定中应明确使用部位、内容的相应管理要求、职责权限、监督检查、考核方法等内容的具体规定和要求，并组织实施。安全警示标志包括安全色和安全标志，进入工地的人员通过安全色和安全标志能提高对安全保护的警觉，以防发生事故。

⑫特种设备管理制度。监理工程师应检查并督促施工单位建立健全特种设备管理制度。

⑬消防安全责任制度。监理工程师应检查并督促施工单位建立健全消防安全责任制度。监理工程师对施工单位消防安全责任制度检查的重点内容是：

A. 是否建立了消防安全责任制度，并确定消防安全责任人。

B. 是否建立了各项消防安全管理制度和操作规程。

C. 是否设置消防通道、消防水源，配备消防设施和灭火器材。

D. 施工现场入口处是否设置了明显标志。

⑭对分包单位、供应单位等管理制度。

4)施工组织设计(专项施工方案)审查注意事项

首先，专项施工方案的内容应符合规定。专项施工方案应力求细致、全面、具体，并根据需要进行必要的设计计算，对所引用的计算方法和数据，必须注明其来源和依据，对所选用的力学模型，必须与实际构造或实际情况相符。为了便于方案的实施，方案中除应有详尽的文字说明外，还应有必要的构造详图，图示应清晰明了，标注齐全。

其次，施工组织设计中施工方案与施工平面图布置应协调一致。施工平面图的静态布置内容，如临时供水、供电、供气、供热、施工道路、临时办公房屋、物资仓库等，以及动态布置内容，如施工材料、模板、工具器具，应做到布置有序，有利于各阶段施工方案的实施。

最后，施工组织设计中施工方案与施工进度计划应一致。施工进度计划的编制应以确定的施工方案为依据，正确体现施工的总体部署、流向顺序及工艺关系等。

(2)接管施工现场

施工单位进场后，应对施工现场进行一次或分次接管，接管现场时必须三方(建设单位、施工单位、监理单位)的有关人员均在场，并以书面形式三方签字确认现场移交的范围和时间。

①施工作业环境的控制。施工作业环境条件主要是指水、电、气、热、施工照明、安全防护设备、道路交通条件和施工场地空间条件等。这些条件是否良好，直接影响到施工安全，例如当同一个施工现场有多个施工承包单位或多个工种同时施工或平行交叉作业时，更应注意避免它们在空间上的相互干扰，影响施工安全。监理工程师应检查施工承包单位对施工作业环境方面的有关准备工作是否做好安排和准备妥当，当准备工作可靠、有效后方能同意其进行

施工。

②施工安全管理环境的控制。施工安全管理环境，主要是指施工承包单位的安全管理体系和安全自检系统是否处于良好的状态；安全管理制度、安全管理机构和人员配备等方面是否完善和明确；安全生产责任制是否落实等。

3)现场自然环境因素的控制。监理工程师应检查施工承包单位对于未来的施工期间，自然环境因素可能出现对施工作业安全的不利影响时，是否事先已有充分并已做好充足的准备和采取了有效措施与对策以保证建设工程施工安全。例如，严寒季节的防冻，夏季的防高温，高地下水位情况下基坑施工的排水，施工场地的防洪与排水，以及现场因素对工程施工安全的影响，如邻近有易爆、有毒气体等危险源；或毗邻有高层、超高层建筑，深基础施工安全保证难度大等，有无应对方案及有针对性的保证安全的措施等。

(3)协助签订安全管理协议书

为了明确建设单位和施工单位的安全责任，在签订工程合同的同时要签订建设工程承发包安全管理协议，作为工程合同的附件。该协议书中应明确各自的安全责任，作为今后处理事故及考核的依据。监理单位应协助建设单位把该项工程落实。一般的安全协议可参照下列内容：

建设工程承发包安全管理协议

立协单位：发包单位____________________(甲方)以下简称甲方

承包单位____________________(乙方)以下简称乙方

甲方将本建筑安装工程项目发(分)包给乙方施工，为贯彻“安全第一，预防为主”的方针，根据《××市招标、承包工程安全管理暂行规定》和国家有关法规，明确双方的安全生产责任，确保施工安全，双方在签订建筑安装工程合同的同时，签订本协议。

1.承包工程项目

(1)工程项目名称：

(2)工程地址：

(3)承包范围：

(4)承包方式：

2.工程项目期限

自　　年　月　日起开工至　　年　月　日完工。

3.协议内容

(1)甲乙双方必须认真贯彻国家、××市和上级劳动保护、安全生产主管部门颁发的有关安全生产、消防工作的方针、政策，严格执行有关劳动保护法规、条例、规定。

(2)甲乙双方都应有安全管理组织体制，包括抓安全生产的领导，各级专职和兼职的安全干部，应有各工种的安全操作规程，特种作业人员的审证考核制度及各级安全生产岗位责任制和定期安全检查制度、安全教育制度等。

(3)甲乙双方在施工前要认真勘察现场，并由乙方按甲方的要求自选编制施工组织设计，并制定有针对性的安全技术措施计划，严格按施工组织设计和有关安全要求施工。

(4)甲乙双方的有关领导必须认真对本单位职工进行安全生产制度及安全知识教育，增强法制观念；提高职工的安全生产思想意识和自我保护的能力，督促职工自觉遵守安全生产纪律、制度和法规。

(5)施工前,甲方应对乙方的管理、施工人员进行安全生产教育,介绍有关安全生产管理制度的规定和要求;乙方应组织召开管理、施工人员安全生产教育会议,并通知甲方委托有关人员出席会议,介绍施工中有关安全、防火等规章制度及要求;乙方必须检查、督促施工人员严格遵守、认真执行。

根据工程项目内容、特点,甲乙双方应做好安全技术交底,并有交底的书面材料,交底材料一式两份,由甲乙双方各执一份。

(6)施工期间,乙方指派同志负责本工程项目的有关安全、防火工作;甲方指派同志负责联系、检查督促乙方执行有关安全、防火规定。甲乙双方应经常联系,相互协助检查和处理工程施工有关的安全、防火规定,共同预防事故发生。

(7)乙方在施工期间必须严格执行和遵守甲方的安全生产、防火管理的各项规定,接受甲方的督促、检查和指导。甲方有协助乙方搞好安全生产、防火管理以及督促检查的义务,对于查出的隐患,乙方必须限期整改,对甲方违反安全生产规定、制度等情况,乙方有要求甲方整改的权利,甲方应认真整改。

(8)在生产操作过程中的个人防护用品,由各方自理,甲、乙方都应督促施工现场人员自觉穿戴好防护用品。

甲方:单位名称　　　(盖章)
　　　法定代表人　　　(盖章)
　　　代表　　　　　　(签字)
　　　地址________________
　　　电话________________

乙方:单位名称　　　(盖章)
　　　法定代表人　　　(盖章)
　　　代表　　　　　　(签字)
　　　地址________________
　　　电话________________

年　　月　　日

(4)协助执行安全抵押金制度

安全抵押金制度是通过经济手段加强建设单位与施工单位、总包单位与分包单位之间的安全生产关系,使安全责任与经济措施密切挂钩。一般在工程预付款中按安全管理协议中规定的比例扣除安全抵押金,并以安全专项资金的科目存入银行。在施工过程中,根据安全生产奖惩条例,在安全活动或安全事故处理中进行奖优罚劣,当工程竣工后对无安全事故的施工单位,应全额退还安全抵押金(包括存款利息)。一般安全活动经费及安全生产优胜单位的奖励可在事故单位的罚款中支付。

监理在执行安全抵押金制度中,主要履行以下职责:

①根据安全抵押金提取比例及工程合同中的总造价提出扣款金额。

②对安全生产的奖惩单位提出奖惩意见,供建设单位决定。

③参与安全活动,并提出活动经费的初步意见。

(5)审查施工单位的安全组织系统及安全教育活动

施工组织设计中必须要有安全管理网络,安全监理要审查落实情况,尤其是专职安全员的资质及到位与否必须认真核实。按规定对不同对象的操作工进行相应的安全教育,监理应检查教育的内容及相关的内业资料。

(6)检验安全设施

安全监理工程师在安全设施到达施工现场前,应详细了解施工单位安全设施的配备情况,对已使用过的安全设施(如挂篮、漏电开关、安全帽等)是否经过检修和鉴定,对新购置的安全设施,施工单位应提供生产厂商及出厂合格证书等检验资料,必要时,安全监理可去生产厂作进一步考察。

(7)检查施工单位进场的施工机械

安全监理工程师要对施工单位进入施工现场的机械设备进行如下详细的检查、记录:

①核对机械的数量、型号、规格、完好程序与投标书或施工组织设计是否一致,如有重大出入时,应查明原因,必要时可要求施工单位予以更换。

②检查机械设备管理制度的执行情况。

③检查主要机械设备的操作人员名单、证书以及到位情况。

(8)分包单位资格的审查确认

分包单位的安全保证,是保证建设工程施工安全的一个重要环节和前提。因此监理工程师应对分包单位资格(资质和安全生产许可证等)进行严格控制。

1)分包单位提交《分包单位资格(含安全生产许可证)报审表》

总承包单位选定分包单位后,应向监理工程师提交《分包单位资格(含安全生产许可证)报审表》(如表6-3所示),其内容一般应包括以下几方面:

①拟分包工程的情况,包括拟分包工程名称(部位)、工程数量、拟分包工程合同额、分包工程占全部工程的比例。

②分包单位的基本情况,包括该分包单位的企业简介、资质材料、安全生产许可证材料、技术实力、过去的工程经验与企业业绩、施工人员的技术素质和条件、企业的财务状况等。

③分包协议草案,包括总承包单位与分包单位之间的责、权、利,分包项目的施工工艺,分包单位设备和到场时间、材料供应,总包单位的管理责任等。

④总分包安全生产协议草案,包括总承包单位与分包单位安全生产的责、权、利,总分包单位的安全生产奖惩制度等。

2)监理工程师审查

总承包单位提交《分包单位资格(含安全生产许可证)报审表》。监理工程师进行审查的主要内容是:承包合同是否允许分包,分包的范围和工程部位是否可进行分包,分包单位是否具有按工程承包合同规定的条件完成分包工程任务的能力等。如果监理工程师认为该分包单位不具有分包条件,则不予以批准。若监理工程师认为该分包单位基本具备分包条件,则应在进一步调查后由总监理工程师予以书面确认。监理工程师进行审查的重点是:分包单位施工管理者的资格(资质和安全生产许可证),安全、质量管理水平,特殊专业工种和关键施工工艺或新技术、新工艺、新材料等应用方面操作者的素质与能力等。

3)对分包单位进行调查

监理工程师对分包单位进行调查的目的是核实施工总承包单位申报的分包单位情况是否属实。如果监理工程师对调查结果满意,则总监理工程师应以书面形式批准该分包单位承担分包任务。施工总承包单位收到监理工程师的批准通知后,应尽快与分包单位签订分包协议及安全生产协议书,并将分包协议及安全生产协议书副本报送监理工程师备案。

表 6-3　分包单位资格报审表

工程名称

编号

致：

经考察，我方认为拟选择的　　　　（分包单位）具有承担下列工程的施工资质和施工能力，可以保证本工程项目按合同的规定进行施工。分包后，我方仍承担总包单位的全部责任。请予以审查和批准。

附：1. 分包单位资质材料（安全生产许可证）；

2. 分包单位业绩材料

分包工程名称（部位）	工程数量	拟分包工程合同额	分包工程占全部工程
合计			

承包单位（章）

项目经理

日　　期

专业监理工程师审查意见：

专业监理工程师

日　　期

总监理工程师审核意见：

项目监理机构

总监理工程师

日　　期

3. 施工阶段的安全监理

施工阶段的安全监理主要是根据安全监理大纲和实施细则，对工程项目全过程实行全面的动态监督，并从两个方面进行安全监控：

(1)施工现场安全生产内部(资料)的安全监理

安全生产责任制企业和施工现场各级各部门、包括各岗位的安全生产责任制,是否做到纵向到底、横向到边;是否填写了现场安全责任人会签表,责任落实到人;工程项目中的各项经济承包责任制中的安全指标和奖惩办法以及安全保证措施是否落实;工程项目总分包之间是否签订具有双方权利义务、责任相一致的安全生产协议书;现场是否制定了各工种的安全技术操作规程;是否按规定配备专(兼)职安全员,并持有“双证”(行业主管部门、劳动部门颁发)。

安全生产目标管理即是否制定了工地安全管理目标(伤亡事故控制指标、安全达标和文明工地创建目标);是否制定了安全生产责任目标分解和责任目标考核规定,并按分月、季度考核到责任部门和责任人。

施工组织设计中的安全技术措施施工组织设计是否经企业技术负责人审批,并由建设单位或监理审核(有审批、审核单)。施工组织设计中的安全保证措施是否全面,具有针对性。施工现场专业性较强的项目,是否单独编制了专项安全施工组织设计,并具备审批、审核资料。如:

①施工用电组织设计。

②特殊类脚手架、高于20m以上的脚手架、承重支架的专项方案。

③基坑支护(≥5m深度的基坑、沟槽)专项方案。

④模板施工专项方案。

⑤塔吊施工专项方案。

⑥现场吊装专项方案。

⑦公用管线及相邻构筑物的支护方案。

分部(分项)工程安全技术交底即是否实施进场后总分包安全生产交底。各分部(分项)安全技术交底是否书面进行,并全面有针对性。安全技术交底应由施工项目负责人或施工技术负责人为主进行,交底方和被交底方是否履行签字手续。

施工现场安全生产检查。施工现场制定了定期安全生产检查制度。每周一次定期安全生产检查有较全面的记录。对查出的安全生产问题和事故隐患,做到了“三定”,即定人、定时间、定措施解决。对上级或监理所出具的事故隐患整改通知书所列的项目,如期整改完后,并附有书面整改消项的报告。各类安全生产专项检查及验收记录,例如:现场的接地电阻、漏电电流动作测试,用电维修、电工交接班记录,机械设备进场验收记录,下水道拆封头子施工安全资质和报告,用电检查、防护设施检查,脚手架等,均按有关规定做好详细的验收记录。

安全生产教育现场制定了安全生产教育制度。有完整的安全生产教育记录;有较完整的施工人员(包括管理人员)三级教育记录卡;有较全面的有针对性的教育内容(实行一卡一考卷制);有企业年度各层次的安全生产教育培训计划。

施工班组班前安全活动。建立了施工班组前安全活动制度。班前安全活动认真进行,并记录齐全。每周班组安全活动、讲评记录认真、齐全。

特种作业人员持证上岗。安全员及持证特种作业人员名册表齐全,其中安全员、电工持有劳动部门颁发的操作证、建委颁发的上岗证。经企业培训合格后的中小型机械作业人员名册齐全。所有原始证件的复印件装订成册,并一一对应。

事故报表、档案建立了施工现场(工地)伤亡事故月报表。发生因工伤亡事故,按有关规定上报和调查处理，并建立了伤亡事故档案。

现场安全标志布置总平面图。现场绘制的安全标志布置总平面图清晰明了，标明各安全标志的所在位置和部位，并随着工程的动态变化不断修正，做到图标和现场实际相符。

(2)施工现场的安全监理

在各分部、分项工程施工中，必须遵循已批准的施工组织设计及合同规定的规范、规程进行，并根据规范要求制定相应的安全技术措施，首先在确保工程质量的同时确保工程安全，同时由于制定了相应安全技术措施，也确保了在施工过程中的人的安全以及环境(相邻构筑物及管线)的安全。这些安全技术措施既作为施工单位安排施工、进行安全交底的依据，也可作为监理检查、督促的依据。

现场安全监理的主要工作：

①在检查、巡视施工现场中，发现事故隐患和险情时，必须及时出具整改通知书，严重危及安全的可发出局部停工指令书，直至恢复安全。

②对施工现场关键节点和“高危”作业实行旁站安全监督。

③审核各类安全专项技术措施及现场的实施。

④督促施工现场建立、健全施工现场安全生产保证体系。

⑤做好安全监理日记。

总之，施工阶段的安全监理，根据国家标准和行业规范，主要采用抽检、巡视、旁站和全面检查等形式，对工程实施全面的、动态的安全监控，并采用“单位分部、分项工程安全监理工作计划系统表”“安全监理月报表”“安全监理指令书”“工程事故报告单”等方式及时报告建设单位，以实现施工全过程的安全生产。

第7章　建筑工程用电安全技术

建筑施工用电是指建筑施工现场在施工过程中使用的电力，也是建筑施工过程的用电工程或用电系统的简称。触电事故之所以在全国建筑施工伤亡事故中占据“五大伤害”之一，除客观上建筑工地复杂多变的不良环境条件，给施工用电带来许多不安全因素外，更主要的原因还是施工单位人员对有关用电的安全防护措施不重视或重视不够；对施工用电有关规程标准学习理解不透彻、专业知识有限，存在麻痹侥幸心理。本章将对建筑工程用电安全技术进行介绍，希望对消除施工用电事故隐患、保障施工用电安全起到积极的促进作用。

7.1　施工用电管理

7.1.1　施工用电的一般规定

考虑到用电事故的发生概率与用电的设计，设备的数量、种类、分布及负荷的大小有关，施工现场临时用电管理应符合以下要求。

①施工现场临时用电设备数量在5台以下，或设备总容量在50kW以下时，应制定符合规范要求的安全用电和电气防火措施。

②施工用电设备数量在5台以上，或用电设备容量在50kW及以上时，应编制用电施工组织设计，并经企业技术负责人审核。

③应建立施工用电安全技术档案，定期经项目负责人检验签字。

④应定期对施工现场电工和用电人员进行安全用电教育培训和技术交底。

⑤施工用电应定期检测。

7.1.2　施工用电的基本原则

施工现场临时用电的组织设计，是保障安全用电的首要工作，主要内容包括用电设计的原则，配电设计，用电设施管理和批准，施工用电工程的施工、验收和检查等。安全技术档案的建立、管理和内容等视作用电设计的延伸。其基本原则如下：

1.施工用电的组织设计

(1)施工用电组织设计范围

按照《施工现场临时用电安全技术规范》(JGJ 46—2005)的规定，临时用电设备在5台及5

台以上或设备总容量在50kW及50kW以上者，应编制临时用施工组织设计；临时用电设备在5台以下和设备总容量在50kW以下者，应制定安全用电技术措施及电气防火措施。

(2)施工用电组织设计程序

①施工用电工程图纸应单独绘制，用电工程应按图施工。

②施工用电组织设计及变更时，必须履行“编制、审核、批准”程序，由电气工程技术人员组织编制，经相关部门审核及具有法人资格企业的技术负责人批准后实施。变更用电组织设计时应补充有关图纸资料。

③施工用电工程必须经编制、审核、批准部门和使用单位共同验收，合格后方可投入使用。

(3)施工用电组织设计的主要内容

①现场勘测。

②确定电源进线、变电所或配电室、配电装置、用电设备位置及线路走向。

③进行负荷计算。

④选择变压器。

⑤设计配电系统。

▶设计配电线路，选择导线或电缆。

▶设计配电装置，选择电器。

▶设计接地装置。

▶绘制临时用电工程图纸，主要包括用电工程总平面图、配电装置布置图、配电系统接线图、接地装置设计图。

▶设计防雷装置。

▶确定防护措施。

▶制定安全用电措施和电气防火措施。

(4)施工用电组织设计审批手续

①施工现场用电施工组织设计必须由施工单位的电气工程技术人员编制，技术负责人审核。封面上要注明工程名称、施工单位、编制人并加盖单位公章。

②施工单位所编制的施工组织设计，必须符合《施工现场临时用电安全技术规范》(JGJ 46—2005)中的有关规定。

③临时用电施工组织设计必须在开工前15天内报上级主管部门审核，批准后方可进行临时用电施工。施工时要严格执行审核后的施工组织设计，按图施工。当需要变更施工组织设计时，应补充有关图纸资料，同样需要上报主管部门批准，待批准后，按照修改前、后的临时用电施工组织设计对照施工。

2.临时暂设用电人员

①电工必须经过按国家现行标准考核合格后，持证件上岗工作；其他用电人员必须通过相关职业健康安全教育培训和技术交底，考核合格后方可上岗工作。

②安装、巡检、维修或拆除临时用电设备和线路，必须由电工完成，并应有人监护。

③电工等级应同工程的难易程度和技术复杂性相适应。

④各类用电人员应掌握安全用电基本知识和所用设备的性能。

⑤使用电气设备前必须按规定穿戴和配备好相应的劳动防护用品，并应检查电气装置和保护设施，严禁设备带“缺陷”运转。

⑥用电人员保管和维护所用设备，发现问题及时报告解决。

⑦现场暂时停用设备的开关箱必须分断电源隔离开关，并应关门上锁。

⑧用电人员移动电气设备时，必须经电工切断电源并做妥善处理后进行。

3.施工用电安全技术档案

①施工现场临时用电必须建立职业健康安全技术档案，并应包括下列内容：

▶用电组织设计的全部资料。

▶修改用电组织设计的资料。

▶用电技术交底资料。

▶用电工程检查验收表。

▶电气设备的测试、检验凭单和调试记录。

▶接地电阻、绝缘电阻和漏电保护器漏电动作参数测定记录表。

▶定期检(复)查表。

▶电工安装、巡检、维修、拆除工作记录。

②职业健康安全技术档案应由主管该现场的电气技术人员负责建立与管理。其中“电工安装、巡检、维修、拆除工作记录”可指定电工代管，每周由项目经理审核认可，并应在临时用电工程拆除后统一归档。

③临时用电工程应定期检查。定期检查时，应复查接地电阻值和绝缘电阻值。检查周期最长可为：施工现场每月一次，基层公司每季一次。

④临时用电工程定期检查应按分部、分项工程进行，对职业健康安全隐患必须及时处理，并应履行复查验收手续。

4.采用三级配电系统

一级配电设施应起到总切断、总保护、平衡用电设备和计量的作用，应配置具备熔断并起切断作用的总隔离开关；在隔离开关的下面应配置漏电保护装置，经过漏电保护后支开用电回路，也可在回路开关上加装漏电保护功能；根据用电设备容量，配置相应的互感器、电流表、电压表、电能计量表、零线接线排和地线接线排等。二级配电设施应起到分配电总切断的作用，应配置总隔离开关、各用电设备前端的二级回路开关、零线接线排和地线接线排等。三级配电设施起着施工用电系统末端控制的作用，也就是单台用电设备的总控制，即一机一闸控制，应配置隔离开关、漏电保护开关盒接零、接地装置。

5.采用TN-S接零保护系统

TN-S系统是指电源系统有一直接接地点，负荷设备的外漏导电部分通过保护导体连接到此接地点的系统，即采取接零保护的系统。字母“T”和“N”分别表示配电网中性点直接接地和电气设备金属外壳接零。设备金属外壳与保护零线连接的方式称为保护接地。在这种系统中，当某一相线直接连接设备金属外壳时，即形成单相短路，短路电流促使线路上的短路保护装置迅速动作，在规定时间内将故障设备断开电源，消除电击危险。TS-S系统是有专用保护零线(PE线)，即保护零线和工作零线(N)完全分开的系统。爆炸危险性较大和安全要求较高的场所应采用TN-S系统。用TN-S系统的电源进线应为三相五线制。

6.采用二级漏电保护系统

总配电漏电保护可以起到线路漏电保护与设备故障保护的作用；二级漏电保护可以直接断开单台故障设备的电源。

7.1.3 施工用电方案的设计

施工用电方案设计的内容如下：

①统计用电设备容量，进行负荷计算。

②确定电源进线、变电所或配电室、配电装置、用电设备位置及线路走向。

③选择变压器，设计配电系统。

④设计配电线路，选择导线或电缆。

⑤设计配电装置，选择电气元件。

⑥设计接地装置。

⑦绘制临时用电工程图纸，主要包括施工现场用电总平面图、配电装置布置图、配电系统接线图、接地装置设计图等。

⑧设计防雷装置。

⑨确定防护措施。

⑩制定安全用电措施和电气防火措施。

⑪制定施工现场安全用电管理责任制。

⑫制定临时用电工程的施工、验收和检查制度。

7.2 接地与防雷

人体触电事故一般分为两种情况：一是人体直接或过分靠近电气设备的带电部分(搭设防护遮拦、栅栏等属于防止直接触电的安全技术措施)；二是平时不带电，因绝缘损坏而带电的金属外壳或金属架构而使人触电。针对这两种人体触电情况，必须从电气设备本身采取措施和从工作中采取妥善的保证人身安全的技术措施和组织措施。

7.2.1 保护接地和保护接零

电气设备的保护接地和保护接零是防止人体触电及绝缘损坏的电气设备所引起的触电事故而采取的技术措施。接地和接零保护方式是否合理，关系到人身安全，影响到供电系统的正常运行。因此，正确地运用接地和接零保护是电气安全技术中的重要内容。

接地，通常是用接地体与土壤接触来实现的，是将金属导体或导体系统埋入土中构成的一个接地体。工程上，接地体除专门埋设外，有时还利用兼做接地体的已有各种金属构件、金属井管、钢筋混凝土建(构)筑物的基础、非燃物质用的金属管道和设备等，这种接地称为自然接地体。用作连接电气设备和接地体的导体，如电气设备上的接地螺栓、机械设备的金属构架，以及在正常情况下不载流的金属导线等，称为接地线。接地体与接地线的总和称为接地装置。

接地类别如下：

①工作接地。在电气系统中，因运行需要的接地(如三相供电系统中电源中性点的接地)称为工作接地。在工作接地的情况下，大地作为一根导线，而且能够稳定设备导电部分对地电压。

②保护接地。在电力系统中，因漏电保护需要，将电气设备正常情况下不带电的金属外壳和机械设备的金属构件(架)接地，称为保护接地。

③重复接地。在中性点直接接地的电力系统中，为了保证接地的作用和效果，除在中性点处直接接地外，在中性线上的一处或多处再接地，称为重复接地。

④防雷接地。防雷装置(避雷针、避雷器、避雷线)的接地，称为防雷接地。防雷接地设置的主要作用是雷击防雷装置时，将雷击电流泄入大地。

7.2.2 施工用电的基本保护系统

施工用电应采用中性点直接接地的380/220V三相五线制低压电力系统，其保护方式应符合下列规定：施工现场由专用变压器供电时，应将变压器低压侧中性点直接接地，并采用TN-S接零保护系统。施工现场由专用发动机供电时，必须将发动机的中性点直接接地，并采用TN-S接零保护系统，且应独立设置。当施工现场直接由非专用变压器供电时，其基本接地、接零方式应与原有市电供电系统保持一致。在同一供电系统中，不得一部分设备做保护接零，另一部分设备做保护接地。

在供电端为三相五线供电的接零保护(TN)系统中，应将进户处的中性线(N线)重复接地，并同时由接地点另引出保护零线(PE线)，形成局部TN-S接零保护系统。

7.2.3 施工用电保护接零与重复接地

在接零保护系统中，电气设备的金属外壳必须与保护零线(PE线)连接。保护零线应符合下列规定：保护零线应自专用变压器、发电机中性点处，或配电室、总配电箱进线处的中性线(N线)上引出；保护零线的统一标志为绿—黄双色绝缘导线，任何情况下不得使用绿—黄双色线作为负荷线；保护零线(PE线)必须与工作零线(N线)相隔离，严禁保护零线与工作零线混接、混用；保护零线上不得装设控制开关或熔断器；保护零线的截面不应小于对应工作的零线截面；与电气设备相连接的保护零线应采用截面不小于2.5mm^{2}的多股绝缘铜线。保护零线的重复接地点不得少于三处，应分别设置在配电室或总配电箱处，以及配电线路的中间处和末端。

7.2.4 施工用电接地电阻

接地电阻包括接地线电阻和接地体本身的电阻。接地线和接地体本身的电阻很小(因导线较短接地良好),可忽略不计,因此,一般认为接地电阻就是散流电阻,它的数值等于对地电压与电流之比。接地电阻分为冲击接地电阻、直接接地电阻和工频接地电阻,在用电设备保护中一般采用工频接地电阻。

电力变压器或发电机的工作接地电阻值不应大于4Ω。在TN-S接零保护系统中,重复接地应与保护零线连接,每处重复接地电阻值不应大于10Ω。

7.2.5 施工现场的防雷保护

多层与高层建筑施工应充分重视防雷保护。多层与高层建筑施工时,其四周的起重机、门式架、井字架等突出建筑物很多,材料堆积也较多,万一遭受雷击,不但会对施工人员的生命造成危险,而且容易引起火灾,造成严重事故。

多层与高层建筑施工期间,应注意采取以下防雷措施:

①建筑物四周、起重机的最上端必须装设避雷针,并应将起重机钢架连接于接地装置上。接地装置应尽可能利用永久性接地系统。如果是水平移动的塔式起重机,其地下钢轨必须可靠地接到接地系统上。起重机上装设的避雷针,应能保护整个起重机及其电力设备。

②沿建筑物四角和四边竖起的木、竹架子上,做数根避雷针并接到接地系统上,针长最小应高出木、竹架子3.5m,避雷针之间的间距以24m为宜。对于钢脚手架,应注意连接可靠并要可靠接地。如施工阶段的建筑物当中有突出高点,应如上述加装避雷针。雨期施工时,应随脚手架的接高加高避雷针。

③建筑工地的井字架、门式架等垂直运输架上,应将一侧的中间立杆接高。高出顶墙2m,作为接闪器,并在该立杆下端设置接地线,同时应将卷扬机的金属外壳可靠接地。

④应随时将每层楼的金属门窗(钢门窗、铝合金门窗)与现浇混凝土框架(剪力墙)的主筋可靠连接。

⑤施工时,应按照正式设计图纸的要求先做完接地设备,同时,应注意跨步电压的问题。

⑥在开始架设结构骨架时,应按图纸规定,随时将混凝土柱的主筋与接地装置连接,以防施工期间遭到雷击而破坏。

⑦随时将金属管道、电缆外皮在进入建筑物的进口处与接地设备连接,并应把电气设备的铁架及外壳连接在接地系统上。

⑧防雷装置的避雷针(接闪器)可采用钢筋,长度应为1～2m;当利用金属构架做引下线时,应保证构架之间的电气连接;防雷装置的冲击接地电阻值不得大于30Ω。

7.3 变配电管理

①变配电装置应靠近电源,并应设在无灰尘、无蒸汽、无腐蚀介质及无振动的地方。成列

的配电屏(盘)和(控制屏)两端应与重复接地线及保护零线进行电气连接。

②配电室和控制室应能自然通风,并应采取防止雨雪和动物出入的措施。

③配电室应符合下列要求:

▶配电屏(盘)正面的操作通道宽度,单列布置不小于1.5m,双列布置不小于2.0m。

▶配电屏(盘)后的维护通道宽度不小于0.8m(个别地点有建筑物结构突出的部分,则此点通道的宽度不小于0.6m)。

▶配电屏(盘)侧面的维护通道宽度不小于1m。

▶配电室的天棚距地面不低于3m。

▶在配电室内设置值班或检修室,该室距配电屏(盘)的水平距离大于1m,并采取屏蔽隔离。

▶配电室的门向外开,并配锁。

▶配电室内的裸母线与地面垂直距离小于2.5m时,采用遮拦隔离,遮拦下面通行道的高度不小于1.9m。

▶配电室的围栏上端与垂直上方带电部分的净距不小于0.75m。

▶配电装置的上端距天棚不小于0.5m。

▶母线均应涂刷有色油漆,涂色应符合《施工现场临时用电安全技术规范》(JGJ 46—2005)中母线涂色表的规定。

④配电室的建筑物和构筑物的耐火等级应不低于3级,室内应配置砂箱和绝缘灭火器;配电屏(盘)应装设有功、无功电能表,并应分路装设电流、电压表。电流表与计费电能表不得共用一组电流互感器,配电屏(盘)应装设短路、过负荷保护装置和漏电保护器;配电屏(盘)上的各配电线路应编号,并标明用途标记;配电屏(盘)或配电线路维修时,应悬挂停电标志牌。停电、送电必须有专人负责。

⑤电压为400/230V的自备发电机组及其控制室、配电室、修理室等,在保证电气安全距离和满足防火要求的情况下可合并设置。发电机组的排烟管道必须在室外。发电机组及其控制室、配电室内严禁存放储油桶。发电机组电源应与外电线路电源联锁,严禁并列运行。发电机组应采用三相四线制中性点直接接地系统,并必须独立设置,其接地电阻不得大于4Ω。

7.4 现场用电安全

7.4.1 用电线路和电气设备防护

1.外电线路防护

①在建工程不得在外电架空线路正下方施工、搭设作业棚、建造生活设施或堆放构件、架具、材料及其他杂物等。

②在建工程(含脚手架)的周边与外电架空线路的边线之间的最小安全操作距离应符合表7-1规定。

表7-1 在建工程(含脚手架)的周边与架空线路的边线之间的最小安全操作距离

外电线路电压等级(kV)	<1	1～10	35～110	220	330～500
最小安全操作距离(m)	4.0	6.0	8.0	10	15

注:上、下脚手架的斜道不宜设在有外电线路的一侧。

③施工现场的机动车道与外电架空线路交叉时,架空线路的最低点与路面的最小垂直距离应符合表7-2规定。

表7-2 施工现场的机动车道与架空线路交叉时的最小垂直距离

外电线路电压等级(kV)	<1	1～10	35
最小垂直距离(m)	6.0	7.0	7.0

④起重机严禁越过无防护设施的外电架空线路作业。在外电架空线路附近吊装时,起重机的任何部位或被吊物边缘在最大偏斜时与架空线路边线的最小安全距离应符合表7-3规定。

表7-3 起重机与架空线路边线的最小安全距离

电压(kV) / 最小安全距离(m)	<1	10	35	110	220	330	500
沿垂直方向	1.5	3.0	4.0	5.0	6.0	7.0	8.5
沿水平方向	1.5	2.0	3.5	4.0	6.0	7.0	8.5

⑤施工现场开挖沟槽边缘与外电埋地电缆沟槽边缘之间的距离不得小于0.5m。

⑥当达不到第②～④条中的规定时,必须采取绝缘隔离防护措施,并应悬挂醒目的警告标志。

⑦防护设施宜采用木、竹或其他绝缘材料搭设,不宜采用钢管等金属材料搭设。防护设施应坚固、稳定,且对外电线路的隔离防护应达到IP30级。

⑧架设防护设施时,必须经有关部门批准,采用线路暂时停电或其他可靠的安全技术措施,并应有电气工程技术人员和专职安全人员监护。

⑨防护设施与外电线路之间的最小安全距离不应小于表7-4所列数值。

⑩在外电架空线路附近开挖沟槽时,必须会同有关部门采取加固措施,防止外电架空线路电杆倾斜、悬倒。

表 7-4　防护设施与外电线路之间的最小安全距离

外电线路电压等级(kV)	≤10	35	110	220	330	500
最小安全距离(m)	1.7	2.0	2.5	4.0	5.0	6.0

2. 电气设备防护

①电气设备现场周围不得存放易燃易爆物、污源和腐蚀介质,否则应予清除或做防护处置,其防护等级必须与环境条件相适应。

②电气设备设置场所应能避免物体打击和机械损伤,否则应做防护处置。

7.4.2　施工用电线路

1. 一般规定

①架空线和室内配线必须采用绝缘导线或电缆。

②架空线导线截面的选择应符合下列要求:

▶导线中的计算负荷电流不大于其长期连续负荷允许载流量。

▶线路末端电压偏移不大于其额定电压的 5%。

▶三相四线制线路的 N 线和 PE 线截面不小于相线截面的 50%,单相线路的零线截面与相线截面相同。

▶按机械强度要求,绝缘铜线截面不小于 $10mm^2$,绝缘铝线截面不小于 $16mm^2$。

▶在跨越铁路、公路、河流、电力线路挡距内,绝缘铜线截面不小于 $16mm^2$,绝缘铝线截面不小于 $25mm^2$。

③架空线路相序排列应符合下列规定:

▶动力、照明线在同一横担上架设时,导线相序排列是:面向负荷从左侧起依次为 L1、N、L2、L3、PE。

▶动力、照明线在二层横担上分别架设时,导线相序排列是:上层横担面向负荷从左侧起依次为 L1、L2、L3;下层横担面向负荷从左侧起依次为 L1、(L2、L3)、N、PE。

④架空线路宜采用钢筋混凝土杆或木杆,钢筋混凝土杆不得有露筋、宽度大于 0.4mm 的裂纹和扭益;木杆不得腐朽,其梢径不应小于 140mm。

⑤电杆埋设深度宜为杆长的 1/10 加 0.6m,回填土应分层夯实。在松软土质处宜加大埋入深度或采用卡盘等加固。

⑥电缆中必须包含全部工作芯线和用作保护零线或保护线的芯线,需要三相四线制配电的电缆线路必须采用五芯电缆。五芯电缆必须包含淡蓝、绿/黄二种颜色绝缘芯线。淡蓝色芯线必须用作 N 线;绿/黄双色芯线必须用作 PE 线,严禁混用。

⑦电缆线路应采用埋地或架空敷设,严禁沿地面明设,并应避免机械损伤和介质腐蚀。埋地电缆路径应设方位标志。

⑧电缆埋地敷设宜选用铠装电缆，当选用无铠装电缆时，应能防水、防腐。架空敷设宜选用无铠装电缆。

⑨埋地电缆在穿越建筑物、构筑物、道路、易受机械损伤、介质腐蚀场所及引出地面从2.0m高到地下0.2m处，必须加设防护套管，防护套管内径不应小于电缆外径的1.5倍。

⑩在建工程内的电缆线路必须采用电缆埋地引入，严禁穿越脚手架引入。电缆垂直敷设应充分利用在建工程的竖井、垂直孔洞等，并宜靠近用电负荷中心，固定点每楼层不得少于一处。电缆水平敷设宜沿墙或门口刚性固定，最大弧垂距地不得小于2.0m。

⑪装饰装修工程或其他特殊阶段，应补充编制单项施工用电方案。电源线可沿墙角、地面敷设，但应采取防机械损伤和电火措施，可采用穿阻燃绝缘管或线槽等遮护的办法。

⑫室内配线应根据配线类型采用瓷瓶、瓷(塑料)夹、嵌绝缘槽、穿管或钢索敷设。

⑬潮湿场所或埋地非电缆配线必须穿管敷设，管口和管接头应密封；当采用金属管敷设时，金属管必须做等电位连接，且必须与PE线相连接。

⑭架空线路、电缆线路和室内配线必须有短路保护和过载保护。

▶采用熔断器做短路保护时，其熔体额定电流不应大于明敷绝缘导线长期连续负荷允许载流量的1.5倍。

▶采用断路器做短路保护时，其瞬动过流脱扣器脱扣电流整定值应小于线路末端单相短路电流。

▶采用熔断器或断路器做过载保护时，绝缘导线长期连续负荷允许载流量不应小于熔断器熔体额定电流或断路器长延时过流脱扣器脱扣电流整定值的1.25倍。

▶对穿管敷设的绝缘导线线路，其短路保护熔断器的熔体额定电流不应大于穿管绝缘导线长期连续负荷允许载流量的2.5倍。

2. 安全检查要点

(1)架空线路

①架空线必须架设在专用电杆上，严禁架设在树木、脚手架及其他设施上。

②架空线在一个挡距内，每层导线的接头数不得超过该层导线条数的50%，且一条导线应只有一个接头。在跨越铁路、公路、河流、电力线路挡距内，架空线不得有接头。

③架空线路的挡距不得大于35m。

④架空线路的线间距不得小于0.3m，靠近电杆的两导线的间距不得小于0.5m。

⑤架空线路横担间的最小垂直距离不得小于表7-5所列数值；横担宜采用角钢或方木，低压铁横担角钢应按表7-6选用，方木横担截面应按80mm×80mm选用；横担长度应按表7-7选用。

表7-5　横担间的最小垂直距离 (m)

排列方式	直线杆	分支或转角杆
高压与低压	1.2	1.0
低压与低压	0.6	0.3

表 7-6 低压铁横担角钢选用

<table>
<tr><td rowspan="2">导线截面(mm²)</td><td rowspan="2">直线杆</td><td colspan="2">分支或转角杆</td></tr>
<tr><td>二线及三线</td><td>四线及以上</td></tr>
<tr><td>16
25
35
50</td><td>∟ 50×5</td><td>2×∟ 50×5</td><td>2×∟ 63×5</td></tr>
<tr><td>70
95
120</td><td>∟ 63×5</td><td>2×∟ 63×5</td><td>2×∟ 70×6</td></tr>
</table>

表 7-7 横担长度 (m)

二线	三线、四线	五线
0.7	1.5	1.8

架空线路与邻近线路或固定物的距离应符合表 7-8 的规定。

表 7-8 架空线路与邻近线路或固定物的距离

<table>
<tr><td>项目</td><td colspan="7">距离类别</td></tr>
<tr><td rowspan="2">最小净空距离</td><td colspan="2">架空线路的过引线、接下线与邻线</td><td colspan="2">架空线与架空线电杆外缘</td><td colspan="3">架空线与摆动最大时树梢</td></tr>
<tr><td colspan="2">0.13</td><td colspan="2">0.05</td><td colspan="3">0.50</td></tr>
<tr><td rowspan="3">最小垂直距离</td><td rowspan="2">架空线同杆架设下方的通信、广播线路</td><td colspan="3">架空线最大弧垂与地面</td><td rowspan="2">架空线最大弧垂与暂设工程顶端</td><td colspan="2">架空线与邻近电力线路交叉</td></tr>
<tr><td>施工现场</td><td>机动车道</td><td>铁路轨道</td><td>1kV 以下</td><td>1～10kV</td></tr>
<tr><td>1.0</td><td>4.0</td><td>6.0</td><td>7.5</td><td>2.5</td><td>1.2</td><td>2.5</td></tr>
<tr><td rowspan="2">最小水平距离</td><td colspan="2">架空线电杆与路基边缘</td><td colspan="2">架空线电杆与铁路轨道边缘</td><td colspan="3">架空线边线与建筑物凸出部分</td></tr>
<tr><td colspan="2">1.0</td><td colspan="2">杆高/m+3.0</td><td colspan="3">1.0</td></tr>
</table>

直线杆和 15°以下的转角杆,可采用单横担单绝缘子,但跨越机动车道时应采用单横担双绝缘子;15°～45°的转角杆应采用双横担双绝缘子;45°以上的转角杆,应采用十字横担。

电杆的拉线宜采用不少于 3 根 D 4.0mm 的镀锌钢丝。拉线与电杆的夹角应在 30°～45°之间。拉线埋设深度不得小于 1m。电杆拉线如从导线之间穿过,应在高于地面 2.5m 处装设拉线绝缘子。

因受地形环境限制不能装设拉线时，可采用撑杆代替拉线，撑杆埋设深度不得小于0.8m，其底部应垫底盘或石块。撑杆与电杆夹角宜为30°。

接户线在挡距内不得有接头，进线处离地高度不得小于2.5m。接户线最小截面应符合表7-9规定。接户线线路间及与邻近线路间的距离应符合表7-10的要求。

表7-9　接户线的最小截面

接户线架设方式	接户线长度	接户线截面(mm^2)	
		铜线	铝线
架空或沿墙敷设	10～25	6.0	10.0
	≤10	4.0	6.0

表7-10　接户线线间及与邻近线路间的距离

接户线架设方式	接户线挡距(m)	接户线线间距离(mm)
架空敷设	≤25	150
	＞25	200
沿墙敷设	≤6	100
	＞6	150
架空接户线与广播电话线交叉时候的距离(mm)		接户线在上部，600 接户线在下部，300
架空或沿墙敷设的接户线零线和相线交叉时的距离(mm)		100

(2)电缆线路

①电缆直接埋地敷设的深度不应小于0.7m，并应在电缆紧邻上、下、左、右侧均匀敷设不小于50mm厚的细砂，然后覆盖砖或混凝土板等硬质保护层。

②埋地电缆与其附近外电电缆和管沟的平行间距不得小于2m，交叉间距不得小于1m。

③埋地电缆的接头应设在地面上的接线盒内，接线盒应能防水、防尘、防机械损伤，并应远离易燃、易爆、易腐蚀场所。

④架空电缆应沿电杆、支架或墙壁敷设，并采用绝缘子固定，绑扎线必须采用绝缘线，固定点间距应保证电缆能承受自重所带来的荷载，敷设高度应符合《施工现场临时用电安全技术规范》架空线路敷设高度的要求，但沿墙壁敷设时最大弧垂距地不得小于2.0m。

⑤架空电缆严禁沿脚手架、树木或其他设施敷设。

(3)室内配线

①室内非埋地明敷主干线距地面高度不得小于2.5m。

②架空进户线的室外端应采用绝缘子固定，过墙处应穿管保护，距地面高度不得小于2.5m，并应采取防雨措施。

③室内配线所用导线或电缆的截面应根据用电设备或线路的计算负荷确定，但铜线截面

不应小于 1.5mm^2，铝线截面不应小于 2.5mm^2。

④钢索配线的吊架间距不宜大于 12m。采用瓷夹固定导线时，导线间距不应小于 35mm，瓷夹间距不应大于 800mm；采用瓷瓶固定导线时，导线间距不应小于 100mm，瓷瓶间距不应大于 1.5m；采用护套绝缘导线或电缆时，可直接敷设于钢索上。

7.4.3　电气设备接零或接地

1. 一般规定

①在施工现场专用变压器的供电的 TN-S 接零保护系统中，电气设备的金属外壳必须与保护零线连接。保护零线应由工作接地线、配电室（总配电箱）电源侧零线或总漏电保护器电源侧零线处引出（图 7-1）。

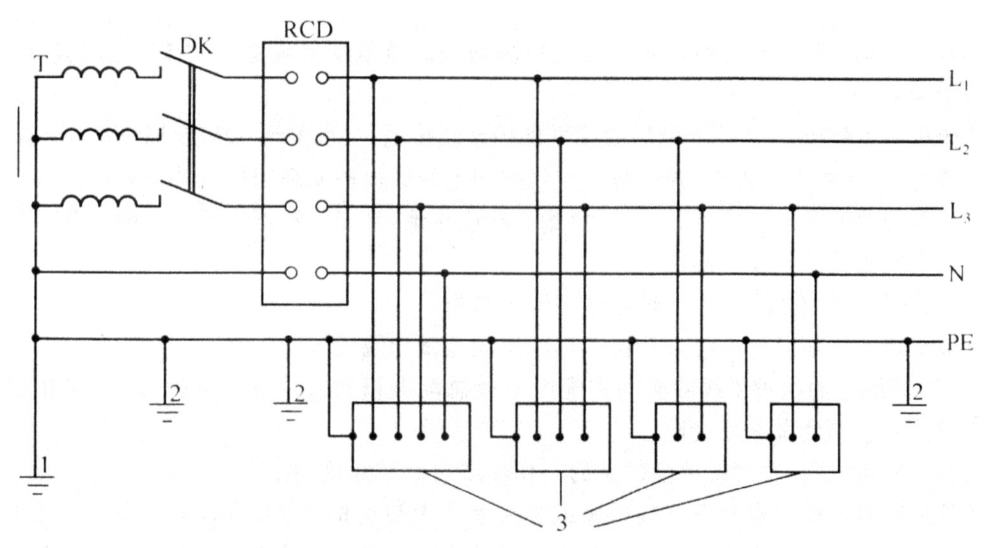

图 7-1　专用变电器供电时 TN-S 接零保护系统示意

1—工作接地；2—PE 线重复接地；3—电气设备金属外壳（正常不带电的外露可导电部分）；L_1、L_2、L_3—相线；N—工作零线；PE—保护零线；DK—总电源隔离开关；RCD—总漏电保护器（兼有短路、过载、漏电保护功能的漏电断路器）；T—变压器

②当施工现场与外电线路共用同一供电系统时，电气设备的接地、接零保护应与原系统保持一致。不得一部分设备做保护接零，另一部分设备做保护接地。

③采用 TN 系统做保护接零时，工作零线（N 线）必须通过总漏电保护器，保护零线（PE 线）必须由电源进线零线重复接地处或总漏电保护器电源侧零线处，引出形成局部 TN-S 接零保护系统（图 7-2）。

④在 TN 接零保护系统中，通过总漏电保护器的工作零线与保护零线之间不得再做电气连接。

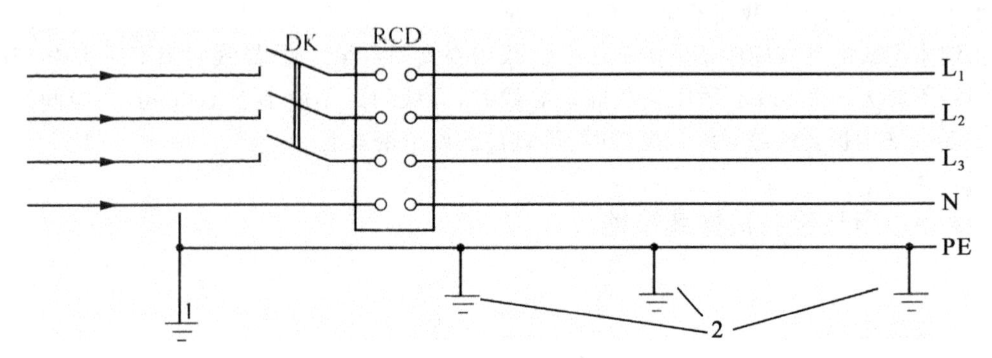

图 7-2　三相四线供电时局部 TN-S 接零保护系统保护零线引出示意

1—NPE 线重复接地；2—PE 线重复接地；L_1、L_2、L_3—相线；N—工作零线；

PE—保护零线；DK—总电源隔离开关；RCD—总漏电保护器

（兼有短路、过载、漏电保护功能的漏电断路器）

⑤在 TN 接零保护系统中，PE 零线应单独敷设。重复接地线必须与 PE 线相连接，严禁与 N 线相连接。

⑥使用一次侧由 50V 以上电压的接零保护系统供电，二次侧为 50V 及以下电压的安全隔离变压器时，二次侧不得接地，并应将二次线路用绝缘管保护或采用橡皮护套软线。

⑦当采用普通隔离变压器时，其二次侧一端应接地，且变压器正常不带电的外露可导电部分应与一次回路保护零线相连接。

⑧变压器应采取防直接接触带电体的保护措施。

⑨施工现场的临时用电电力系统严禁利用大地做相线或零线。

⑩TN 系统中的保护零线除必须在配电室或总配电箱处做重复接地外，还必须在配电系统的中间处和末端处做重复接地。

⑪在 TN 系统中，严禁将单独敷设的工作零线再做重复接地。

⑫接地装置的设置应考虑土壤干燥或冻结及季节变化的影响，并应符合表 7-11 的规定，接地电阻值在四季中均应符合要求。但防雷装置的冲击接地电阻值只考虑在雷雨季节中土壤干燥状态的影响。

表 7-11　接地装置的季节系数 ψ 值

埋深(m)	水平接地体	长 2～3m 的垂直接地体
0.5	1.4～1.8	1.2～1.4
0.8～1.0	1.25～1.45	1.15～1.3
2.5～3.0	1.0～1.1	1.0～1.1

注：大地比较干燥时，取表中较小值；比较潮湿时，取表中较大值。

⑬PE 线所用材质与相线、工作零线（N 线）相同时，其最小截面应符合表 7-12 的规定。

表 7-12　PE 线截面与相线截面的关系

相线芯线截面 S	S≤16	16<S≤35	S>35
PE 线最小截面	S	16	S/2

⑭保护零线必须采用绝缘导线。

⑮配电装置和电动机械相连接的 PE 线应为截面不小于 2.5mm² 的绝缘多股铜线。手持式电动工具的 PE 线应为截面不小于 1.5mm² 的绝缘多股铜线。

⑯PE 线上严禁装设开关或熔断器，严禁通过工作电流，且严禁断线。

⑰相线、N 线、PE 线的颜色标记必须符合以下规定：相线 L_1(A)、L_2(B)、L_3(C)相序的绝缘颜色依次为黄、绿、红色；N 线的绝缘颜色为淡蓝色；PE 线的绝缘颜色为绿/黄双色。任何情况下上述颜色标记严禁混用和互相代用。

⑱移动式发电机系统接地应符合电力变压器系统接地的要求。下列情况可不另做保护接零：

▶移动式发电机和用电设备固定在同一金属支架上，且不供给其他设备用电时。

▶不超过 2 台的用电设备由专用的移动式发电机供电，供、用电设备间距不超过 50m，且供、用电设备的金属外壳之间有可靠的电气连接时。

2. 安全检查要点

(1)保护接零

在 TN 系统中，下列电气设备不带电的外露可导电部分应做保护接零：

电机、变压器、电器、照明器具、手持式电动工具的金属外壳。

电气设备传动装置的金属部件。

配电柜与控制柜的金属框架。

配电装置的金属箱体、框架及靠近带电部分的金属围栏和金属门。

电力线路的金属保护管、敷线的钢索、起重机的底座和轨道、滑升模板金属操作平台等。

安装在电力线路杆(塔)上的开关、电容器等电气装置的金属外壳及支架。

城防、人防、隧道等潮湿或条件特别恶劣施工现场的电气设备必须采用保护接零。

在 TN 系统中，下列电气设备不带电的外露可导电部分，可不做保护接零：

在木质、沥青等不良导电地坪的干燥房间内，交流电压 380V 及以下的电气装置金属外壳(当维修人员可能同时触及电气设备金属外壳和接地金属物件时除外)。

安装在配电柜、控制柜金属框架和配电箱的金属箱体上，且与其可靠电气连接的电气测量仪表、电流互感器、电器的金属外壳。

(2)接地与接地电阻

单台容量超过 100kV·A 或使用同一接地装置并联运行且总容量超过 100kV·A 的电力变压器或发电机的工作接地电阻值不得大于 4Ω。

单台容量不超过 100kV·A 或使用同一接地装置并联运行且总容量不超过 100kV·A 的电力变压器或发电机的工作接地电阻值不得大于 10Ω。

在土壤电阻率大于1000Ω·m的地区，当接地电阻值达到10Ω有困难时，工作接地电阻值可提高到30Ω。

在TN系统中，保护零线每一处重复接地装置的接地电阻值不应大于10Ω。在工作接地电阻值允许达到10Ω的电力系统中，所有重复接地的等效电阻值不应大于10Ω。

每一接地装置的接地线应采用2根及以上导体，在不同点与接地体做电气连接。

不得采用铝导体做接地体或地下接地线垂直接地体宜采用角钢、钢管或光面圆钢，不得采用螺纹钢。

接地可利用自然接地体，但应保证其电气连接和热稳定。

移动式发电机供电的用电设备，其金属外壳或底座应与发电机电源的接地装置有可靠的电气连接。

7.4.4 施工照明

1. 一般规定

①现场照明宜选用额定电压为220V的照明器，采用高光效、长寿命的照明光源。对需大面积照明的场所，应采用高压汞灯、高压钠灯或混光用的卤钨灯等。

②照明变压器必须使用双绕组型安全隔离变压器，严禁使用自耦变压器。

③照明系统宜使三相负荷平衡，其中每一单相回路上，灯具和插座数量不宜超过25个，负荷电流不宜超过15A。

④路灯的每个灯具应单独装设熔断器，保护灯头线应做防水弯。

⑤荧光灯管应采用管座固定或用吊链悬挂，荧光灯的镇流器不得安装在易燃的结构物上。

⑥投光灯的底座应安装牢固，应按需要的光轴方向将枢轴拧紧固定。

⑦灯具内的接线必须牢固，灯具外的接线必须做可靠的防水绝缘包扎。

⑧灯具的相线必须经开关控制，不得将相线直接引入灯具。

⑨对夜间影响飞机或车辆通行的在建工程及机械设备，必须设置醒目的红色信号灯，其电源应设在施工现场总电源开关的前侧，并应设置外电线路停止供电时的应急自备电源。

⑩无自然采光的地下大空间施工场所，应编制单项照明用电方案。

2. 安全检查要点

①室外220V灯具距地面不得低于3m，室内220V灯具距地面不得低于2.5m。

②普通灯具与易燃物距离不宜小于300mm；聚光灯、碘钨灯等高热灯具与易燃物距离不宜小于500mm，且不得直接照射易燃物。达不到规定安全距离时，应采取隔热措施。

③碘钨灯及钠、铊、铟等金属卤化物灯具的安装高度宜在3m以上，灯线应固定在接线柱上，不得靠近灯具表面。

④螺口灯头及其接线应符合下列要求：

▶灯头的绝缘外壳无损伤、无漏电。

▶相线接在与中心触头相连的一端，零线接在与螺纹口相连的一端。

⑤暂设工程的照明灯具宜采用拉线开关控制，开关安装位置宜符合下列要求：

▶拉线开关距地面高度为 2～3m，与出入口的水平距离为 0.15～0.2m，拉线的出口向下。

▶其他开关距地面高度为 1.3m，与出入口的水平距离为 0.15～0.2m。

⑥携带式变压器的一次侧电源线应采用橡皮护套或塑料护套铜芯软电缆，中间不得有接头，长度不宜超过 3m，其中绿/黄双色线只可作 PE 线使用，电源插销应有保护触头。

⑦下列特殊场所应使用安全特低电压照明器：

▶隧道、人防工程、高温、有导电灰尘、比较潮湿或灯具离地面高度低于 2.5m 等场所的照明，电源电压不应大于 36V。

▶潮湿和易触及带电体场所的照明，电源电压不得大于 24V。

▶特别潮湿场所、导电良好的地面、锅炉或金属容器内的照明，电源电压不得大于 12V。

⑧使用行灯应符合下列要求：

▶电源电压不大于 36V。

▶灯体与手柄应坚固、绝缘良好并耐热耐潮湿。

▶灯头与灯体结合牢固，灯头无开关。

▶灯泡外部有金属保护网。

▶金属网、反光罩、悬吊挂钩固定在灯具的绝缘部位上。

7.4.5　配电室

1. 一般规定

①配电室应靠近电源，并应设在灰尘少、潮气少、振动小、无腐蚀介质、无易燃易爆物及道路畅通的地方。

②成列的配电柜和控制柜两端应与重复接地线及保护零线做电气连接。

③配电室和控制室应能自然通风，并应采取防止雨雪侵入和动物进入的措施。

④配电室内的母线涂刷有色油漆，以标志相序；以柜正面方向为基准，其涂色符合表 7-13 规定。

表 7-13　母线涂色

相别	颜色	垂直排列	水平排列	引下排列
L_1(A)	黄	上	后	左
L_2(B)	绿	中	中	中
L_3(C)	红	下	前	右
N	淡蓝	—	—	—

⑤配电室的建筑物和构筑物的耐火等级不低于 3 级，室内配置砂箱和可用于扑灭电气火灾的灭火器。

⑥配电室的门向外开，并配锁。

⑦配电室的照明分别设置正常照明和事故照明。

⑧配电柜应编号，并应有用途标记。

⑨配电柜或配电线路停电维修时，应挂接地线，并应悬挂“禁止合闸、有人工作”停电标志牌。停送电必须由专人负责。

⑩配电室应保持整洁，不得堆放任何妨碍操作、维修的杂物。

2. 安全检查要点

①配电柜正面的操作通道宽度，单列布置或双列背对背布置不小于 1.5m，双列面对面布置不小于 2m。

②配电柜后面的维护通道宽度，单列布置或双列面对面布置不小于 0.8m，双列背对背布置不小于 1.5m，个别地点有建筑物结构凸出的地方，则此点通道宽度可减少 0.2m。

③配电柜侧面的维护通道宽度不小于 1m。

④配电室的顶棚与地面的距离不低于 3m。

⑤配电室内设置值班或检修室时，该室边缘距配电柜的水平距离大于 1m，并采取屏障隔离。

⑥配电室内的裸母线与地面垂直距离小于 2.5m 时，采用遮栏隔离，遮栏下面通道的高度不小于 1.9m。

⑦配电室围栏上端与其正上方带电部分的净距不小于 0.075m。

⑧配电装置的上端距顶棚不小于 0.5m。

⑨配电柜应装设电度表，并应装设电流、电压表。电流表与计费电度表不得共用一组电流互感器。

⑩配电柜应装设电源隔离开关及短路、过载、漏电保护电器，电源隔离开关分断时应有明显可见分断点。

7.4.6 配电箱及开关箱

1. 一般规定

①配电箱、开关箱应装设在干燥、通风及常温场所，不得装设在有严重损伤作用的瓦斯、烟气、潮气及其他有害介质中，亦不得装设在易受外来固体物撞击、强烈振动、液体浸溅及热源烘烤场所。否则，应予清除或做防护处理。

②配电箱、开关箱周围应有足够 2 人同时工作的空间和通道，不得堆放任何妨碍操作、维修的物品，不得有灌木、杂草。

③总配电箱应设在靠近电源的区域，分配电箱应设在用电设备或负荷相对集中的区域。

④动力配电箱与照明配电箱若合并设置为同一配电箱时，动力和照明应分路配电；动力开关箱与照明开关箱必须分设。

⑤配电箱、开关箱应采用冷轧钢板或阻燃绝缘材料制作，钢板厚度应为 1.2～2.0mm，其中开关箱箱体钢板厚度不得小于 1.2mm，配电箱箱体钢板厚度不得小于 1.5mm，箱体表面应

做防腐处理。

⑥配电箱、开关箱内的连接线必须采用铜芯绝缘导线,导线绝缘的颜色标志应按要求配置并排列整齐;导线分支接头不得采用螺栓压接,应采用焊接并做绝缘包扎,不得有外露带电部分。

⑦配电箱、开关箱的金属箱体、金属电器安装板以及电器正常不带电的金属底座、外壳等必须通过PE线端子板与PE线做电气连接,金属箱门与金属箱体必须通过采用编织软铜线做电气连接。

⑧配电箱、开关箱中导线的进线口和出线口应设在箱体的下底面。

⑨配电箱、开关箱的进、出线口应配置固定线卡,进出线应加绝缘护套并成束卡固在箱体上,不得与箱体直接接触。移动式配电箱、开关箱的进、出线应采用橡皮护套绝缘电缆,不得有接头。

⑩配电箱、开关箱外形结构应能防雨、防尘。

2.安全检查要点

①每台用电设备必须有各自专用的开关箱,严禁用同一个开关箱直接控制2台及2台以上用电设备(含插座)。

②配电箱、开关箱应装设端正、牢固。固定式配电箱、开关箱的中心点与地面的垂直距离应为1.4～1.6m。移动式配电箱、开关箱应装设在坚固、稳定的支架上,其中心点与地面的垂直距离宜为0.8～1.6m。

③配电箱、开关箱内的电器(含插座)应先安装在金属或非木质阻燃绝缘电器安装板上,然后方可整体紧固在配电箱、开关箱箱体内。金属电器安装板与金属箱体应做电气连接。

④配电箱、开关箱内的电器(含插座)应按其规定位置紧固在电器安装板上,不得歪斜和松动。

⑤配电箱的电器安装板上必须分设N线端子板和PE线端子板。N线端子板必须与金属电器安装板绝缘;PE线端子板必须与金属电器安装板做电气连接。进出线中的N线必须通过N线端子板连接;PE线必须通过PE线端子板连接。

⑥配电箱、开关箱的箱体尺寸应与箱内电器的数量和尺寸相适应,箱内电器安装板板面电器安装尺寸可按照表7-14确定。

表7-14 配电箱、开关箱内电器安装尺寸选择值

间距名称	最小净距(mm)
并列电器(含单极熔断器)间	30
电器进、出线瓷管(塑胶管)孔与电器边沿间	15A,30 20～30A,50 60A及以上,80
上、下排电器进出线瓷管(塑胶管)孔间	25
电器进、出线瓷管(塑胶管)孔至板边	40
电器至板边	40

7.5 预防触电的措施

进入施工现场时，不要接触电线、供配电线路以及工地外围的供电线路；遇到地面有电线或电缆时，不要用脚踩踏，以免意外触电。

看到“当心触电”“禁止合闸”“止步，高压危险”标志牌时，要特别留意，以免触电。

不要擅自触摸、乱动各种配电箱、开关箱、电气设备等，以免发生触电事故。

不能用潮湿的手去扳开关或触摸电气设备的金属外壳。

衣物或其他杂物不能挂在电线上。

施工现场的生活照明应尽量使用荧光灯。使用灯泡时，不能紧挨着衣物、蚊帐、纸张、木屑等易燃物品，以免发生火灾。施工中使用手持行灯时，要用36V以下的安全电压。

使用电动工具以前要检查工具外壳、导线绝缘皮等，如有破损，应立即请专职电工检修。

电动工具的线不够长时，要使用电源拖板。

使用振捣器、打夯机时，不要拖拽电缆，要有专人收放。操作者要戴绝缘手套、穿绝缘靴等防护用品。

使用电焊机时，要先检查焊把线的绝缘情况；电焊时要戴绝缘手套、穿绝缘靴等防护用品，不要直接用手去碰触正在焊接的工件。

使用电锯等电动机械时，要有防护装置。

电动机械的电缆不能随地拖放，如果无法架空只能放在地面时，要加盖板保护，防止电缆受到外界的损伤。

开关箱周围不能堆放杂物。拉合闸刀时，旁边要有人监护。收工后，要锁好开关箱。

使用电器时，如遇跳闸或熔丝熔断时，不要自行更换或合闸，要由专职电工进行检修。

7.6 事故案例分析

7.6.1 事故概况

2002年8月10日，在上海某建筑工程有限公司承建的某住宅小区工地上，油漆班正在进行装饰工程的墙面批嵌作业。下午上班后，油漆工屈某在施工现场47#房西南广场处，用经过改装的手电钻搅拌机(金属外壳)伸入桶内搅拌批嵌材料。下午15时35分左右，泥工何某见到屈某手握电钻坐在地上，以为他在休息而未注意。大约1分钟后，发现屈某倒卧在地上，面色发黑，不省人事。何某立即叫来油漆工班长等人用出租车将屈某急送医院，经抢救无效死亡。医院诊断为触电身亡。

7.6.2　事故原因分析

1. 直接原因

屈某在现场施工中用不符合安全使用要求的手电钻搅拌机,本人又违反规定私接电源,加之在施工中赤脚违章作业,是造成本次事故的直接原因。

2. 间接原因

项目部对职工、班组长缺乏安全生产教育,现场管理不到位,发现问题未能及时制止,况且用自制的手电钻做搅拌机使用,在接插电源时,未经漏电保护,违反“三级配电,二级保护”原则,是造成本次事故的间接原因。

3. 主要原因

公司虽对职工进行过进场的安全生产教育,但缺乏有效的操作规程和安全检查,加之屈某自我保护意识差,是造成本次事故的主要原因。

7.6.3　事故预防及控制措施

①召开事故现场会,对全体施工管理人员、作业人员进行反对违章操作、冒险蛮干的安全教育,吸取事故教训,落实安全防范措施,确保安全生产。

②公司领导应提高安全生产意识,加强对下属工程项目安全生产的领导和管理,下属工程、项目部必须配备安全专职干部。

③项目部经理必须加强对职工的安全生产知识和操作规程的培训教育,提高职工的自我保护意识和互相保护意识,严禁职工违章作业,违者要严肃处理。

④法人代表、项目经理、安全员按规定参加安全生产知识培训,做到持证上岗。

⑤建立健全安全生产规章制度和操作规程,组织职工学习,并在施工生产中严格执行,预防事故发生。

⑥加强安全用电管理和电器设备的检查、检验,强化用电人员安全用电的意识,加强现场维修电工的安全生产责任性,对施工现场的用电设备进行全面的检查和维修,消除事故隐患,确保用电安全。

第 8 章　建筑工程施工安全技术

经济的发展和人口数量的增多，为建筑行业的发展壮大提供了契机。近几年来我国建筑行业蓬勃发展，建筑的数量也随之不断增多，同时建筑工程的施工质量和施工安全成为人们关注的重点内容。建筑工程施工的安全技术对建筑的顺利进行具有重要的作用，是施工人员施工的重要保障。掌握并且落实好建筑工程施工的安全技术，对建筑工程的质量和建筑施工人员的安全具有重要意义。

8.1　地基基础工程施工安全技术

8.1.1　土石方工程

基坑开挖时，两人操作间距应大于 3m，不得对头挖土；挖土面积较大时，每人工作面不应小于 $6m^2$。挖土应由上而下，分层分段按顺序进行，严禁先挖坡脚或逆坡挖土，或采用底部掏空塌土方法挖土。

挖土方不得在危岩、孤石的下边或贴近未加固的危险建筑物的下面进行。

基坑开挖应严格按要求放坡，若设计无要求时，可按相关规范规定放坡。操作时应随时注意土壁的变动情况，如发现有裂纹或部分坍塌现象，应及时进行支撑或放坡，并注意支撑的稳固和土壁的变化。当采取不放坡开挖，应设置临时支护，各种支护应根据土质及基坑深度经计算确定。

机械多台阶同时开挖，应验算边坡的稳定，挖土机离边坡应有一定的职业健康安全距离，以防坍方，造成翻机事故。

在有支撑的基坑槽中使用机械挖土时，应防止碰坏支撑。在坑槽边使用机械挖土时，应计算支撑强度，必要时应加强支撑。

基坑槽和管沟回填土时，下方不得有人，所使用的打夯机等要检查电器线路，防止漏电、触电，停机时要关闭电闸。

拆除护壁支撑时，应按照回填顺序，从下而上逐步拆除，更换支撑时，必须先安装新的，再拆除旧的。

爆破施工前，应做好爆破的准备工作，划好职业健康安全距离，设置警戒哨。闪电鸣雷时，禁止装药、接线，施工操作时严格按职业健康安全操作规程办事。

炮眼深度超过 4m 时，须用两个雷管起爆，如深度超过 10m，则不得用火花起爆，若爆破时发现拒爆,必须先查清原因后再进行处理。

8.1.2 基坑工程

施工前,做好地质勘察和调查研究,掌握地质和地下埋设物情况,清除 3m 深以内的地下障碍物、电缆、管线等,以保证职业健康安全操作。操作人员应熟悉成槽机械设备性能和工艺要求,严格执行各专用设备使用规定和操作规程。

沉井施工前,应查清沉井部位地质、水文及地下障碍物情况,摸清邻近建筑物、地下管道等设施影响情况,采取有效措施,防止施工中出现异常情况,影响正常、安全施工。

严格遵循沉井垫架拆除和土方开挖程序,控制均匀挖土和速度,防止发生突然性下沉、严重倾斜现象,导致人身事故。

沉井上部应设安全平台,周围设栏杆;井内上下层立体交叉作业,应设安全网、安全挡板,避开在出土的垂直下方作业;井下作业应戴安全帽,穿胶皮鞋。

沉井内爆破基底孤石时,操作人员应撤离沉井,机械设备要进行保护性护盖,当烟气排出,清点炮数无误后始准下井清渣。

成槽施工中要严格控制泥浆密度,防止漏浆、泥浆液面下降,地下水位上升过快、地面水流入槽内,使泥浆变质等情况发生,促使槽壁面坍塌,而造成多头钻机埋在槽内,或造成地面下陷导致机架倾覆。

钻机成孔时,如被塌方或孤石卡住,应边缓慢旋转,边提钻,不可强行拔出以免损坏钻机和机架,造成职业健康安全事故。

所有成槽机械设备必须有专人操作,实行专人专机,严格执行交接班制度和机具保养制度,发现故障和异常现象时,应及时排除,并由有关专业人员进行维修和处理。

8.1.3 地基处理

灰土垫层、灰土桩等施工,粉化石灰和石灰过筛,必须戴口罩、风镜、手套、套袖等防护用品,并站在上风头;向坑(槽、孔)内夯填灰土前,应先检查电线绝缘是否良好,接地线、开关应符合要求,夯打时严禁夯击电线。

夯实地基起重机应支垫平稳,遇软弱地基,须用长枕木或路基板支垫。提升夯锤前应卡牢回转刹车,以防夯锤起吊后吊机转动失稳,发生倾翻事故。

夯实地基时,现场操作人员要戴安全帽;夯锤起吊后,吊臂和夯锤下 15m 内不得站人,非工作人员应远离夯击点 30m 以外,以防夯击时飞石伤人。

深层搅拌机的入土切削和提升搅拌,一旦发生卡钻或停钻现象,应切断电源,将搅拌机强制提起之后,才能启动电机。

已成的孔尚未夯填填料之前,应加盖板,以免人员或物件掉入孔内。

当使用交流电源时,应特别注意各用电设施的接地防护装置;施工现场附近有高压线通过时,必须根据机具的高度、线路的电压,详细测定其职业健康安全距离,防止高压放电而发生触电事故;夜班作业,应有足够的照明以及备用安全电源。

8.1.4 桩基础工程

1. 人工挖孔桩

井口应有专人操作垂直运输设备，井内照明、通风、通信设施应齐全。

要随时与井底人员联系，不得任意离开岗位。

挖孔施工人员下入桩孔内须戴安全帽，连续工作不宜超过 4h。

挖出的弃土应及时运至堆土场堆放。

2. 打(沉)桩

打桩前，应对邻近施工范围内的原有建筑物、地下管线等进行检查，对有影响的工程，应采取有效的加固防护措施或隔震措施，施工时加强观测，以确保施工职业健康安全。

打桩机行走道路必须平整、坚实，必要时铺设道砟，经压路机碾压密实。

打(沉)桩前应先全面检查机械各个部件及润滑情况，钢丝绳是否完好，发现问题及时解决；检查后要进行试运转，严禁带病工作。

打(沉)桩机架安设应铺垫平稳、牢固。吊桩就位时，桩必须达到 100%强度，起吊点必须符合设计要求。

打桩时桩头垫料严禁用手拨正，不得在桩锤未打到桩顶就起锤或过早刹车，以免损坏桩机设备。

在夜间施工时，必须有足够的照明设施。

3. 灌注桩

施工前，应认真查清邻近建筑物情况，采取有效的防震措施。

灌注桩成孔机械操作时应保持垂直平稳，防止成孔时突然倾倒或冲(桩)锤突然下落，造成人员伤亡或设备损坏。

冲击锤(落锤)操作时，距锤 6m 范围内不得有人员行走或进行其他作业，非工作人员不得进入施工区域内。

灌注桩在已成孔尚未灌注混凝土前，应用盖板封严或设置护栏，以防掉土或人员坠入孔内，造成重大人身职业健康安全事故。

进行高空作业时，应系好安全带，混凝土灌注时，装、拆导管人员必须戴安全帽。

8.1.5 地下建筑防水工程

现场施工负责人和施工员必须十分重视职业健康安全生产，切实做好预防工作。所有施工人员必须经职业健康安全培训，考核合格方可上岗。

施工员在下达施工计划的同时，应下达具体的职业健康安全措施，每天出工前，施工员要针对当天的施工情况，布置施工职业健康安全工作，并讲明职业健康安全注意事项。

落实职业健康安全施工责任制度、职业健康安全施工教育制度、职业健康安全施工交底制度、施工机具设备职业健康安全管理制度等，并落实到岗位，责任到人。

防水混凝土施工期间应以漏电保护、防机械事故和保护为职业健康安全工作重点，切实做好防护措施。

遵章守纪，杜绝违章指挥和违章作业，现场设立职业健康安全措施及有针对性的职业健康安全宣传牌、标语和职业健康安全警示标志。

进入施工现场必须佩戴安全帽，作业人员衣着灵活紧身，禁止穿硬底鞋、高跟鞋作业，高空作业人员应系好安全带，禁止酒后操作、吸烟和打架斗殴。

特殊工种必须持证上岗。

由于卷材中某些组成材料和胶黏剂具有一定的毒性和易燃性，因此，在材料保管、运输、施工过程中，要注意防火和预防职业中毒、烫伤事故发生。

涂料配料和施工现场应有职业健康安全及防火措施，所有施工人员都必须严格遵守操作要求。

涂料在贮存、使用全过程中应注意防火。

清扫及砂浆拌和过程要避免灰尘飞扬。

现场焊接时，在焊接下方应设防火斗。

施工过程中做好基坑和地下结构的临边防护，防止抛物、滑坡和出现坠落事故。

高温天气施工，要有防暑降温措施。

施工中废弃物质要及时清理干净，外运至指定地点，避免污染环境。

8.2　主体工程施工安全技术

8.2.1　混凝土工程

1. 模板工程

(1)模板安装

支模过程中应遵守职业健康安全操作规程，如遇途中停歇，应将就位的支顶、模板联结稳固，不得空架浮搁。

模板及其支撑系统在安装过程中，必须设置临时固定设施，严防倾覆。

拼装完毕的大块模板或整体模板，吊装前应确定吊点位置，先进行试吊，确认无误后，方可正式吊运安装。

安装整块柱模板时，不得将其支在柱子钢筋上代替临时支撑。

支设高度在 3m 以上的柱模板，四周应设斜撑，并应设立操作平台，低于 3m 的可用马凳操作。

支设悬挑形式的模板时，应有稳定的立足点。支设临空构筑物模板时，应搭设支架。模板上有预留洞时，应在安装后将洞盖没。

在支模时，操作人员不得站在支撑上，而应设置立人板，以便操作人员站立。立人板应用木质50mm×200mm中板为宜，并适当绑扎固定。不得用钢模板、50mm×100mm的木板。

承重焊接钢筋骨架和模板一起安装时，模板必须固定在承重焊接钢筋骨架的节点上。

当层间高度大于5m时，若采用多层支架支模，则在两层支架立柱间应铺设垫板，且应平整，上下层支柱要垂直，并应在同一垂直线上。

当模板高度大于5m以上时，应搭脚手架，设防护栏，禁止上下在同一垂直面操作。

特殊情况下在临边、洞口作业时，如无可靠的职业健康安全设施，必须系好安全带并扣好保险钩，高挂低用，经医生确认不宜高处作业人员，不得进行高处作业。

在模板上施工时，堆物(钢筋、模板、木方等)不宜过多，不准集中在一处堆放。

模板安装就位后，要采取防止触电的保护措施，施工楼层上的漏电箱必须设漏电保护装置，防止漏电伤人。

(2)模板拆除

高处、复杂结构模板的装拆，事先应有可靠的职业健康安全措施。

拆楼层外边模板时，应有防高空坠落及防止模板向外倒跌的措施。

在模板拆装区域周围，应设置围栏，并挂明显的标志牌，禁止非作业人员入内。

拆模起吊前，应检查对拉螺栓是否拆净，在确无遗漏并保证模板与墙体完全脱离后方准起吊。

模板拆除后，在清扫和涂刷隔离剂时，模板要临时固定好，板面相对停放之间，应留出50～60mm宽的人行通道，模板上方要用拉杆固定。

拆模后模板或木方上的钉子，应及时拔除或敲平，防止钉子扎脚。

模板所用的脱模剂在施工现场不得乱扔，以防止影响环境质量。

拆模时，临时脚手架必须牢固，不得用拆下的模板做脚手架。

组合钢模板拆除时，上下应有人接应，模板随拆随运走，严禁从高处抛掷下来。

拆基础及地下工程模板时，应先检查基坑土壁状况，如有不安全因素时，必须采取职业健康安全措施后，方可作业。拆除的模板和支撑件不得在基坑上口1m以内堆放，应随拆随运走。

拆模必须一次性拆清，不得留有无撑模板。混凝土板有预留孔洞时，拆模后，应随时在其周围做好职业健康安全护栏，或用板将孔洞盖住。防止作业人员因扶空、踏空而坠落。

拆模间歇时，应将已活动的模板、拉杆、支撑等固定牢固，防止其突然掉落伤人。

拆模时，应逐块拆卸，不得成片松动、撬落或拉倒，严禁作业人员在同一垂直面上同时操作。

拆4m以上模板时，应搭脚手架或工作台，并设防护栏杆。严禁站在悬臂结构上敲拆底模。

两人抬运模板时，应相互配合，协同工作。传递模板、工具，应用运输工具或绳索系牢后升降，不得乱抛。

(3)滑模与爬模

滑模装置的电路、设备均应接零接地，手持电动工具设漏电保护器，平台下照明采用36V低压照明，动力电源的配电箱按规定配置。主干线采用钢管穿线，跨越线路采用流体管穿线，平台上不允许乱拉电线。

滑模平台上设置一定数量的灭火器，施工用水管可代用作消防用水管使用。操作平台上严禁吸烟。

各类机械操作人员应按机械操作技术规程操作、检查和维修，确保机械安全，吊装索具应按规定经常进行检查，防止吊物伤人，任何机械均不允许非机械操作人员操作。

滑模装置拆除要严格按拆除方法和拆除顺序进行。在割除支承杆前，提升架必须加临时支护，防止倾倒伤人，支承杆割除后，及时在台上拔除，防止吊运过程中掉下伤人。

滑模平台上的物料不得集中堆放，一次吊运钢筋数量不得超过平台上的允许承载能力，并应分布均匀。

为防止扰民，振动器宜采用低噪声新型振动棒。

爬模施工为高处作业，必须按照《建筑施工高处作业安全技术规范》(JGJ 80—1991)要求进行。

每项爬模工程在编制施工组织设计时，要制定具体的职业健康安全、防火措施。

设专职职业健康安全、防火员跟班负责职业健康安全防火工作，广泛宣传安全第一的思想，认真进行职业健康安全教育、职业健康安全交底，提高全员的职业健康安全防火措施。

经常检查爬模装置的各项职业健康安全设施，特别是安全网、栏杆、挑架、吊架、脚手板、关键部位的紧固螺栓等。检查施工的各种洞口防护，检查电器、设备、照明安全用电的各项措施。

2. 混凝土工程

采用手推车运输混凝土时，不得争先抢道，装车不应过满；卸车时应有挡车措施，不得用力过猛或撒把，以防车把伤人。

使用井架提升混凝土时，应设制动装置，升降应有明确信号，操作人员未离开提升台时，不得发升降信号。提升台内停放手推车要平衡，车把不得伸出台外，车轮前后应挡牢。

混凝土浇筑前，应对振动器进行试运转，振动器操作人员应穿绝缘靴、戴绝缘手套；振动器不能挂在钢筋上，湿手不能接触电源开关。

混凝土运输、浇筑部位应有职业健康安全防护栏杆、操作平台。

现场施工负责人应为机械作业提供道路、水电、机棚或停机场地等必备的条件，并消除对机械作业有妨碍或不安全的因素。夜间作业应设置充足的照明。

机械进入作业地点后，施工技术人员应向操作人员进行施工任务和职业健康安全技术措施交底。操作人员应熟悉作业环境和施工条件，听从指挥，遵守现场职业健康安全规则。

操作人员在作业过程中，应集中精力正确操作，注意机械工况，不得擅自离开工作岗位或将机械交给其他无证人员操作。严禁无关人员进入作业区或操作室内。

使用机械与职业健康安全生产发生矛盾时，必须首先服从职业健康安全要求。

3. 预应力工程

配备符合规定的设备，并随时注意检查，及时更换不符合职业健康安全要求的设备。

对电工、焊工、张拉工等特种作业工人必须经过培训考试合格取证，持证上岗。操作机械设备要严格遵守各机械的操作规程，严格按使用说明书操作，并按规定配备防护用具。

成盘预应力筋开盘时应采取措施，防止尾端弹出伤人；严格防止与电源搭接，电源不准裸露。

在预应力筋张拉轴线的前方和高处作业时，结构边缘与设备之间不得站人。

油泵使用前应进行常规检查，重点是安全阀在设定油压下不能自动开通。

输油路做到“三不用”，即输油管破损不用，接口损伤不用，接口螺母不扭紧、不到位不用。不准带压检修油路。

使用油泵不得超过额定油压，千斤顶不得超过规定张拉最大行程。油泵和千斤顶的连接必须到位。

预应力筋下料盘切割时防止钢丝、钢绞线弹出伤人，砂轮锯片破碎伤人。

对张拉平台、脚手架、安全网、张拉设备等，现场施工负责人应组织技术人员、职业健康安全人员及施工班组共同检查，合格后方可使用。

采用锥锚式千斤顶张拉钢丝束时，先使千斤顶张拉缸进油，压力表针有启动时再打楔块。

镦头锚固体系在张拉过程中随时拧上螺母。

两端张拉的预应力筋：两端正对预应力筋部位应采取措施进行防护。

预应力筋张拉时，操作人员应站在张拉设备的作用力方向的两侧，严禁站在建筑物边缘与张拉设备之间，以防在张拉过程中，有可能来不及躲避偶然发生的事故而造成伤亡。

4. 钢筋工程

钢筋调直、切断、弯曲、除锈、冷拉等各道工序的加工机械必须遵守国家现行标准《建筑机械使用安全技术规程》(JGJ 33—2001)的规定，保证职业健康安全装置齐全有效，动力线路用钢管从地坪下引入，机壳要有保护零线。

施工现场用电必须符合国家现行标准《施工现场临时用电安全技术规范》(JGJ 46—2005)的规定。

制作成型钢筋时，场地要平整，工作台要稳固，照明灯具必须加网罩。

钢筋加工场地必须设专人看管，非钢筋加工制作人员不得擅自进入钢筋加工场地。

各种加工机械在作业人员下班后一定要拉闸断电。

加工好的钢筋现场堆放应平稳、分散，防止倾倒、塌落伤人。

搬运钢筋时，应防止钢筋碰撞障碍物，防止在搬运中碰撞电线，发生触电事故。

多人运送钢筋时，起、落、转、停动作要一致，人工上下传递不得在同一垂直线上。

对从事钢筋挤压连接和钢筋直螺纹连接施工的有关人员应培训、考核、持证上岗，并经常进行职业健康安全教育，防止发生人身和设备职业健康安全事故。

在高处进行挤压操作，必须遵守国家现行标准《建筑施工高处作业安全技术规范》(JGJ 80—1991)的规定。

在建筑物内的钢筋要分散堆放，高空绑扎、安装钢筋时，不得将钢筋集中堆放在模板或脚手架上。

在高空、深坑绑扎钢筋和安装骨架，必须搭设脚手架和马道。

绑扎3m以上的柱钢筋必须搭设操作平台，不得站在钢箍上绑扎。已绑扎的柱骨架应用临时支撑拉牢，以防倾倒。

绑扎圈梁、挑檐、外墙、边柱钢筋时，应搭设外脚手架或悬挑架，并按规定挂好安全网。脚手架的搭设必须由专业架子工搭设且符合职业健康安全技术操作规程。

绑扎筒式结构（如烟囱、水池等），不得站在钢筋骨架上操作或上下。

雨、雪、风力六级以上（含六级）天气不得露天作业。雨雪后应清除积水、积雪后方可作业。

8.2.2 砌体工程

1.石砌体工程

操作人员应戴安全帽和帆布手套。

搬运石块应检查搬运工具及绳索是否牢固，抬石应用双绳。

在架子上凿石应注意打凿方向，避免飞石伤人。

砌筑时，脚手架上堆石不宜过多，应随砌随运。

用锤打石时，应先检查铁锤有无破裂，锤柄是否牢固。打锤要按照石纹走向落锤，锤口要平，落锤要准，同时要看清附近情况有无危险，然后落锤，以免伤人。

不准在墙顶或脚手架上修改石材，以免振动墙体影响质量或石片掉下伤人。

石块不得往下掷。运石上下时，脚手板要钉装牢固，并钉装防滑条及扶手栏杆。

堆放材料必须离开槽、坑、沟边沿1m以外，堆放高度不得高于0.5m；往槽、坑、沟内运石料及其他物质时，应用溜槽或吊运，下方严禁有人停留。

墙身砌体高度超过地坪1.2m以上时，应搭设脚手架。

砌石用的脚手架和防护栏板应经检查验收，方可使用，施工中不得随意拆除或改动。

2.砌块砌体工程

吊放砌块前应检查吊索及钢丝绳的职业健康安全可靠程度，不灵活或性能不符合要求的严禁使用。

堆放在楼层上的砌块重量，不得超过楼板允许承载力。

所使用的机械设备必须安全可靠、性能良好，同时设有限位保险装置。

机械设备用电必须符合“三相五线制”及三级保护的规定。

操作人员必须戴好安全帽，佩带劳动保护用品等。

作业层的周围必须进行封闭围护，同时设置防护栏及张挂安全网。

楼层内的预留孔洞、电梯口、楼梯口等，必须进行防护，采取栏杆搭设的方法进行围护，预留洞口采取加盖的方法进行围护。

砌体中的落地灰及碎砌块应及时清理成堆，装车或装袋运输，严禁从楼上或架子上抛下。

吊装砌块和构件时应注意重心位置，禁止用起重拔杆拖运砌块，不得起吊有破裂、脱落、危险的砌块。

起重拔杆回转时，严禁将砌块停留在操作人员上空或在空中整修、加工砌块。

安装砌块时，不准站在墙上操作和在墙上设置受力支撑、缆绳等，在施工过程中，对稳定性较差的窗间墙、独立柱应加稳定支撑。

因刮风使砌块和构件在空中摆动不能停稳时，应停止吊装工作。

3. 砌筑砂浆工程

砂浆搅拌机械必须符合《建筑机械使用安全技术规程》(JGJ 33—2001)及《施工现场临时用电安全技术规范》(JGJ 46—2005)的有关规定，施工中应定期对其进行检查、维修，保证机械使用安全。

落地砂浆应及时回收，回收时不得夹有杂物，并应及时运至拌和地点，掺入新砂浆中拌和使用。

4. 填充墙砌体工程

砌体施工脚手架要搭设牢固。

外墙施工时，必须有外墙防护及施工脚手架，墙与脚手架间的间隙应封闭，防高空坠物伤人。

严禁站在墙上做划线、吊线、清扫墙面、支设模板等施工作业。

在脚手架上，堆放普通砖不得超过2层。

操作时精神要集中，不得嬉笑打闹，以防意外事故发生。

现场实行封闭化施工，有效控制噪声、扬尘、废物、废水等排放。

8.2.3 钢结构工程

1. 钢结构焊接工程

电焊机要设单独的开关，开关应放在防雨的闸箱内，拉合闸时应戴手套侧向操作。

焊钳与把线必须绝缘良好，连接牢固，更换焊条应戴手套。在潮湿地点工作，应站在绝缘胶板或木板上。

焊接预热工件时，应有石棉布或挡板等隔热措施。

把线、地线禁止与钢丝绳接触，更不得用钢丝绳或机电设备代替零线。所有地线接头，必须连接牢固。

更换场地移动把线时，应切断电源，并不得手持把线爬梯登高。

清除焊渣、采用电弧气刨清根时，应戴防护眼镜或面罩，以防止铁渣飞溅伤人。

多台焊机在一起集中施焊时，焊接平台或焊件必须接地，并应有隔光板。

雷雨时，应停止露天焊接工作。

施焊场地周围应清除易燃易爆物品，或进行覆盖、隔离。

必须在易燃易爆气体或液体扩散区施焊时，应经有关部门检试许可后，方可施焊。

工作结束，应切断焊机电源，并检查操作地点，确认无起火危险后，方可离开。

2. 钢零、部件加工

一切材料、构件的堆放必须平整稳固，应放在不妨碍交通和吊装的地方，边角余料应及时清除。

机械和工作台等设备的布置应便于职业健康安全操作，通道宽度不得小于 1m。

一切机械、砂轮、电动工具、气电焊等设备都必须设有职业健康安全防护装置。

对电气设备和电动工具，必须保证绝缘良好，露天电气开关要设防雨箱并加锁。

凡是受力构件用电焊点固后，在焊接时不准在点焊处起弧，以防熔化塌落。

焊接、切割锰钢、合金钢、有色金属部件时，应采取防毒措施。接触焊件，必要时应用橡胶绝缘板或干燥的木板隔离，并隔离容器内的照明灯具。

焊接、切割、气刨前，应清除现场的易燃易爆物品。离开操作现场前，应切断电源，锁好闸箱。

在现场进行射线探伤时，周围应设警戒区，并挂“危险”标志牌，现场操作人员应背离射线 10m 以外。在 30°投射角范围内，一切人员要远离 50m 以上。

构件就位时应用撬棍拨正，不得用手扳或站在不稳固的构件上操作。严禁在构件下面操作。

用撬杠拨正物件时，必须手压撬杠，禁止骑在撬杠上，不得将撬杠放在肋下，以免回弹伤人。在高空使用撬杠不能向下使劲过猛。

用尖头扳子拨正配合螺栓孔时，必须插入一定深度方能撬动构件，如发现螺栓孔不符合要求时，不得用手指塞入检查。

保证电气设备绝缘良好。在使用电气设备时，首先应该检查是否有保护接地，接好保护接地后再进行操作。另外，电线的外皮、电焊钳的手柄，以及一些电动工具都要保证有良好的绝缘。

带电体与地面、带电体之间，带电体与其他设备和设施之间，均需要保持一定的职业健康安全距离。如常用的开关设备的安装高度应为 1.3～1.5m，起重吊装的索具、重物等与导线的距离不得小于 1.5m(电压在 4kV 及其以下)。

工地或车间的用电设备，一定要按要求设置熔断器、断路器、漏电开关等器件。熔断器的熔丝熔断后，必须查明原因，由电工更换，不得随意加大熔丝断面或用铜丝代替。

手持电动工具，必须加装漏电开关，在金属容器内施工必须采用安全电压。

推拉闸刀开关时，一般应带好干燥的皮手套，头部要偏斜，以防推拉开关时被电火花灼伤。

使用电气设备时，操作人员必须穿胶底鞋和戴胶皮手套，以防触电。

工作中，当有人触电时，不要赤手接触触电者，应该迅速切断电源，然后立即组织抢救。

3. 钢结构安装工程

(1)防止吊装结构失稳

构件吊装应按规定的吊装工艺和程序进行，未经计算和可靠的技术措施，不得随意改变或颠倒工艺程序安装结构构件。

构件吊装就位，应经初校和临时固定或连接可靠后方可卸钩，最后固定后始可拆除临时固定工具，高宽比很大的单个构件，未经临时或最后固定组成一稳定单元体系前，应设溜绳或斜撑拉(撑)固。

构件固定后不得随意撬动或移动位置，如需重校时，必须回钩。

多层结构吊装或分节柱吊装，应吊装完一层（或一节柱）后，将下层（下节）灌浆固定后，方可安装上层或上一节柱。

（2）防止坠物伤人

高空往地面运输物件时，应用绳捆好吊下。吊装时，不得在构件上堆放或悬挂零星物件。零星材料和物件必须用吊笼或钢丝绳、保险绳捆扎牢固，才能吊运和传递，不得随意抛掷材料物件、工具，防止滑脱伤人或意外事故。

构件绑扎必须绑牢固，起吊点应通过构件的重心位置，吊升时应平稳，避免振动或摆动。

起吊构件时，速度不应太快，不得在高空停留过久，严禁猛升猛降，以防构件脱落。

构件就位后临时固定前，不得松钩、解开吊装装索具。构件固定后，应检查连接牢固和稳定情况，当连接确实安全可靠，方可拆除临时固定工具和进行下步吊装。

风雪天、霜雾天和雨期吊装，高空作业应采取必要的防滑措施，如在脚手板、走道、屋面铺麻袋或草垫，夜间作业应有充分照明。

设置吊装禁区，禁止与吊装作业无关的人员入内。地面操作人员，应尽量避免在高空作业正下方停留、通过。

（3）防止高空坠落

吊装人员应戴安全帽，高空作业人员应系好安全带，穿防滑鞋，带工具袋。

吊装工作区应有明显标志，并设专人警戒，与吊装无关人员严禁入内。起重机工作时，起重臂杆旋转半径范围内，严禁站人。

运输吊装构件时，严禁在被运输、吊装的构件上站人指挥和放置材料、工具。

高空作业施工人员应站在操作平台或轻便梯子上工作。吊装屋架应在上弦设临时职业健康安全防护栏杆或采取其他职业健康安全措施。

登高用梯子吊篮，临时操作台应绑扎牢靠，梯子与地面夹角以60°～70°为宜，操作台跳板应铺平绑扎，严禁出现挑头板。

（4）防止起重机倾翻

起重机行驶的道路，必须平整、坚实、可靠，停放地点必须平坦。

起重吊装指挥人员和起重机驾驶人员必须经考试合格持证上岗。

吊装时，指挥人员应位于操作人员视力能及的地点，并能清楚地看到吊装的全过程。起重机驾驶人员必须熟悉信号，并按指挥人员的各种信号进行操作，并不得擅自离开工作岗位，遵守现场秩序，服从命令听指挥。指挥信号应事先统一规定，发出的信号要鲜明、准确。

在风力等于或大于六级时，禁止在露天进行起重机移动和吊装作业。

当所要起吊的重物不在起重机起重臂顶的正下方时，禁止起吊。

起重机停止工作时，应刹住回转和行走机构，关闭和锁好司机室门。吊钩上不得悬挂构件，并要将其升到高处，以免摆动伤人和造成吊车失稳。

4.钢结构涂装工程

配制使用乙醇、苯、丙酮等易燃材料的施工现场，应严禁烟火和使用电炉等明火设备，并应配置消防器材。

配制硫酸溶液时，应将硫酸注入水中，严禁将水注入硫酸中；配制硫酸乙酯时，应将硫酸慢慢注入酒精中，并充分搅拌，温度不得超过60℃，以防酸液飞溅伤人。

防腐涂料的溶剂，常易挥发出易燃易爆的蒸气，当达到一定浓度后，遇火易引起燃烧或爆炸，因此，在施工时应加强通风，降低积聚浓度。

涂料施工的职业健康安全措施主要要求：涂漆施工场地要有良好的通风，如在通风条件不好的环境涂漆时，必须安装通风设备。

因操作不小心，涂料溅到皮肤上时，可用木屑加肥皂水擦洗；最好不用汽油或强溶剂擦洗，以免引起皮肤发炎。

使用机械除锈工具（如钢丝刷、粗锉、风动或电动除锈工具）清除锈层、工业粉尘、旧漆膜时，为避免眼睛受伤，要戴上防护眼镜，并戴上防尘口罩，以防呼吸道被感染。

在涂装对人体有害的漆料（如红丹的铅中毒、天然大漆的漆毒、挥发型漆的溶剂中毒等）时，应带上防毒口罩、封闭式眼罩等保护用品。

在喷涂硝基漆或其他挥发型易燃性较大的涂料时，严禁使用明火，严格遵守防火规则，以免失火或引起爆炸。

高空作业时要戴安全带，双层作业时要戴安全帽；要仔细检查跳板、脚手杆子、吊篮、云梯、绳索、安全网等施工用具有无损坏、捆扎牢不牢、有无腐蚀或搭接不良等隐患；每次使用之前均应在平地上做起重试验，以防造成事故。

施工场所的电线，要按防爆等级的规定安装；电动机的启动装置与配电设备，应该是防爆式的，要防止漆雾飞溅在照明灯泡上。

不允许把盛装涂料、溶剂或用剩的漆罐开口放置。浸染涂料或溶剂的破布及废棉纱等物，必须及时清除；涂漆环境或配料房要保持清洁，出入通畅。

操作人员涂漆施工时，如感觉头痛、心悸或恶心，应立即离开施工现场，到通风良好、空气新鲜的地方，如仍然感到不适，应速去医院检查治疗。

5.压型金属板工程

压型钢板施工时两端要同时拿起，轻拿轻放，避免滑动或翘头，施工剪切下来的料头要放置稳妥，随时收集，避免坠落。非施工人员禁止进入施工楼层，避免焊接弧光灼伤眼睛或晃眼造成摔伤，焊接辅助施工人员应戴墨镜配合施工。

施工时下一楼层应有专人监控，防止其他人员进入施工区和焊接火花坠落造成失火。

施工中工人不可聚集，以免集中荷载过大，造成板面损坏。

施工的工人不得在屋面奔跑、打闹、抽烟和乱扔垃圾。

当天吊至屋面上的板材应安装完毕，如果有未安装完的板材应做临时固定，以免被风刮下，造成事故。

早上屋面易有露水，坡屋面上彩板面滑，应特别注意防护措施。

现场切割过程中，切割机械的底面不宜与彩板面直接接触，最好垫以薄三合板材。

吊装中不要将彩板与脚手架、柱子、砖墙等碰撞和摩擦。

在屋面上施工的工人应穿胶底不带钉子的鞋。

操作工人携带的工具等应放在工具袋中，如放在屋面上应放在专用的布或其他片材上。

不得将其他材料散落在屋面上，或污染板材。

板面铁屑清理,板面在切割和钻孔中会产生铁屑,这些铁屑必须及时清除,不可过夜。因为铁屑在潮湿空气条件下或雨天中会立即锈蚀,在彩板面上形成一片片红色锈斑,附着于彩板面上,形成后很难清除。此外,其他切除的彩板头、铝合金拉铆钉上拉断的铁杆等应及时清理。

在用密封胶封堵缝时,应将附着面擦干净,以使密封胶在彩板上有良好的结合面。

电动工具的连接插座应加防雨措施,避免造成事故。

8.3 装饰装修工程施工安全技术

8.3.1 地面工程

1.垫层施工

垫层所用原材料(粉化石灰、石灰、砂、炉渣、拌和料等材料)过筛和垫层铺设时,操作人员应戴口罩、风镜、手套、套袖等劳动保护用品,并站在上风头作业。

现场电气装置和机具必须符合《建筑机械使用安全技术规程》(JGJ 33—2001)及《施工现场临时用电安全技术规范》(JGJ 46—2005)的有关规定,施工中应定期对其进行检查、维修,保证机械使用安全。

原材料及混凝土在运输过程中,应避免扬尘、洒漏、沾带,必要时应采取遮盖、封闭、洒水、冲洗等措施。

施工机械用电必须采用三级配电两级保护,使用三相五线制,严禁乱拉乱接。

夯填垫层前,应先检查打夯机电线绝缘是否完好,接地线、开关是否符合要求;使用打夯机应由两人操作,其中一人负责移动打夯机胶皮电线。

打夯机操作人员,必须戴绝缘手套和穿绝缘鞋,防止漏电伤人。两台打夯机在同一作业面夯实时,前后距离不得小于5m,夯打时严禁夯打电线,以防触电。

配备洒水车,对干土、石灰粉等洒水或覆盖,防止扬尘。

现场噪声控制应符合有关规定。

开挖出的污泥等应排放至垃圾堆放点。

防止机械漏油污染土地,落地混凝土应在初凝前及时清除。

夜间施工时,要采用定向灯罩防止光污染。

2.面层施工

施工操作人员要先培训后上岗,做好职业健康安全教育工作。

现场用电应符合安全用电规定,电动工具的配线要符合有关规定的要求,施工的小型电动械具必须装有漏电保护器,作业前应试机检查。

木地板和竹地板面层施工时,现场按规定配置消防器材。

地面垃圾清理要随干随清,保持现场的整洁干净。不得乱堆、乱扔,应集中倒至指定地点。

清理楼面时,禁止从窗口、留洞口和阳台等处直接向外抛扔垃圾、杂物。

操作人员剔凿地面时要带防护眼镜。

夜间施工或在光线不足的地方施工时，应采用36V的低压照明设备，地下室照明用电不超过12V。

非机电人员不准乱动机电设备，特殊工种作业人员，必须持证上岗。

室内推手推车拐弯时，要注意防止车把挤手。

砂浆机清洗废水应设沉淀池，排到室外管网。拌制砂浆时所产生的污水必须经处理后才能排放。

电动机操作人员，必须戴绝缘手套和穿绝缘鞋，防止漏电伤人。

施工现场垃圾应分拣分放并及时清运，由专人负责用毡布密封，并洒水降尘。水泥等易飞扬的粉状物应防止遗洒，使用时轻铲轻倒，防止飞扬。沙子使用时，应先用水喷洒，防止粉尘的产生。

定期对噪声进行测量，并注明测量时间、地点、方法。做好噪声测量记录，以验证噪声排放是否符合要求，超标应及时采取措施。

竹木地板面层施工作业场地严禁存放易燃品，场地周围不准进行明火作业，现场严禁吸烟。

提高环保意识，严禁在室内基层使用有严重污染物质，如沥青、苯酚等。

基层和面层清理时严禁使用丙酮等挥发、有毒的物质，应采用环保型清洁剂。

3. 隔离层施工

当隔离层材料为沥青类防水卷材、防水涂料时，施工必须符合防火要求。

对作业人员进行职业健康安全技术交底、职业健康安全教育。

采用沥青类材料时，应尽量采用成品。如必须在现场熬制沥青时，锅灶应设置在远离建筑物和易燃材料30m以外地点，并禁止在屋顶、简易工棚和电气线路下熬制；严禁用汽油和煤油点火，现场应配置消防器材、用品。

装运热沥青时，不得用锡焊容器，盛油量不得超过其容量的2/3。垂直吊运下方不得有人。

使用沥青胶结料和防水涂料施工时，室内应通风良好。

涂刷处理剂和胶黏剂时，操作人员必须戴防毒口罩和防护眼镜，并佩戴手套及鞋盖。

防水涂料或处理剂不用时，应及时封盖，不得长期暴露于空气中。

施工现场剩余的防水涂料、处理剂、纤维布等应及时清理，以防其污染环境。

8.3.2 抹灰工程

墙面抹灰的高度超过1.5m时，要搭设脚手架或操作平台，大面积墙面抹灰时，要搭设脚手架。

搭设抹灰用高大架子必须有设计和施工方案，参加搭架子的人员，必须经培训合格，持证上岗。

高大架子必须经相关职业健康安全部门检验合格后方可开始使用。

施工操作人员严禁在架子上打闹、嬉戏，使用的灰铲、刮木工具等不要乱丢乱扔。

高空作业衣着要轻便，禁止穿硬底鞋和带钉易滑鞋上班，并且要求系挂安全带。

遇有恶劣气候（如风力在六级以上），影响职业健康安全施工时，禁止高空作业。

提拉灰斗的绳索，要结实牢固，防止绳索断裂灰斗坠落伤人。

施工作业中尽可能避免交叉作业，抹灰人员不要在同一垂直面上工作。

施工现场的脚手架、防护设施、职业健康安全标志和警告牌，不得擅自拆动，需拆动应经施工负责人同意，并同专业人员加固后拆动。

乘人的外用电梯、吊笼应有可靠的职业健康安全装置，禁止人员随同运料吊篮、吊盘上下。

对安全帽、安全网、安全带要定期检查，不符合要求的严禁使用。

8.3.3 饰面板（砖）工程

外墙贴面砖施工前先要由专业架子工搭设装修用外脚手架，经验收合格后才能使用。

操作人员进入施工现场必须戴好安全帽，系好风紧扣。

高空作业必须佩戴安全带，上架子作业前必须检查脚手板搭放是否安全可靠，确认无误后方可上架进行作业。

上架工作，禁止穿硬底鞋、拖鞋、高跟鞋，且架子上的人不得集中在一块，严禁从上往下抛掷杂物。

脚手架的操作面上不可堆积过量的面砖和砂浆。

施工现场临时用电线路必须按临时用电规范布设，严禁乱接乱拉，远距离电缆线不得随地乱拉，必须架空固定。

小型电动工具，必须安装“漏电保护”装置，使用时应经试运转合格后方可操作。

电器设备应有接地、接零保护，现场维护电工应持证上岗，非维护电工不得乱接电源。

电源、电压须与电动机具的铭牌电压相符，电动机具移动应先断电后移动，下班或使用完毕必须拉闸断电。

施工时必须按施工现场职业健康安全技术交底施工。

施工现场严禁扬尘作业，清理打扫时必须洒少量水湿润后方可打扫，并注意对成品的保护，废料及垃圾必须及时清理干净，装袋运至指定堆放地点，堆放垃圾处必须进行围挡。

切割石材的临时用水，必须有完善的污水排放措施。

用滑轮和绳索提拉水泥砂浆时，滑轮一定要固定好，绳索要结实可靠，防止绳索断裂坠物伤人。

对施工中噪声大的机具，尽量安排在白天及夜晚 22 点前操作，严禁噪声扰民。

雨后、春暖解冻时，应及时检查外架子，防止沉陷而出现险情。

8.3.4 轻质隔墙工程

施工现场必须结合实际情况设置隔墙材料贮藏间，并派专人看管，禁止他人随意挪用。

隔墙安装前必须先清理好操作现场，特别是地面，保证搬运通道畅通，防止搬运人员绊倒和撞到他人。

搬运时设专人在旁边监护，非安装人员不得在搬运通道和安装现场停留。

现场操作人员必须戴好安全帽，搬运时可戴手套，防止刮伤。

推拉式活动隔墙安装后，应该推拉平稳、灵活、无噪声，不得有弹跳卡阻现象。

板材隔墙和骨架隔墙安装后，应该平整、牢固，不得有倾斜、摇晃现象。

玻璃隔断安装后应平整、牢固，密封胶与玻璃、玻璃槽口的边缘应黏结牢固，不得有松动现象。

施工现场必须工完场清，设专人洒水、打扫，不能扬尘污染环境。

8.3.5　门窗工程

进入现场必须戴安全帽。严禁穿拖鞋、高跟鞋、带钉易滑的鞋进入现场。

作业人员在搬运玻璃时应戴手套，或用布、纸垫住将玻璃与手及身体裸露部分隔开，以防被玻璃划伤。

裁划玻璃要小心，并在规定的场所进行。边角余料要集中堆放，并及时处理，不得乱丢乱扔，以防扎伤他人。

安装玻璃门用的梯子应牢固可靠，不应缺档，梯子放置不宜过陡，其与地面夹角以 60°～70°为宜。严禁两人同时站在一个梯子上作业。

在高凳上作业的人要站在中间，不能站在端头，防止跌落。

材料要堆放平稳，工具要随手放入工具袋内。上下传递工具物件时，严禁抛掷。

要经常检查机电器具有无漏电现象，一经发现立即修理，决不能勉强使用。

安装窗扇玻璃时要按顺序依次进行，不得在垂直方向的上下两层同时作业，以避免玻璃破碎掉落伤人。大屏幕玻璃安装应搭设吊架或挑架从上至下逐层安装。

天窗及高层房屋安装玻璃时，施工点的下面及附近严禁行人通过，以防玻璃及工具掉落伤人。

门窗等安装好的玻璃应平整、牢固，不得有松动现象，并在安装完后，应随即将风钩挂好或插上插销，以防风吹窗扇碰碎玻璃掉落伤人。

安装完后所剩下的残余破碎玻璃应及时清扫和集中堆放，并要尽快处理，以避免玻璃碎屑扎伤人。

8.3.6　吊顶工程

无论是高大工业厂房的吊顶还是普通住宅房间的吊顶均属于高处作业，因此作业人员要严格遵守高处作业的有关规定，严防发生高处坠落事故。

吊顶的房间或部位要由专业架子工搭设满堂红脚手架，脚手架的临边处设两道防护栏杆和一道挡脚板，吊顶人员站在脚手架操作面上作业，操作面必须满铺脚手板。

吊顶的主、副龙骨与结构面要连接牢固，防止吊顶脱落伤人。

吊顶下方不得有其他人员来回行走，以防掉物伤人。

作业人员要穿防滑鞋，行走及材料的运输要走马道，严禁从架管爬上爬下。

作业人员使用的工具要放在工具袋内，不要乱丢乱扔，同时高空作业人员禁止从上向下投掷物体，以防砸伤他人。

作业人员使用的电动工具要符合安全用电要求，如需用电焊的地方必须由专业电焊工施工。

8.3.7 涂饰工程

高度作业超过 2m 应按规定搭设脚手架。施工前要进行检查是否牢固。

油漆施工前应集中工人进行职业健康安全教育，并进行书面交底。

施工现场严禁设油漆材料仓库，场外的油漆仓库应有足够的消防设施，且设有严禁烟火标语。

墙面刷涂料当高度超过 1.5m 时，要搭设马凳或操作平台。

涂刷作业时操作工人应佩戴相应的保护设施。如防毒面具、口罩、手套等，以免危害工人的肺、皮肤等。

严禁在民用建筑工程室内用有机溶剂清洗施工用具。

油漆使用后，应及时封闭存放，废料应及时清出室内，施工时室内应保持良好通风，但不宜有过堂风。

民用建筑工程室内装修中，进行饰面人造木板拼接施工时，除芯板为 A 类外，应对其断面及无饰面部位进行密封处理(如采用环保胶类泥子等)。

遇有上下立体交叉作业时，作业人员不得在同一垂直方向上操作。

油漆窗子时，严禁站或骑在窗槛上操作，以防槛断人落。刷外开窗扇漆时，应将安全带挂在牢靠的地方。刷封檐板时应利用外装修架或搭设挑架进行。

现场清扫设专人洒水，不得有扬尘污染。打磨粉尘用潮布擦净。

涂刷作业过程中，操作人员如感头痛、恶心、胸闷或心悸时，应立即停止作业到户外呼吸新鲜空气。

每天收工后应尽量不剩油漆材料，剩余油漆不准乱倒，应收集后集中处理。废弃物(如废油桶、油刷、棉纱等)按环保要求分类消纳。

8.3.8 幕墙工程

施工前，项目经理、技术负责人要对工长和安全员进行技术交底，工长和安全员要对全体施工人员进行技术交底和职业健康安全教育。每道工序都要做好施工记录和质量自检。

进入现场必须佩戴安全帽，高空作业必须系好安全带，携带工具袋，严禁高空坠物。严禁穿拖鞋、凉鞋进入工地。

禁止在外脚手架上攀爬，必须由通道上下。

幕墙施工下方禁止人员通行和施工。

现场电焊时，在焊接下方应设接火斗，防止电火花溅落引起火灾或烧伤其他建筑成品。

所有施工机具在施工前必须进行严格检查，如手持吸盘须检查吸附质量和持续吸附时间试验,电动工具须做绝缘电压试验。

电源箱必须安装漏电保护装置,手持电动工具的操作人员应戴绝缘手套。

在高层石材板幕墙安装与上部结构施工交叉作业时,结构施工层下方应架设防护网;在离地面3m高处,应搭设挑出6m的水平安全网。

在6级以上大风、大雾、雷雨、下雪天气严禁高空作业。

8.3.9 裱糊与软包工程

选择材料时,必须选择符合国家规定的材料。

对软包面料及填塞料的阻燃性能严格把关,达不到防火要求时,不予使用。

软包布附近尽量避免使用碘钨灯或其他高温照明设备,不得动用明火,避免损坏。

材料应堆放整齐、平稳,并应注意防火。

夜间临时用的移动照明灯,必须用安全电压。机械操作人员必须经培训持证上岗,现场一切机械设备,非操作人员一律禁止动用。

8.3.10 细部工程

施工现场严禁烟火,必须符合防火要求。

施工时严禁用手攀窗框、窗扇和窗撑;操作时应系好安全带,严禁把安全带挂在窗撑上。

操作时应注意对门窗玻璃的保护,以免发生意外。

安装前应设置简易防护栏杆,防止施工时意外摔伤。

安装后的橱柜必须牢固,确保使用安全。

栏杆和扶手安装时应注意下面楼层的人员,适当时将梯井封好,以免坠物砸伤下面的作业人员。

8.4 脚手架工程施工安全技术

8.4.1 脚手架工程安全施工基本要求

1.脚手架搭设要求

(1)技术要求

不管搭设哪种类型的脚手架,脚手架所用的材料和加工质量必须符合规定要求,绝对禁止使用不合格材料搭设脚手架,以防发生意外事故。

一般脚手架必须按脚手架安全技术操作规程搭设,对于高度超过15m以上的高层脚手架,必须有设计、有计算、有详图、有搭设方案、有上一级技术负责人审批,有书面安全技术交底，然后才能搭设。

对于危险性大而且特殊的吊、挑、挂、插口、堆料等架子也必须经过设计和审批，编制单独的安全技术措施，才能搭设。

施工队伍接受任务后，必须组织全体人员，认真领会脚手架专项安全施工组织设计和安全技术措施交底，研讨搭设方法，并派技术好、有经验的技术人员负责搭设技术指导和监护。

(2)搭设要求

搭设时认真处理好地基，确保地基具有足够的承载力，垫木应铺设平稳，不能有悬空，避免脚手架发生整体或局部沉降。

确保脚手架整体平稳牢固，并具有足够的承载力，作业人员搭设时必须按要求与结构拉接牢固。

搭设时，必须按规定的间距搭设立杆、横杆、剪刀撑、栏杆等。

搭设时，必须按规定设连墙杆、剪刀撑和支撑。脚手架与建筑物间的连接应牢固，脚手架的整体应稳定。

搭设时，脚手架必须有供操作人员上下的阶梯、斜道。严禁施工人员攀爬脚手架。

脚手架的操作面必须满铺脚手板，不得有空隙和探头板。木脚手板有腐朽、劈裂、大横透节、有活动节子的均不能使用。使用过程中严格控制荷载，确保有较大的安全储备，避免荷载过大造成脚手架倒塌。

金属脚手架应设避雷装置。遇有高压线必须保持大于5m或相应的水平距离，搭设隔离防护架。

6级以上大风、大雪、大雾天气下应暂停脚手架的搭设及在脚手架上作业。斜边板要钉防滑条，如有雨水、冰雪，要采取防滑措施。

脚手架搭好后，必须进行验收，合格后方可使用。使用中，遇台风、暴雨，以及使用期较长时，应定期检查、及时整改出现的安全隐患。

因故闲置一段时间或发生大风、大雨等灾害性天气后，重新使用脚手架时必须认真检查加固后方可使用。

(3)防护要求

搭设过程中必须严格按照脚手架专项安全施工组织设计和安全技术措施交底要求设置安全网和采取安全防护措施。

脚手架搭至两步及以上时，必须在脚手架外立杆内侧设置1.2m高的防护栏杆。

架体外侧必须用密目式安全网封闭，网体与操作层不应有大于10mm的缝隙；网间不应有25mm的缝隙。

施工操作层及以下连续三步应铺设脚手板和180mm高的挡脚板。

施工操作层以下每隔10m应用平网或其他措施封闭隔离。

施工操作层脚手架部分与建筑物之间应用平网或竹笆等实施封闭，当脚手架里立杆与建筑物之间的距离大于200mm时，还应自上而下做到四步一隔离。

操作层的脚手板应设护栏和挡脚板。脚手板必须满铺且固定，护栏高度1m，挡脚板应与立杆固定。

2.脚手架拆除要求

施工人员必须听从指挥，严格按方案和操作规程进行拆除，防止脚手架大面积倒塌和物体坠落砸伤他人。

脚手架拆除时要划分作业区，周围用栏杆围护或竖立警戒标志，地面设有专人指挥，并配备良好的通信设施。警戒区内严禁非专业人员入内。

拆除前检查吊运机械是否安全可靠，吊运机械不允许搭设在脚手架上。

拆除过程中建筑物所有窗户必须关闭锁严，不允许向外开启或向外伸挑物件。

所有高处作业人员，应严格按高处作业安全规定执行，上岗后，先检查、加固松动部分，清除各层留下的材料、物件及垃圾块。清理物品应安全输送至地面，严禁高处抛掷。

运至地面的材料应按指定地点，随拆随运，分类堆放，当天拆当天清，折下的扣件或铁丝等要集中回收处理。

脚手架拆除过程中不能碰坏门窗、玻璃、水落管等物品，也不能损坏已做好的地面和墙面等。

在脚手架拆除过程中，不得中途换人，如必须换人时，应将拆除情况交代清楚后方可离开。

拆除时要统一指挥，上下呼应，动作协调，当解开与另一人有关的结扣时，应先通知对方，以防坠落。

在大片架子拆除前应将预留的斜道、上料平台等先行加固，以便拆除后能确保其完整、安全和稳定。

脚手架拆除程序，应由上而下按层按步地拆除，先拆护身栏、脚手板和横向水平杆，再依次拆剪刀撑的上部扣件和接杆。拆除全部剪刀撑、抛撑以前，必须搭设临时加固斜支撑，预防架倾倒。

拆脚手架杆件，必须由2～3人协同操作，拆纵向水平杆时，应由站在中间的人向下传递，严禁向下抛掷。

拆除大片架子应加临时围栏。作业区内电线及其他设备有妨碍时，应事先与有关部门联系拆除、转移或加防护。

脚手架拆至底部时，应先加临时固定措施后，再拆除。

夜间拆除作业，应有良好照明。遇大风、雨、雪等特殊天气，不得进行拆除作业。

3.安全管理要求

脚手架搭设人员必须是经过考核合格的专业架子工。上岗人员应定期体检，合格者方可持证上岗。

搭设脚手架人员必须戴安全帽、系安全带、穿防滑鞋。

脚手架的构配件质量与搭设质量，应按规定进行检查验收，合格后方准使用。

作业层上的施工荷载应符合设计要求，不得超载。不得将模板支架、缆风绳、泵送混凝土和砂浆的输送管等固定在脚手架上；严禁悬挂起重设备。

当有六级及六级以上大风和雾、雨、雪天气时应停止脚手架搭设与拆除作业。雨、雪后上架作业应有防滑措施，并应扫除积雪。

脚手架的安全检查与维护，应定期进行。安全网应按有关规定搭设或拆除。

在脚手架使用期间，严禁拆除下列杆件：

①主节点处的纵、横向水平杆，纵、横向扫地杆。

②连墙件。

③加固杆件：如剪刀撑。

不得在脚手架基础及其邻近处进行挖掘作业，否则应采取安全措施，并报主管部门批准。

临街搭设脚手架时，外侧应有防止坠物伤人的防护措施。

在脚手架上进行电、气焊作业时，必须有防火措施和专人看守。

工地临时用电线路的架设及脚手架接地、避雷措施等，应按现行行业标准《施工现场临时用电安全技术规范》(JGJ 46—2005)的有关规定执行。

搭拆脚手架时，地面应设围栏和警戒标志，并派专人看守，严禁非操作人员入内。

8.4.2 工具式脚手架

1. 吊篮架子

吊篮的负荷量(包括人体重)不准超过 1176N/m²(120kg/m²)，人员和材料要对称分布，保证吊篮两端负载平衡。

严禁在吊篮的防护以外和护头棚上作业，任何人不准擅自拆改吊篮。

吊篮里皮距建筑物以 10cm 为宜，两吊篮之间间距不得大于 20cm，不准将两个或几个吊篮边连在一起同时升降。

以手扳葫芦为吊具的吊篮，钢丝绳穿好后，必须将保险扳把拆掉，系牢保险绳，并将吊篮与建筑物拉牢。

吊篮长度一般不得超过 8m，吊篮宽度以 0.8～1m 为宜。单层吊篮高度以 2m、双层吊篮高度以 3.8m 为宜。

用钢管组装的吊篮，立杆间距不准大于 2m，大小面均须打戗。采用焊接边框的吊篮，立杆间距不准超过 2.5m，长度超过 3m 的大面要打戗。

单层吊篮至少设 3 道横杆，双层吊篮至少设 5 道横杆。双层吊篮要设爬梯，留出活动盖板，以便人员上下。

承重受力的预埋吊环，应用直径不小于 16mm 的圆钢。吊环埋入混凝土内的长度应大于 36cm，并与墙体主筋焊接牢固。预埋吊环距支点的距离不得小于 3m。

安装挑梁探出建筑物一端稍高于另一端，挑梁之间用杉篙或钢管连接牢固，挑梁应用不小于 14 号工字钢强度的材料。

挑梁挑出的长度与吊篮的吊点必须保持垂直。阳台部位的挑梁的挑出部分的顶端要加斜撑抱桩，斜撑下要加垫板，并且将受力的阳台板和以下的两层阳台板设立柱加固。

吊篮升降使用的手扳葫芦应用 3t 以上的专用配套的钢丝绳。倒链应用 2t 以上承重的钢丝绳，直径应不小于 12.5mm。

钢丝绳不得接头使用，与挑梁连接处要有防剪措施，至少用 3 个卡子进行卡接。

吊篮长度在8m以下、3m以上的要设3个吊点，长度在3m以下的可设两个吊点，但篮内人员必须挂好安全带。

吊篮搭设构造必须遵照专项安全施工组织设计（施工方案）规定，组装或拆除时，应3人配合操作，严格按搭设程序作业，任何人不允许改变方案。

吊篮的脚手板必须铺平、铺严，并与横向水平杆固定牢，横向水平杆的间距可根据脚手板厚度而定，一般以0.5～1m为宜。吊篮作业层外排和两端小面均应设两道护身栏，并挂密目安全网封严，索死下角，里侧应设护身栏。

不得将两个或几个吊篮连在一起同时升降，两个吊篮接头处应与窗口、阳台作业面错开。

吊篮使用期间，应经常检查吊篮防护、保险、挑梁、手扳葫芦、倒链和吊索等，发现隐患，立即解决。

吊篮组装、升降、拆除、维修必须由专业架子工进行。

2.插口架子

插口架子的负荷量（包括荷载）不得超过1176N/m^2（120kg/m^2），架子上严禁堆放物料，人员不得集中停立，保证架子受力均衡。

插口架子提升或降落时，不准使用吊钩，必须用卡环吊运，任何人不准站在架子上随架子升降；别杆等材料随架子升降时，必须放置在妥善的地方，以免掉落。

架子长度不得超过建筑物的两个开间，最长不得超过8m，超过8m的要经上一级技术部门批准，采取加固措施。

插口架子的宽度以0.8～1m为宜，高度不低于1.8m，最少要有三道钢管大横杆。

插口架子外皮要高出施工面1m，横杆间距不得大于1.5m，并加剪刀撑，安全网从上至下挂满封严并且兜住底部，并与每步脚手板下脚封死绑牢。

插口架子安装就位后，架子之间的间隙不得大于20cm，间隙应用盖板连接绑牢，立面外侧用安全网封严。建筑物拐角处相连的插口架子大小面用安全网交圈封严。

插口架需要悬挑时，挑出长度从受力点起，不准超过1.5m。必须超过1.5m时，要经过技术部门批准，采取加固措施。

插口架上下两步脚手板，必须铺满、铺平、固定牢固。下步不铺板时要满挂水平安全网。上下两步都要设两道护身栏，立挂密目安全网，横向水平杆间距以0.5～1m为宜。

插口架外侧要接高挂网，其高度应高出施工作业层1m，要设剪刀撑，并用密目安全网从上至下封严，安全网下脚要封死扎牢。相邻插口架应在同一平面，接口处应封闭严密。

插口架安装操作顺序：甲型插口架应“先别后摘”“先挂后拆”（即在安装时，应先别好别杠，后摘去卡环；在拆除时，应先挂好卡环，后拆掉别杠）。丙型插口架应在安装时先锁紧螺母，后摘去卡环；在拆除时，应先挂好卡环，后拆掉螺母。

插口架子的别杠应别在窗口的上下口。别杠应用10cm×10cm的木方，别杠每端应长于所别实墙20cm，插口架子上端的钢管应用双扣件锁牢。

插口架子安装后必须经过检查验收，合格签字，才能使用。

3. 附着升降脚手架

安装、使用和拆卸附着升降脚手架的工人必须经过专业培训，考试合格，未经培训任何人（含架子工）严禁从事此操作。

附着升降脚手架安装前必须认真组织学习“专项安全施工组织设计”（施工方案）和安全技术措施交底，研究安装方法，明确岗位责任。控制中心必须设专人负责操作，严禁未经同意人员操作。

组装附着升降脚手架的水平梁及竖向主框架，在两相邻附着支撑结构处的高差应不大于20mm；竖向主框架和防倾导向装置的垂直偏差应不大于5‰和60mm；预留穿墙螺栓孔和预埋件应垂直于工程结构外表面，其中心误差小于15mm。

附着升降脚手架组装完毕，必须经技术负责人组织进行检查验收，合格后签字，方准投入使用。

升降操作必须严格遵守升降作业程序；严格控制并确保架子的荷载；所有妨碍架体升降的障碍物必须拆除；严禁任何人（含操作人员）停留在架体上，特殊情况必须经领导批准，采取安全措施后，方可实施。

升降脚手架过程中，架体下方严禁有人进入，设置安全警戒区，并派人负责监护。

严格按设计规定控制各提升点的同步性，相邻提升点间的高差不得大于30mm，整体架最大升降差不得大于80mm；升降过程中必须实行统一指挥，规范指令。升降指令只允许由总指挥一人下达。但当有异常情况出现时，任何人均可立即发出停止指令。

架体升降到位后，必须及时按使用状况进行附着固定。在架体没有完成固定前，作业人员不得擅离岗位或下班。在未办理交付使用手续前，必须逐项进行点检，合格后，方准交付使用。

严禁利用架体吊运物料和拉吊装缆绳（索）；不准在架体上推车，不准任意拆卸结构件或松动连接件、移动架体上的安全防护设施。

架体螺栓连接件、升降动力设备、防倾装置、防坠装置、电控设备等应定期（至少半月）检查维修保养1次和不定期的抽检，发现异常，立即解决，严禁带病使用。

六级以上强风停止升降或作业，复工时必须逐项检查后，方准复工。

附着升降脚手架的拆卸工作，必须按专项安全施工组织设计（施工方案）和安全技术措施交底规定要求执行，拆卸时必须按顺序先搭后拆、先上后下，先拆附件、后拆架体，必须有预防人员、物体坠落等措施，严禁向下抛扔物料。

8.4.3 门式钢管脚手架

1. 门式钢管脚手架搭设要求

（1）门架及配件搭设

门架跨距应符合现行行业标准《建筑施工门式钢管脚手架安全技术规范》（JGJ 128—2000）的规定，并与交叉支撑规格配合。

门架立杆离墙面净距不宜大于 150mm；大于 150mm 时应采取内挑架板或其他离口防护的安全措施。

门架的内外两侧均应设置交叉支撑并应与门架立杆上的锁销锁牢。

上、下榀门架的组装必须设置连接棒及锁臂，连接棒直径应小于立杆内径的 1～2mm。

在脚手架的操作层上应连续满铺与门架配套的挂扣式脚手板，并扣紧挡板，防止脚手板脱落和松动。

水平架设置应符合下列规定：

①在脚手架的顶层门架上部、连墙件设置层、防护棚设置处必须设置。

②当脚手架搭设高度 $H\leqslant45$m 时，沿脚手架高度，水平架应至少两步一设；当脚手架搭设高度 $H>45$m 时，水平架应每步一设；不论脚手架多高，均应在脚手架的转角处、端部及间断处的一个跨距范围内每步一设。

③水平架在其设置层面内连续设置。

④当因施工需要，临时局部拆除脚手架内侧交叉支撑时，应在拆除交叉支撑的门架上方及下方设置水平架。

⑤水平架可由挂扣式脚手板或门架两侧设置的水平加固杆代替。

底步门架的立杆下端应设置固定底座或可调底座。

不配套的门架与配件不得混合使用于同一脚手架。

门架安装应自一端向另一端延伸，并逐层改变搭设方向，不得相对进行。搭完一步架后，应按要求检查并调整其水平度与垂直度。

交叉支撑、水平架或脚手板应紧随门架的安装及时设置。

连接门架与配件的锁臂、搭钩必须处于锁住状态。

水平架或脚手板应在同一步内连续设置，脚手板应满铺。

底层钢梯的底部应加设钢管并用扣件扣紧在门架的立杆上，钢梯的两侧均应设置扶手，每段梯可跨越两步或三步门架再行转折。

栏板(杆)、挡脚板应设置在脚手架操作层外侧、门架立杆的内侧。

(2)连墙件搭设

脚手架必须采用连墙件与建筑物做到可靠连接。

在脚手架的转角处、不闭合(一字形、槽形)脚手架的两端应增设连墙件，其竖向间距不应大于 4.0m。

在脚手架外侧因设置防护棚或安全网而承受偏心荷载的部位，应增设连墙件，其水平间距不应大于 4.0m。

连墙件应能承受拉力与压力，其承载力标准值不应小于 10kN；连墙件与门架、建筑物的连接也应具有相应的连接强度。

连墙件的搭设必须随脚手架搭设同步进行，严禁滞后设置或搭设完毕后补做。

当脚手架操作层高出相邻连墙件以上两步时，应采用确保脚手架稳定的临时拉结措施，直到连墙件搭设完毕后方可拆除。

连墙件宜垂直于墙面，不得向上倾斜，连墙件埋入墙身的部分必须锚固可靠。

连墙件应连于上、下两榀门架的接头附近。

(3)加固件搭设

剪刀撑设置应符合下列规定：

①脚手架高度超过 20m 时，应在脚手架外侧连续设置。

②剪刀撑斜杆与地面的倾角宜为 45°～60°，剪刀撑宽度宜为 4～8m。

③剪刀撑应采用扣件与门架立杆扣紧。

④剪刀撑斜杆若采用搭接接长，搭接长度不宜小于 600mm，搭接处应采用两个扣件扣紧。

水平加固杆设置应符合以下规定：

①当脚手架高度超过 20m 时，应在脚手架外侧每隔 4 步设置一道，并宜在有连墙件的水平层设置。

②设置纵向水平加固杆应连续，并形成水平闭合圈。

③在脚手架的底步门架下端应加封口杆，门架的内、外两侧应设通长扫地杆。

④水平加固杆应采用扣件与门架立杆扣牢。

加固杆、剪刀撑必须与脚手架同步搭设。

水平加固杆应设于门架立杆内侧，剪刀撑应设于门架立杆外侧并连牢。

(4)扣件连接

扣件规格应与所连钢管外径相匹配。

扣件螺栓拧紧扭力矩宜为 50～60N·m，并不得小于 40N·m。

各杆件端头伸出扣件盖板边缘长度不应小于 100mm。脚手架搭设的垂直度与水平度允许偏差应符合表 8-1 的要求。

表 8-1 脚手架搭设水平度与垂直度允许偏差

项目		允许偏差(mm)
垂直度	每步架	$\frac{h}{1000}$ 及 ± 2.0
	脚手架整体	$\frac{H}{600}$ 及 ± 50
水平度	一般距内水平架两端高差	$\pm \frac{l}{600}$ 及 ± 3.0
	脚手架整体	$\pm \frac{L}{600}$ 及 ± 50

注：h 为步距；H 为脚手架高度；l 为跨距；L 为脚手架长度。

(5)通道洞口

通道洞口高不宜大于两个门架，宽不宜大于 1 个门架跨距。

当洞口宽度为一个跨距时，应在脚手架洞口上方的内外侧设置水平加固杆，在洞口两上角加斜撑杆。

当洞口宽为两个及两个以上跨距时，应在洞口上方设置经专门设计和制作的托架，并加强洞口两侧的门架立杆。

2.门式钢管脚手架拆除要求

脚手架经单位工程负责人检查验证并确认不再需要时,方可拆除。

拆除脚手架前,应清除脚手架上的材料、工具和杂物。

拆除脚手架时,应设置警戒区和警戒标志,并由专职人员负责警戒。

脚手架的拆除应在统一指挥下,按后装先拆、先装后拆的顺序及下列安全作业的要求进行:

①脚手架的拆除应从一端走向另一端、自上而下逐层地进行。

②同一层的构配件和加固件应按先上后下、先外后里的顺序进行,最后拆除连墙件。

③在拆除过程中,脚手架的自由悬臂高度不得超过两步,当必须超过两步时,应加设临时拉结。

④连墙杆、通长水平杆和剪刀撑等,必须在脚手架拆卸到相关的门架时方可拆除。

⑤工人必须站在临时设置的脚手板上进行拆卸作业,并按规定使用安全防护用品。

⑥拆除工作中,严禁使用榔头等硬物击打、撬挖,拆下的连接棒应放入袋内,锁臂应先传递至地面并放室内堆存。

⑦拆卸连接部件时,应先将锁座上的锁板与卡钩上的锁片旋转至开启位置,然后开始拆除,不得硬拉,严禁敲击。

⑧拆下的门架、钢管与配件,应成捆用机械吊运或由井架传送至地面,防止碰撞,严禁抛掷。

施工期间不得拆除下列杆件:

①交叉支撑,水平架。

②连墙件。

③加固杆件:如剪刀撑、水平加固杆、扫地杆、封口杆等。

④栏杆。

作业需要时,临时拆除交叉支撑或连墙件应经主管部门批准,并应符合下列规定:

①交叉支撑只能在门架一侧局部拆除,临时拆除后,在拆除交叉支撑的门架上、下层面应满铺水平架或脚手板。

②作业完成后,应立即恢复拆除的交叉支撑;拆除时间较长时,还应加设扶手或安全网。

③只能拆除个别连墙件,在拆除前、后应采取安全措施,并应在作业完成后立即恢复;不得在竖向或水平向同时拆除两个及两个以上连墙件。

对脚手架应设专人负责进行经常检查和保修工作。对高层脚手架应定期做门架立杆基础沉降检查,发现问题应立即采取措施。

拆下的门架及配件应清除杆件及螺纹上的污物,并按规定分类检验和维修,按品种、规格分类整理存放,妥善保管。

8.4.4 扣件式钢管脚手架

1. 扣件式钢管脚手架一般要求

脚手架应由立杆(冲天),纵向水平杆(大横杆、顺水杆),横向水平杆(小横杆),剪刀撑(十字盖),抛撑(压栏子),纵、横扫地杆和拉接点等组成,脚手架必须有足够的强度、刚度和稳定性,在允许施工荷载作用下,确保不变形、不倾斜、不摇晃。

脚手架搭设前应清除障碍物、平整场地、夯实基土、做好排水,根据脚手架专项安全施工组织设计(施工方案)和安全技术措施交底的要求,基础验收合格后,放线定位。

垫板宜采用长度不少于 2 跨,厚度不小于 5cm 的木板,也可采用槽钢,底座应准确放在定位位置上。

扣件安装应符合下列规定:

①扣件规格必须与钢管外径相同。

②螺栓拧紧扭力矩不应小于 40N·m,且不应大于 65N·m。

③在主节点处固定横向水平杆、纵向水平杆、剪刀撑、横向斜撑等用的直角扣件、旋转扣件的中心点的相互距离不应大于 150mm。

④对接扣件开口应朝上或朝内。

⑤各杆件端头伸出扣件盖板边缘的长度不应小于 100mm。

脚手板的铺设应符合下列规定:

①脚手板应铺满、铺稳,离开墙面 120～150mm。

②采用对接或搭接时均应符合《建筑施工扣件式钢管脚手架安全技术规范》规定;脚手板探头应用直径 3.2mm 的镀锌钢丝固定在支承杆件上。

③在拐角、斜道平台口处的脚手板,应与横向水平杆可靠连接,防止滑动。

④自顶层作业层的脚手板往下计,宜每隔 12m 满铺一层脚手板。

脚手架必须配合施工进度搭设,一次搭设高度不应超过相邻连墙件以上两步。

每搭完一步脚手架,应按表 8-2 的规定校正步距、纵距、横距及立杆的垂直度。

表 8-2 脚手架搭设的技术要求、允许偏差与检验方法

序号	项目		技术要求	允许偏差	示意图	检查方法与工具
1	地基基础	表面	坚实平整	—	—	观察
		排水	不积水			
		垫板	不晃动			
		底座	不滑动			
			不沉降	−10		

续表

<table>
<tr><th>序号</th><th></th><th>项目</th><th>技术要求</th><th>允许偏差</th><th colspan="2">示意图</th><th>检查方法与工具</th></tr>
<tr><td rowspan="6">2</td><td rowspan="6">立杆垂直度</td><td>最后验收垂直度 20～80cm</td><td>—</td><td>±100</td><td colspan="2"> 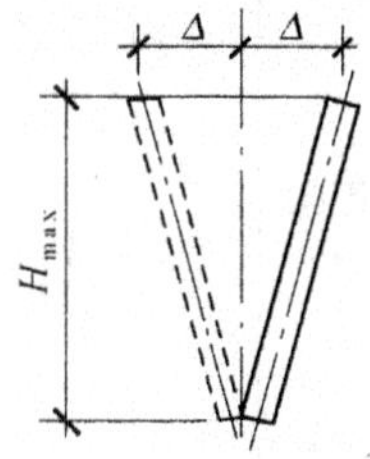</td><td rowspan="6">用经纬仪或吊线和卷尺</td></tr>
<tr><td colspan="5">下列脚手架允许水平偏差(mm)</td></tr>
<tr><td colspan="2" rowspan="2">搭设中检查偏差的高度(m)</td><td colspan="3">总高度</td></tr>
<tr><td>50m</td><td>40m</td><td>20m</td></tr>
<tr><td colspan="2">$H=2$
$H=10$
$H=20$
$H=30$
$H=40$
$H=50$</td><td>±7
±20
±40
±60
±80
±100</td><td>±7
±25
±50
±75
±100</td><td>±7
±50
±100</td></tr>
<tr><td colspan="5">中间档次用插入法</td></tr>
<tr><td>3</td><td>间距</td><td>步距
纵距
横距</td><td>—</td><td>±20
±50
±20</td><td colspan="2">—</td><td>钢板尺</td></tr>
<tr><td rowspan="2">4</td><td rowspan="2">纵向水平杆高差</td><td>一根杆的两端</td><td>—</td><td>±20</td><td colspan="2"> 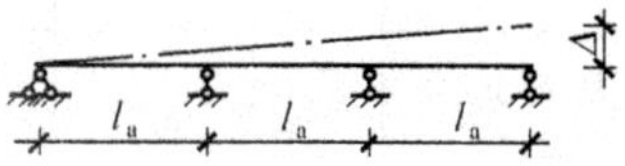</td><td rowspan="2">水平仪或水平尺</td></tr>
<tr><td>同跨内两根纵向水平杆高差</td><td>—</td><td>±10</td><td colspan="2"> 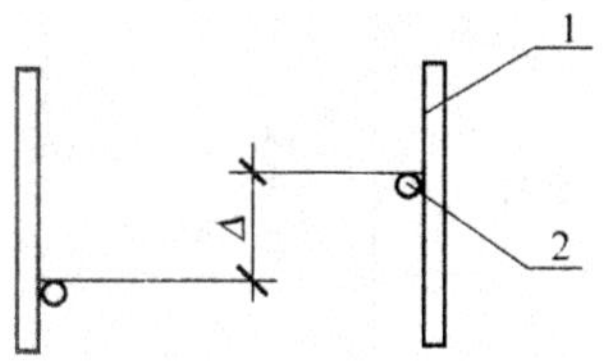</td></tr>
<tr><td>5</td><td colspan="2">双排脚手架横向水平杆外伸长度偏差</td><td>外伸 500mm</td><td>−50</td><td colspan="2">—</td><td>钢板尺</td></tr>
</table>

续表

序号		项目	技术要求	允许偏差	示意图	检查方法与工具
6		主节点处各扣件中心点相互距离	α≤150mm	—	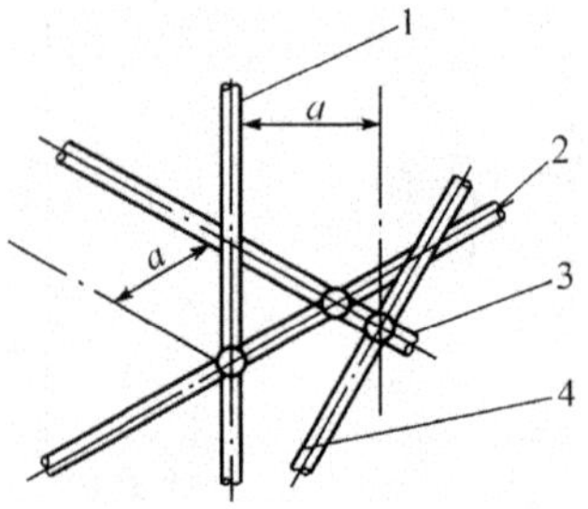	钢板尺
		同步立杆上两个相隔对接扣件的高差	α≥500mm	—	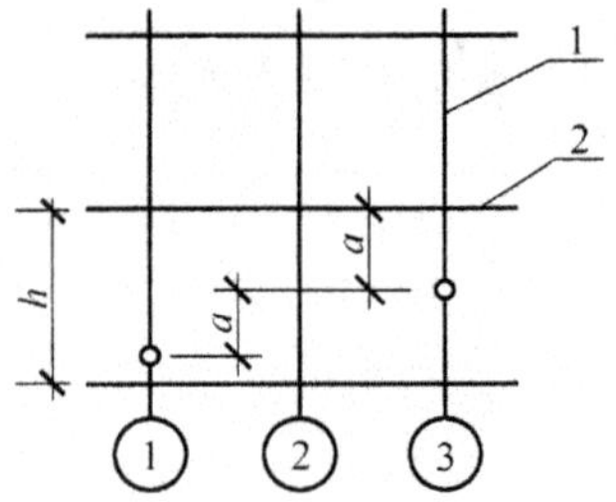	钢板尺
		立杆上的对接扣件至主节点的距离	α≤h/3	—		钢卷尺
		纵向水平杆上的对接扣件至主节点的距离	α≤la/3	—	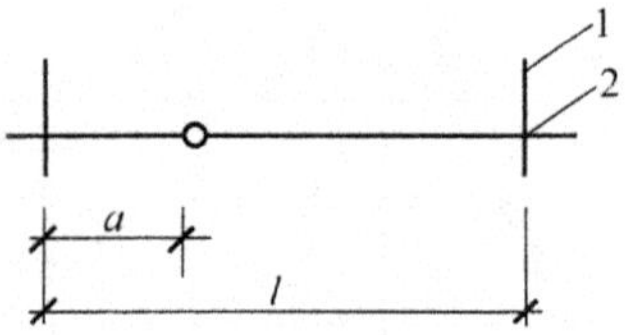	钢卷尺
		扣件螺栓拧紧扭力矩	40～65N·m	—	—	扭力扳手
7	剪刀撑斜杆与地面的倾角		45°～60°	—	—	角尺
8	脚手板外伸长度	对接	α=130～150mm l≤300mm	—	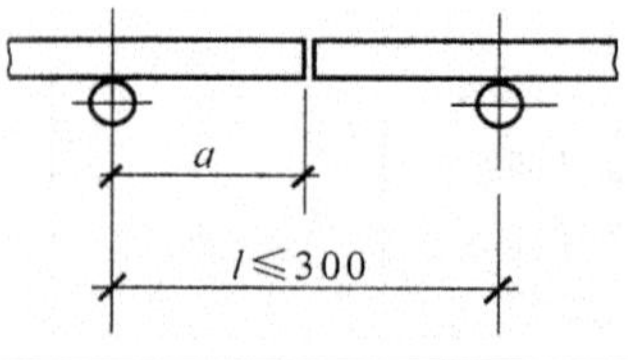	卷尺
		搭接	α≥100mm l≥200mm	—	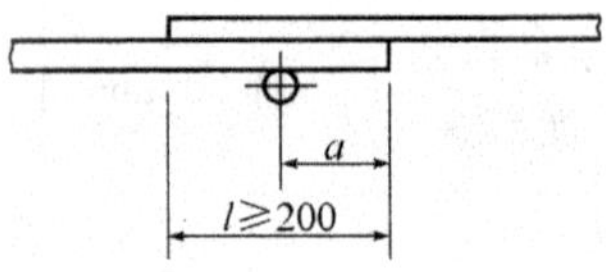	卷尺

注：图中1为立杆；2为纵向水平杆；3为横向水平杆；4为剪刀撑。

2.扣件式钢管脚手架搭设要求

(1)横向水平杆搭设

主节点处必须设置一根横向水平杆,用直角扣件扣接且严禁拆除。

作业层上非主节点处的横向水平杆,宜根据支承脚手板的需要等间距设置,最大间距不应大于纵距的1/2。

当使用冲压钢脚手板、木脚手板、竹串片脚手板时,双排脚手架的横向水平杆两端均应采用直角扣件固定在纵向水平杆上;单排脚手架的横向水平杆的一端,应用直角扣件固定在纵向水平杆上,另一端应插入墙内,插入长度不应小于180mm。

使用竹笆脚手板时,双排脚手架的横向水平杆两端,应用直角扣件固定在立杆上;单排脚手架的横向水平杆的一端,应用直角扣件固定在立杆上,另一端应插入墙内,插入长度亦不应小于180mm。

双排脚手架横向水平杆的靠墙一端至墙装饰面的距离不宜大于100mm。

单排脚手架的横向水平杆不应设置在下列部位:

①设计上不允许留脚手眼的部位。

②过梁上与过梁两端成60°角的三角形范围内及过梁净跨度1/2的高度范围内。

③宽度小于1m的窗间墙。

④梁或梁垫下及其两侧各500mm的范围内。

⑤砖砌体的门窗洞口两侧200mm和转角处450mm的范围内;其他砌体的门窗洞口两侧300mm和转角处600mm的范围内。

⑥独立或附墙砖柱。

(2)纵向水平杆搭设

纵向水平杆宜设置在立杆内侧,其长度不宜小于3跨。

纵向水平杆接长宜采用对接扣件连接,也可采用搭接。

纵向水平杆的对接扣件应交错布置,两根相邻纵向水平杆的接头不宜设置在同步或同跨内。

不同步或不同跨两个相邻接头在水平方向错开的距离不应小于500mm;各接头中心至最近主节点的距离不宜大于纵距的1/3。

搭接长度不应小于1m,应等间距设置3个旋转扣件固定,端部扣件盖板边缘至搭接纵向水平杆杆端的距离不应小于100mm。

当使用冲压钢脚手板、木脚手板、竹串片脚手板时,纵向水平杆应作为横向水平杆的支座,用直角扣件固定在立杆上。

当使用竹笆脚手板时,纵向水平杆应采用直角扣件固定在横向水平杆上,并应等间距设置,间距不应大于400mm。

在封闭型脚手架的同一步中,纵向水平杆应四周交圈,用直角扣件与内外角部立杆固定。

(3)立杆搭设

严禁将外径48mm与51mm的钢管混合使用。

相邻立杆的对接扣件不得在同一高度内。

开始搭设立杆时，应每隔6跨设置一根抛撑，直至连墙件安装稳定后，方可根据情况拆除。

当搭至有连墙件的构造点时，在搭设完该处的立杆、纵向水平杆、横向水平杆后，应立即设置连墙件。

立杆接长除顶层顶步外，其余各层各步接头必须采用对接扣件连接。

立杆顶端宜高出女儿墙上皮1m，高出檐口上皮1.5m。

(4)纵向、横向扫地杆搭设

脚手架必须设置纵、横向扫地杆。

纵向扫地杆应采用直角扣件固定在距底座上皮不大于200mm处的立杆上。

横向扫地杆亦应采用直角扣件固定在紧靠纵向扫地杆下方的立杆上。

当立杆基础不在同一高度上时，必须将高处的纵向扫地杆向低处延长两跨与立杆固定，高低差不应大于1m。

靠边坡上方的立杆轴线到边坡的距离不应小于500mm。

(5)连墙件搭设

宜靠近主节点设置，偏离主节点的距离不应大于300mm。

应从底层第一步纵向水平杆处开始设置，当该处设置有困难时，应采用其他可靠措施固定。

宜优先采用菱形布置，也可采用方形、矩形布置。

一字型、开口型脚手架的两端必须设置连墙件，连墙件的垂直间距不应大于建筑物的层高，并不应大于4m(两步)。

对高度在24m以下的单、双排脚手架，宜采用刚性连墙件与建筑物可靠连接，亦可采用拉筋和顶撑配合使用的附墙连接方式。严禁使用仅有拉筋的柔性连墙件。

对高度24m以上的双排脚手架，必须采用刚性连墙件与建筑物可靠连接。

连墙件中的连墙杆或拉筋宜呈水平设置，当不能水平设置时，与脚手架连接的一端应下斜连接，不应采用上斜连接。

当脚手架下部暂不能设连墙件时可搭设抛撑。抛撑应采用通长杆件与脚手架可靠连接，与地面的倾角应在45°～60°之间；连接点中心至主节点的距离不应大于300mm。抛撑应在连墙件搭设后方可拆除。

当脚手架施工操作层高出连墙件二步时，应采取临时稳定措施，直到上一层连墙件搭设完后方可根据情况拆除。

(6)门洞搭设

单、双排脚手架门洞宜采用上升斜杆、平行弦杆桁架结构形式，斜杆与地面的倾角α应在45°～60°之间。

单排脚手架门洞外，应在平面桁架的每一节间设置一根斜腹杆；双排脚手架门洞处的空间桁架，除下弦平面外，应在其余5个平面内设置一根斜腹杆。

斜腹杆宜采用旋转扣件固定在与之相交的横向水平杆的伸出墙上，旋转扣件中心线至主节点的距离不宜大于150mm。

当斜腹杆在1跨内跨越2个步距时，宜在相交的纵向水平杆处，增设一根横向水平杆，将斜腹杆固定在其伸出端上。

斜腹杆宜采用通长杆件，当必须接长使用时，宜采用对接扣件连接，也可采用搭接。

单排脚手架过窗洞时应增设立杆或增设一根纵向水平杆。

门洞桁架下的两侧立杆应为双管立杆，副立杆高度应高于门洞口 1～2 步。

门洞桁架中伸出上下弦杆的杆件端头，均应墙设一个防滑扣件，该扣件宜紧靠主节点处的扣件。

(7)斜道搭设

人行并兼作材料运输的斜道的形式宜按下列要求确定：

①高度不大于 6m 的脚手架，宜采用一字形斜道。

②高度大于 6m 的脚手架，宜采用之字形斜道。

斜道宜附着外脚手架或建筑物设置。

运料斜道宽度不宜小于 1.5m，坡度宜采用 1∶6；人行斜道宽度不宜小于 1m，坡度宜采用 1∶3。

拐弯处应设置平台，其宽度不应小于斜道宽度。

斜道两侧及平台外围均应设置栏杆及挡脚板。栏杆高度应为 1.2m，挡脚板高度不应小于 180mm。

运料斜道两侧、平台外围和端部均应按规范规定设置连墙件；每两步应加设水平斜杆；并按规范规定设置剪刀撑和横向斜撑。

斜道脚手板构造应符合下列规定：

①脚手板横铺时，应在横向水平杆下增设纵向支托杆，纵向支托杆间距不应大于 500mm。

②脚手板顺铺时，接头宜采用搭接；下面的板头应压住上面的板头，板头的凸棱处宜采用三角木填顺。

③人行斜道和运料斜道的脚手板上应每隔 250～300mm 设置一根防滑木条，木条厚度宜为 20～30mm。

(8)剪刀撑与横向斜撑搭设

双排脚手架应设剪刀撑与横向斜撑，单排脚手架应设剪刀撑。

每道剪刀撑跨越立杆的根数宜按表 8-3 的规定确定。

表 8-3　剪刀撑跨越立杆的最多根数

剪刀撑斜杆与地面的倾角 α	45°	50°	60°
剪刀撑跨越立杆的最多根数 n	7	6	5

每道剪刀撑宽度不应小于 4 跨，且不应小于 6m，斜杆与地面的倾角宜在 45°～60°之间。

高度在 24m 以下的单、双排脚手架，均必须在外侧立面的两端各设置一道剪刀撑，并应由底至顶连续设置。

高度在 24m 以上的双排脚手架应在外侧立面整个长度和高度上连续设置剪刀撑。

剪刀撑斜杆的接长宜采用搭接。

剪刀撑斜杆应用旋转扣件固定在与之相交的横向水平杆的伸出端或立杆上，旋转扣件中心线至主节点的距离不宜大于 150mm。

横向斜撑的设置应符合下列规定：

①横向斜撑应在同一节间，由底至顶层呈之字形连续布置。

②一字形、开口形双排脚手架的两端均必须设置横向斜撑。

③高度在24m以下的封闭形双排脚手架可不设横向斜撑，高度在24m以上的封闭形脚手架，除拐角应设置横向斜撑外，中间应每隔6跨设置一道。

剪刀撑、横向斜撑搭设应随立杆、纵向和横向水平杆等同步搭设。

(9)栏杆和挡脚板搭设(图8-1)

栏杆和挡脚板均应搭设在外立杆的内侧。

上栏杆上皮高度应为1.2m。

挡脚板高度不应小于180mm。

中栏杆应居中设置。

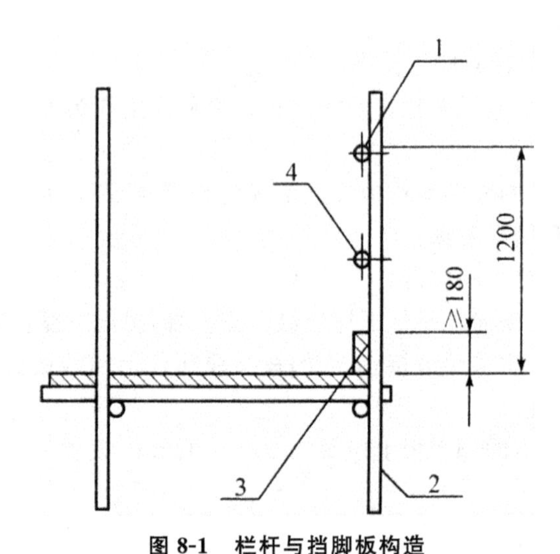

图8-1　栏杆与挡脚板构造

1—上栏杆；2—外立杆；3—挡脚板；4—中栏杆

3. 扣件式钢管脚手架拆除要求

拆除脚手架前应全面检查脚手架的扣件连接、连墙件、支撑体系等是否符合构造要求。

应根据检查结果补充完善施工组织设计中的拆除顺序和措施，经主管部门批准后方可实施拆除。

拆除脚手架前应由单位工程负责人进行拆除安全技术交底。

拆除脚手架前应清除脚手架上杂物及地面障碍物。

拆除作业必须由上而下逐层进行，严禁上下同时作业。

连墙件必须随脚手架逐层拆除，严禁先将连墙件整层或数层拆除后再拆脚手架；分段拆除高差不应大于两步，如高差大于两步，应增设连墙件加固。

当脚手架拆至下部最后一根长立杆的高度(约6.5m)时，应先在适当位置搭设临时抛撑加固后，再拆除连墙件。

当脚手架采取分段、分立面拆除时，对不拆除的脚手架两端，应先设置连墙件和横向斜撑加固。

拆除的各构配件严禁抛掷至地面。

运至地面的构配件应按规定及时检查、整修与保养，并按品种、规格随时码堆存放。

4. 检查与验收

(1)构配件检查与验收

构配件的偏差应符合表8-4的规定。

表8-4　构配件的允许偏差

序号	项目	允许偏差	示意图	检查工具
1	焊接钢管尺寸(mm) 外径　48 壁厚　3.5 外径　51 壁厚　3.0	 −0.5 −0.5 −0.5 −0.45		游标卡尺
2	钢管两端面切斜偏差	1.70		塞尺、拐角尺
3	钢管外表面锈蚀深度	≤0.50		游标卡尺
4	钢管弯曲 a. 各种杆件钢管的端部弯曲 $l \leqslant 1.5m$	≤5		钢板尺
	b. 立杆钢管弯曲 $3m < l \leqslant 4m$ $4m < l \leqslant 6.5m$	 ≤12 ≤20		
	c. 水平杆、斜杆的钢管弯曲 $l \leqslant 6.5m$	≤30		

续表

序号	项目	允许偏差	示意图	检查工具
5	冲压钢脚手板 a. 板面挠曲 l≤4m l>4m	 ≤12 ≤16		钢板尺
	b. 板面扭曲(任一角翘起)	≤5		

(2)脚手架检查与验收

脚手架及其地基基础应在下列阶段进行检查与验收:

①基础完工后及脚手架搭设前。

②作业层上施加荷载前。

③每搭设完10～13m高度后。

④达到设计高度后。

⑤遇有六级大风与大雨后;寒冷地区开冻后。

⑥停用超过一个月。

进行脚手架检查、验收时应根据下列技术文件:

①《建筑施工扣件式钢管脚手架安全技术规范》(JGJ 130—2001)相关规定。

②施工组织设计及变更文件。

③技术交底文件。

脚手架使用中,应定期检查下列项目:

①杆件的设置和连接,连墙件、支撑、门洞桁架等的构造是否符合要求。

②地基是否积水,底座是否松动,立杆是否悬空。

③扣件螺栓是否松动。

④高度在24m以上的脚手架,其立杆的沉降与垂直度的偏差是否符合表8-2中序号1、2的规定。

⑤安全防护措施是否符合要求。

⑥是否超载。

脚手架搭设的技术要求、允许偏差与检验方法,应符合表8-5的规定。

安装后的扣件螺栓拧紧扭力矩应采用扭力扳手检查,抽样方法应按随机分布原则进行。抽样检查数目与质量判定标准,应按表8-5的规定确定。不合格的必须重新拧紧,直至合格为止。

表 8-5 扣件拧紧抽样检查数目及质量判定标准

序号	检查项目	安装扣件数量（个）	抽检数量（个）	允许的不合格数
1	连接立杆与纵（横）向水平杆或剪刀撑的扣件；接长立杆、纵向水平杆或剪刀撑的扣件	51～90	5	0
		91～150	8	1
		151～280	13	1
		281～500	20	2
		501～1200	32	3
		1201～3200	50	5
2	连接横向水平杆与纵向水平杆的扣件（非主节点处）	51～90	5	1
		91～150	8	2
		151～280	13	3
		281～500	20	5
		501～1200	32	7
		1201～3200	50	10

8.4.5 里脚手架

1. 满堂红脚手架

承重的满堂红脚手架，立杆的纵、横向间距不得大于 1.5m。纵向水平杆（顺水杆）每步间距离不得大于 1.4m。檩杆间距不得超过 750mm。脚手板应铺平、铺齐。立杆底部必须夯实，垫通板。

装修用的满堂红脚手架，立杆纵、横向间距不得超过 2m。靠墙的立杆应距墙面 500～600mm，纵向水平杆每步间隔不得大于 1.7m，檩杆间距不得大于 1m。搭设高度在 6m 以内的，可花铺脚手板，两块板之间间距应小于 200mm，板头必须用 12 号镀锌钢丝绑牢。搭设高度超过 6m 时，必须满铺脚手板。

满堂红脚手架四角必须设抱角戗，戗杆与地面夹角应为 45°～60°。中间每 4 排立杆应搭设 1 个剪刀撑，一直到顶。每隔两步，横向相隔 4 根立杆必须设一道拉杆。

封顶架子立杆，封顶处应设双扣件，不得露出杆头。运料应预留井口，井口四周应设两道护身栏杆，并加固定盖板，下方搭设防护棚，上入孔洞口处应设爬梯。爬梯步距不得大于 300mm。

2. 砌砖用金属平台架

金属平台架用直径 50mm 钢管做支柱，用直径 20mm 以上钢筋焊成桁架。使用前必须逐个检查焊缝的牢固和完整状况，合格后方可拼装。

安放金属平台架地面与架脚接触部分必须垫 50mm 厚的脚手板。楼层上安放金属平台架，下层楼板底必须在跨中加顶支柱。

平台架上脚手板应铺严，离墙空隙部分用脚手板铺齐。

每个平台架使用荷载不得超过 2000kg(600 块砖、两桶砂浆)。

几个平台架合并使用时，必须连接绑扎牢固。

8.4.6 其他脚手架

1. 浇灌混凝土脚手架

立杆间距不得超过 1.5m，土质松软的地面应夯实或垫板，并加设扫地杆。

纵向水平杆不得少于两道，高度超过 4m 的架子，纵向水平杆不得大于 1.7m。架子宽度超过 2m 时，应在跨中加吊 1 根纵向水平杆，每隔两根立杆在下面加设 1 根托杆，使其与两旁纵向水平杆互相连接，托杆中部搭设八字斜撑。

横向水平杆间距不得大于 1m。脚手板铺对头板，板端底下设双横向水平杆，板铺严、铺牢。脚手板搭接铺设时，端头必须压过横向水平杆 150mm。

架子大面必须设剪刀撑或八字戗，小面每隔两根立杆和纵向水平杆搭接部位必须打剪刀戗。

架子高度超过 2m 时，临边必须搭设两道护身栏杆。

2. 外电架空线路安全防护脚手架

外电架空线路安全防护脚手架应使用剥皮杉木、落叶松等作为杆件，腐朽、折裂、枯节等易折木杆和易导电材料不得使用。

外电架空线路安全防护脚手架应高于架空线 1.5m。

立杆应先挖杆坑，深度不小于 500mm，遇有土质松软，应设扫地杆。立杆时必须 2～3 人配合操作。

纵向水平杆应搭设在立杆里侧，搭设第一步纵向水平杆时，必须检查立杆是否立正，搭设至四步时，必须搭设临时抛撑和临时剪刀撑。搭设纵向水平杆时，必须 2～3 人配合操作，由中间 1 人接杆、放平，由大头至小头顺序绑扎。

剪刀撑杆子不得蹩绑，应侧在立杆上，剪刀撑下桩杆应选用粗壮较大杉槁，由下方人员找好角度再由上方人员依次绑扎。剪刀撑上桩(封顶)椽子应大头朝上，顶着立杆绑在纵向水平杆上。

两杆连接，其有效搭接长度不得小于 1.5m，两杆搭接处绑扎不少于二道。杉槁大头必须绑在十字交叉点上。相邻两杆的搭接点必须相互错开，水平及斜向接杆，小头应压在大头上边。

递杆(拔杆)上下、左右操作人员应协调配合，拔杆人员应注意不碰撞上方人员和已绑好的杆子，下方递杆人员应在上方人员中接住杆子呼应后，方可松手。

遇到两根交叉必须绑扣，绑扎材料，可用扎绑绳。如使用铅丝严禁碰触外电架空线。铅丝不得过松、过紧，应使 4 根铅丝敷实均匀受力，拧扣以一扣半为宜，并将铅丝末端弯贴在杉槁外皮，不得外翘。

3.龙门架及井架

龙门架及井架的搭设和使用必须符合行业标准《龙门架及井架物料提升机安全技术规程》规定要求。

立杆和纵向水平杆的间距均不得大于1m，立杆底端应安放铁板墩，夯实后垫板。

井架四周外侧均应搭设剪刀撑一直到顶，剪刀撑斜杆与地成夹角60°。

平台的横向水平杆的间距不得大于1m，脚手板必须铺平、铺严，对头搭接时应用双横向水平杆，搭接时板端应超过横向水平杆15cm，每层平台均应设护身栏和挡脚板。

两杆应用对接扣件连接，交叉点必须用扣件，不得绑扎。

天轮架必须搭设双根天轮木，并加顶柱钢管或八字杆，用扣件卡牢。

组装三角柱式龙门架，每节立柱两端焊法兰盘。拼装三角柱架时，必须检查各部件焊口牢固，各节点螺栓必须拧紧。

两根三角立柱应连接在地梁上，地梁底部要有锚铁并埋入地下防止滑动，埋地梁时地基要平并应夯实。

各楼层进口处，应搭设卸料过桥平台，过桥平台两侧应搭设两道护身栏杆，并立挂密目安全网，过桥平台下口落空处应搭设八字戗。

井架和三角柱式龙门架，严禁与电气设备接触，并应有可靠的绝缘防护措施。高度在15m以上时应有防雷设施。

井架、龙门架必须设置超高限位、断绳保险，机械、手动或连锁定位托杠等安全防护装置。

架高在10～15m应设1组缆风绳，每增高10m加设1组，每组4根，缆风绳应用直径不小于12.5mm钢丝绳，按规定埋设地锚，缆风绳严禁捆绑在树木、电线杆、构件等物体上。并禁止使用别杠调节钢丝绳长度。

龙门架、井架首层进料口一侧应搭设长度不小于2m的安全防护棚，另三侧必须采取封闭措施。每层卸料平台和吊笼（盘）出入口必须安装安全门，吊笼（盘）运行中不准乘人。

龙门架、井架的导向滑轮必须单独设置牢固地锚，导向滑轮至卷阳机卷筒的钢丝绳，凡经通道外均应予以遮护。

天轮与最高一层上料平台的垂直距离应不小于6m，使吊笼（盘）上升最高位置与天轮间的垂直距离不小于2m。

4.电梯安装井架

电梯井架只准使用钢管搭设，搭设标准必须按安装单位提出的使用要求，遵照扣件式钢管脚手架有关规定搭设。

电梯井架搭设完后，必须经搭设、使用单位的施工技术、安全负责人共同验收，合格后签字，方准交付使用。

架子交付使用后任何人不得擅自拆改，因安装需要局部拆改时，必须经主管工长同意，由架子工负责拆改。

电梯井架每步至少铺2/3的脚手板，所留的上人孔道要相互错开，留孔一侧要搭设一道护身栏杆。脚手板铺好后,必须固定,不准任意移动。

采用电梯自升安装方法施工时,所需搭设的上下临时操作平台,必须符合脚手架有关规定。在上层操作平台的下面要满铺脚手板或满挂安全网。下层操作平台做到不倾斜、不摇晃。

8.5 高处作业施工安全技术

8.5.1 高处作业

高处作业是指凡在坠落高度基准面 2m 以上(含 2m),有可能坠落的高处进行的作业。

高处作业的安全技术措施及其所需料具,必须列入工程的施工组织设计。

施工前,应逐级进行安全技术教育及交底,落实所有安全技术措施和人身防护用品,未经落实时不得进行施工。

高处作业中的安全标志、工具、仪表、电气设施和各种设备,必须在施工前加以检查,确认其完好,方能投入使用。

攀登和悬空高处作业人员以及搭设高处作业安全设施的人员,必须经过专业技术培训及专业考试合格,持证上岗,并必须定期进行体格检查。

遇恶劣天气不得进行露天攀登与悬空高处作业。

用于高处作业的防护设施,不得擅自拆除,确因作业需要临时拆除必须经项目经理部施工负责人同意,并采取相应的可靠措施,作业后应立即恢复。

高处作业的防护门设施在搭拆过程中应相应设置警戒区派人监护,严禁上、下同时拆除。

高处作业安全设施的主要受力杆件,力学计算按一般结构力学公式,强度及刚度计算不考虑塑性影响,构造上应符合现行的相应规范的要求。

8.5.2 洞口与临边作业的职业健康安全防护

1. 洞口作业

楼板、屋面和平台等面上短边尺寸为 2.5～25cm 以上的洞口,必须设坚实盖板并能防止挪动移位。

25cm×25cm～50cm×50cm 的洞口,必须设置固定盖板,保持四周搁置均衡,并有固定其位置的措施。

50cm×50cm～150cm×150cm 的洞口,必须预埋通长钢筋网片,纵横钢筋间距不得大于 15cm;或满铺脚手板,脚手板应绑扎固定,任何人未经许可不得随意移动。

150cm×150cm 以上洞口,四周必须搭设围护架,并设双道防护栏杆,洞口中间支挂水平安全网,网的四周要拴挂牢固、严密。

位于车辆行驶道路旁的洞口、深沟、管道、坑、槽等,所加盖板应能承受不小于当地额定卡车后轮有效承载力两倍的荷载。

墙面等处的竖向洞口，凡落地的洞口应设置防护门或绑防护栏杆，下设挡脚板。低于80cm的竖向洞口，应加设1.2m高的临时护栏。

电梯井必须设不低于1.2m的金属防护门，井内首层和首层以上每隔10m设一道水平安全网，安全网应封闭。未经上级主管技术部门批准，电梯井内不得做垂直运输通道和垃圾通道。

洞口必须按规定设置照明装置和职业健康安全标志。

2. 临边作业

尚未安装栏杆或挡脚板的阳台周边、无外架防护的屋面周边、框架结构楼层周边、雨篷与挑檐边、水箱与水塔周边、斜道两侧边、卸料平台外侧边，必须设置1.2m高的两道护身栏杆并设置固定高度不低于18cm的挡脚板或搭设固定的立网防护。

护栏除经设计计算外，横杆长度大于2m时，必须加设栏杆柱，栏杆柱的固定及其与横杆的连接，其整体构造应在任何一处能经受任何方向的1000N的外力。

当临边的外侧面临街道时，除防护栏杆外，敞口立面必须采取满挂小眼安全网或其他可靠措施做全封闭处理。

分层施工的楼梯口、梯段边及休息平台处必须安装临时护栏，顶层楼梯口应随工程结构进度安装正式防护栏杆。回转式楼梯间应支设首层水平安全网，每隔4层设一道水平安全网。

阳台栏板应随工程结构进度及时进行安装。

3. 高险作业与交叉作业安全防护

(1)高险作业安全防护

1)操作平台

移动式操作平台的面积不应超过$10m^2$，高度不应超过5m，并采取措施减少立柱的长细比。

装设轮子的移动式操作平台，轮子与平台的接合处应牢固可靠，立柱底端离地面不得超出80mm。

操作平台台面满铺脚手架，四周必须设置防护栏杆，并设置上下扶梯。

悬挑式钢平台应按现行规范进行设计及安装，其方案要输入施工组织设计。

操作平台上应标明容许荷载值，严禁超过设计荷载。

2)攀登作业

攀登用具，结构构造上必须牢固可靠，移动式梯子，均应按现行的国家标准验收其质量。

梯脚底部应坚实，不得垫高使用，梯子的上端应有固定措施。

立梯工作角度以75°±5°为宜，踏板上下间距以30cm为宜，并不得有缺档。折梯使用时上部夹角以35°～45°为宜，铰链必须牢固，并有可靠的拉撑措施。

使用直爬梯进行攀登作业时，攀登高度以5m为宜，超出2m，宜加设护笼，超过8m，必须设置梯间平台。

作业人员应从规定的通道上下，不得在阳台之间等非规定通道进行攀登，上下梯子时，必须面向梯子，且不得手持器物。

攀登的用具，结构构造上必须牢固可靠。供人上下的踏板其使用荷载不应大于 $1100N/m^2$。当梯面上有特殊作业，重量超过上述荷载时，应按实际情况加以验算。

3)悬空作业

悬空作业处应有牢靠的立足处，并必须视具体情况，配置防护栏网、栏杆或其他职业健康安全设施。

悬空作业所用的索具、脚手板、吊篮、吊笼、平台等设备，均需经过技术鉴定或验证后方可使用。

高空吊装预应力钢筋混凝土屋架、桁架等大型构件前，应搭设悬空作业中所需的职业健康安全设施。

吊装中的大模板、预制构件以及石棉水泥板等屋面板上，严禁站人和行走。

支设模板应按规定的工艺进行，严禁在连接件和支撑件上攀登上下，并严禁在同一垂直面上装、拆模板。支设高度在 3m 以上的柱模板四周应设斜撑，并应设立操作平台。

绑扎钢筋和安装钢筋骨架时，必须搭设脚手架和马凳。绑扎立柱和墙体钢筋时，不得站在钢筋骨架上或攀登骨架上下，绑扎 3m 以上的柱钢筋，必须搭设操作平台。

浇筑离地 2m 以上框架、过梁、雨篷和小平台时，应有操作平台，不得直接站在模板或支撑件上操作。

悬空进行门窗作业时，严禁操作人员站在樘子、阳台栏板上操作，操作人员的重心应位于室内，不得在窗台上站立。

特殊情况下如无可靠的职业健康安全设施，必须系好安全带并扣好保险钩。

预应力张拉区域应标示明显的职业健康安全标志，禁止非操作人员进入。张拉钢筋的两端必须设置挡板。挡板应距所张拉钢筋的端部 1.5～2m，且应高出最上一组张拉钢筋 0.5m，其宽度应距张拉钢筋两外侧各不小于 1m。

(2)交叉作业安全防护

支模、粉刷、砌墙等各工种进行上下立体交叉作业时，不得在同一垂直方向上操作。下层操作必须在上层高度确定的可能坠落半径范围内以外，不能满足时，应设置硬隔离防护层。

钢模板、脚手架等拆除时，下方不得有其他人员操作，并应设专人监护。

钢模板拆除后其临时堆放处应离楼层边沿不应小于 1m，且堆放高度不得超过 1m。楼层边口、通道口、脚手架边缘处，严禁堆放任何拆下物件。

结构施工自二层起，凡人员进出的通道口(包括井架、施工用电梯的进出通道口)，均应搭设职业健康安全防护棚。高度超过 24m 的层次上的交叉作业，应设双层防护。

参考文献

[1]陈伟珂.工程项目风险管理[M].北京:人民交通出版社,2008.

[2]王颖.项目风险管理[M].北京:电子工业出版社,2012.

[3]沈建明.项目风险管理[M].北京:机械工业出版社,2012.

[4]河南省电力公司焦作供电公司.电网工程项目风险管理[M].北京:中国电力出版社,2011.

[5]李存建.风险评估:理论与实践[M].北京:中国商务出版社,2012.

[6]佘建星.工程风险评估与控制[M].北京:中国建筑工业出版社,2009.

[7]王有志.现代工程项目风险管理理论与实践[M].北京:中国水利水电出版社,2009.

[8]孙诚双,韩喜双.建设项目风险管理[M].北京:中国建筑工业出版社,2013.

[9]田振郁.工程项目风险防范手册[M].北京:中国建筑工业出版社,2011.

[10]RAUSAND M.风险评估:理论、方法与应用[M].刘一骝,译.北京:清华大学出版社,2013.

[11]王志毅.建设工程项目经理风险管理[M].北京:中国建材工业出版社,2011.

[12]戚安邦.项目风险管理[M].天津:南开大学出版社,2010.

[13]赵建宾.电网工程项目风险管理[M].北京:中国电力出版社,2011.

[14]鲁斯摩尔,赖利,希岗.项目中的风险管理[M].刘俊颖,译.北京:中国建筑工业出版社,2011.

[15]中国石油天然气集团公司.管道工程建设项目风险管理[M].北京:石油工业出版社,2012.

[16]管道工程项目风险与保险编委会.管道工程项目风险与保险[M].北京:石油工业出版社,2012.

[17]袁李杰.水电建设项目后评价研究[D].西安理工大学,2011.

[18]施颖,丁日佳,郝素利.基于逻辑框架法的新建煤矿项目后评价研究[J].中国煤炭,2012(8).

[19]曾露,贾立敏.多目标模糊层次分析法在水利工程项目后评价中的应用[J].水利科技与经济,2010(6).

[20]戴智,戴毅.逻辑框架法在工程项目后评价中的应用[J].港工技术,2009(10).

[21]张淑桃,李亚军.典型项目后评价案例分析[J].化学工业,2012(6).

[22]温少鹏,杨悦林.决策树法在施工合同管理中的应用[J].铁路工程造价管理,2009(3).

[23]赵晶英,王大成,吴小东.决策树法在某化工厂扩能改造决策中的应用[J].价值工程,

2012(8).

[24]顾伟红.决策树法在铁路施工企业投标决策中的应用[J].兰州交通大学学报,2009(4).

[25]郭清鹅.不完全信息下工程项目投标决策方法研究[D].天津大学,2012.

[26]赵永生.工程风险管理与工程保险理论及实证研究[D].青岛理工大学,2010.

[27]董明明.国际工程承包中的合同风险管理研究[D].中国海洋大学,2011.

[28]彭远春.基于模糊网络分析法的水利工程项目设计风险管理[D].华北水利水电大学,2011.

[29]冯利军.建筑安全事故成因分析及预警管理研究[D].天津财经大学,2008.

[30]张守健.工程建设安全生产行为研究[D].同济大学,2006.

[31]闵锐.陕西省建筑施工安全监督管理研究[D].西安建筑科技大学,2006.

[32]段力志.建筑施工安全管理研究[D].重庆大学,2006.

[33]黄雪群.建设工程安全政府监督管理研究[D].重庆大学,2009.

[34]崔宏程.建设工程安全生产监督管理若干问题的探讨[D].华南理工大学,2006.

[35]崔敝梅,徐卫东,门晓杰.建筑安全监督与管理的手段与方法研究[J].建筑安全,2008(10).

[36]李德全.工程建设临管[M].北京:中国发展出版社,2007.

[37]王鹏程,司建辉.浅谈建筑工程的安全管理[J].西北水力发电,2004(9).

[38]董仁智,贺富贵.水利工程施工的安全管理探讨[J].现代农业科技,2011(2).

[39]马保忠.浅谈建筑工程安全管理与控制[J].山西建筑,2011(1).

[40]管建国.建筑施工企业的安全管理[J].山西建筑,2005(6).

[41]周海涛.建设工程安全管理[M].北京:高等教育出版社,2006.

[42]吕方泉.建筑安全资料编制与填写范例[M].北京:地震出版社,2006.

[43]赵挺生.建筑工程安全管理[M].北京:中国建筑工业出版社,2006.

[44]朱建军.建筑安全管理[M].北京:化学工业出版社,2007.

[45]《资料员一本通》编委会.建筑安全资料员一本通[M].哈尔滨:哈尔滨工程大学出版社,2008.

[46]武明霞.建筑安全技术与管理[M].北京:机械工业出版社,2009.

[47]赵挺生.建筑施工过程安全管理手册[M].武汉:华中科技大学出版社,2011.

[48]卞耀武.《中华人民共和国安全生产法》读本[M].北京:煤炭工业出版社,2002.

[49]冯小川.建筑安全生产法律法规知识[M].北京:中国环境科学出版社,2004.

[50]法律出版社法规中心.安全生产[M].北京:法律出版社,2010.

[51]卞耀武.中华人民共和国建筑法释义[M].北京:法律出版社,1999.

[52]国务院法制局农林城建司.《中华人民共和国建筑法》释义[M].北京:中国建筑工业出版社,1997.